U0387925

中国花卉识别彩色大图鉴

盛 宁 编著

化学工业出版社
·北京·

《中国花卉识别彩色大图鉴》是一部观花植物分类、识别和应用的大型工具书。全书包含观花植物1000种，配有约2000幅精美彩图，是一部具有鉴赏价值与实用价值的花卉百科专著。本书在目录中根据观花植物的形态特征将其划分为乔木花卉、灌木花卉、藤本花卉、草本花卉四大类；每一大类之下分为二型：对称花型、不对称花型；之后又划分为花瓣数枚至多枚或喇叭形、蝶形、兰花形等具体花形，读者可根据花形一目了然识别花卉。书中重点介绍了花卉的中文名、别名、拉丁名、科属、来源、形态特征、分布、习性。

本书适合花卉爱好者阅读使用。同时本书可供园林景观规划设计师、园林绿地栽培管理者、花卉种植及生产经营者，以及农林类和园艺学、植物学、中草药学等专业的院校师生参考。

图书在版编目（CIP）数据

中国花卉识别彩色大图鉴/盛宁编著. —北京：
化学工业出版社，2018.6
ISBN 978-7-122-32004-9

Ⅰ. ① 中… Ⅱ. ① 盛… Ⅲ. ① 花卉-识别-
中国-图集 Ⅳ. ①S68-64

中国版本图书馆CIP数据核字（2018）第077884号

责任编辑：陈燕杰 文字编辑：何　芳
责任校对：吴　静 装帧设计：张　辉

出版发行：化学工业出版社（北京市东城区青年湖南街13号　邮政编码100011）
印　　装：天津图文方嘉印刷有限公司
710mm×1000mm　1/16　印张35½　字数800千字　2018年8月北京第1版第1次印刷

购书咨询：010-64518888（传真：010-64519686）　售后服务：010-64518899
网　　址：http://www.cip.com.cn
凡购买本书，如有缺损质量问题，本社销售中心负责调换。

定　　价：198.00元

前 言

随着社会经济的快速发展，花卉在人们生活中的作用也愈发重要，成为社会物质文明和精神文明生活中不可缺少的组成部分，在建设美丽中国、改善环境、美化生活中扮演着重要角色。花卉本身也成为创造财富的产业。中国植物资源有丰富的多样性，有记载的高等植物就超过3万种，其中观花植物数量繁多，色彩丰富，形态各异。此外，国外引种的花卉和人工培育的园艺新品种亦越来越多地出现在人们生活中，所以本书中的"中国花卉"既选录了我国原产花卉，也选录了部分我国引种栽培的国外花卉，以及众多人工培育的园艺品种。

为了便于花卉爱好者快速地认识众多千姿百态、色彩各异的观花植物，来自中国科学院、江苏省植物研究所（南京中山植物园）的作者尝试结合植物分类学的一些基本知识，对花卉易于辨识的特征进行梳理和归纳，并加以类型划分。本书在目录中根据观花植物的形态特征将其分为四大类：乔木花卉、灌木花卉、藤本花卉、草本花卉；每一大类之下分为二型：对称花型、不对称花型；之后又划分为花瓣数枚至多数，或喇叭形、蝶形、兰花形等具体花形，读者可对照图片，根据花卉形状类型去区分和识别花卉。

《中国花卉识别彩色大图鉴》是一部观花植物分类、识别和应用的大型工具类书。全书收录观花植物1000种，配有约2000幅精美彩图，是一部兼有鉴赏价值与实用价值的花卉百科专著。书中重点介绍了花卉的中文名、别名、拉丁名、科属、分布、形态特征和习性，并附有中文索引。书中每种植物名后附其他常用名，用绿色字体区分。本书适用于花卉爱好者阅读和收藏，也适用于园林花卉栽培管理者和花卉产业生产者使用，同时也可供园艺学专业、园林与景观设计专业等的院校师生参考。

在收录的1000种观花植物中，本书对已知有毒的花卉已作明示，但因观花植物数量庞大，很多尚未知是否含有毒成分，因此皮肤易过敏者及儿童需慎之；美丽花卉仅供观赏用，切勿随意接触及食用。

最后，对为本书提供部分精美图片的盛康先生，以及参与文字、图片资料整理的田继文、沈小婉、王茜、朱小卫、田加力表示深切的感谢。

由于作者时间和水平有限，书中不足之处在所难免，请广大读者批评指正。

盛宁 于南京

2018年5月

使用说明

　　大自然造就了植物丰富的多样性。众所周知，中国号称"世界园林之母"，高等植物有记载的就超过3万种，其中观花植物更是千姿百态、姹紫嫣红。我国的野生花卉和引种栽植的国内外花卉，再加上人工培育的园艺品种真可谓数不胜数，如果不懂植物分类学，怎样能较快认识所见到的众多花卉呢？本书尝试结合植物分类学的一些基本知识，对花卉易于辨识的特征进行梳理和归纳，并对类型加以划分，以简单易懂的方式，使读者可"按图索骥"识别花卉。

一、花的类型划分

　　本书在目录中根据观花植物的形态特征将其划分为四大类：乔木花卉、灌木花卉、藤本花卉、草本花卉。每一大类之下又分为二型：对称花型、不对称花型。对称花型之下再分为：花辐射对称，花两侧对称。辐射对称类的花再细分成具几枚花瓣至具多数花瓣，或喇叭形、钟形、菊花形等；两侧对称类的花再细分成具几枚花瓣至具多数花瓣，或唇形、蝶形、兰花形等。以乔木花卉为例，如下述图示。

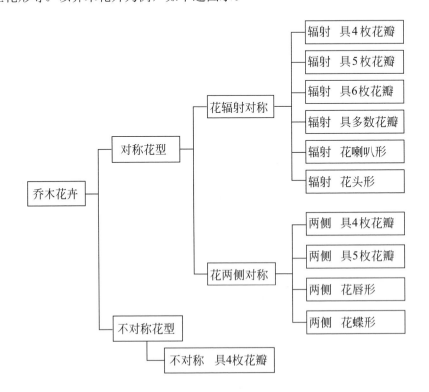

二、使用方法

读者见到一种想识别的花，可参照本文中第五部分的表1和表2，来查找此花所属的类型，例如：若是乔木类→花为对称型→辐射对称→具4枚花瓣，即可快速在目录中查到此花所在范围的页码，再根据页码找到花的彩色图片和文字描述进行对照与辨识。

三、使用步骤

1.首先浏览一下表1和表2，了解常用术语名称的含义，以确定需识别植物的花所属的类型，例如是乔木，还是草本？是辐射对称花，还是两侧对称花？具几枚花瓣，还是唇形或蝶形等。

2.根据花的类型在目录中查找到页码范围，对照图片和文字进行识别，例如确定了需查找的花是灌木、辐射对称、具6枚花瓣，即可在目录中查到灌木部分中"辐射6"的页码范围，再和书中图文作对照辨识。

四、注意事项

1.由于植物是大自然创造的，常存在个体差异，不是工厂生产的规格统一的产品，时常会长得不标准，例如，可能属于"两侧对称花，花瓣5枚"的植物有时长得像辐射对称花，这时若在辐射对称花中找不到，可试着到"两侧对称花，花瓣5枚"的范围中去找。

2.同样原因，如小乔木和大灌木、矮小灌木和高大草本有时亦无明确的分界线，也可用上述扩大范围的方法去查找。

3.为了便于快速查找，本书中所指的"花瓣数"涵盖范围较广，泛指肉眼看似花朵的部分，即包括花被片、花冠裂片、花的萼片、花的苞片以及花瓣形状的变态叶片的数量。

4.本书中花的类型的划分，仅根据肉眼能观察到的花的形态特征，以方便不懂植物分类学的读者或初学者查找，与植物分类学专业上根据植物器官发生和演化来进行分类是不同的。

五、术语解释

表1 常用术语

名称	解释	图例
花	一朵典型的花（也称完全花）包含花的萼片、花瓣、雄蕊、雌蕊四个部分，着生在花柄（也称花梗）先端的花托上	

名称	解释	图例
乔木花卉	通常高于5米以上，木质部极发达，具明显主干的观花植物。低于5米，但有明显主干的为小乔木	红碧桃
灌木花卉	通常低于5米以下，近基部发出数个主干的观花植物。低于1米以下的为小灌木。仅茎基部木质化的为亚灌木	金钟花
藤本花卉	植物用卷须、小根、吸盘或其他特有器官攀援于他物上称攀援藤本；螺旋状缠绕于他物上的称缠绕藤本。可观花的藤本统称藤本花卉或观花藤本	凌霄
草本花卉	茎部木质化或基部稍木质化的观花植物，常被分为一、二年生或多年生草本	紫松果菊
花对称型	花朵呈辐射对称状，或能够被分割成左右对称，呈两侧对称状	蜜蜂之恋铁线莲

名称	解释	图例	
花辐射对称	花瓣由花心向外辐射状分布，称为"花辐射对称"		剑叶秋葵
花两侧对称	花瓣能被分割成左右对称的两部分，称为"花两侧对称"		蓝蝴蝶
花不对称型	花朵不呈辐射对称状，也不能够被分割成左右对称状		黄花美人蕉

表2 目录中的术语和简称

名称	解释	图例	
辐射 3	花辐射对称型，花瓣3枚，目录中简称"辐射 3"		白绢草

名称	解释	图例
辐射　4	花辐射对称型，花瓣4枚，目录中简称"辐射　4"	斑叶山绣球
辐射　5	花辐射对称型，花瓣5枚，目录中简称"辐射　5"。	桃花
辐射　6	花辐射对称型，花瓣6枚，目录中简称"辐射　6"	紫薇
辐射　9	花辐射对称型，花瓣9枚，目录中简称"辐射　9"	玉兰
辐射　9～12	花辐射对称型，花瓣9～12枚，目录中简称"辐射　9～12"	荷花玉兰

名称	解释	图例
辐射　多数	花辐射对称型，花瓣多数，目录中简称"辐射　多数"	绯桃
辐射　喇叭形	花辐射对称型，花瓣合生呈喇叭形，目录中简称"辐射　喇叭形"	大花牵牛
辐射　漏斗形	花辐射对称型，花瓣合生呈漏斗形，目录中简称"辐射　漏斗形"，与喇叭形的主要区别：前者花冠边缘较为平整，或花冠前端有时微裂；后者花冠前端分裂为5瓣近半圆形的浅裂片	粉红晨光矮牵牛
辐射　钟形	花辐射对称型，花瓣合生呈钟形，目录中简称"辐射　钟形"	荠苨
辐射　坛形	花辐射对称型，花瓣合生呈坛形，目录中简称"辐射　坛形"	金鱼吊兰

名称	解释	图例
辐射 头形	花辐射对称型，簇生呈头状，目录中简称"辐射 头形"	朱缨花
辐射 管形	花辐射对称型，花瓣合生呈管形，目录中简称"辐射 管形"	火把莲
辐射 菊花形	花辐射对称型，通常由少数或多数外轮的舌状花和中间的管状花组成的花序看似一朵花，目录中简称"辐射 菊花形"。主要有三种类型：①由外轮的舌状花和中间的管状花组成；②全部由舌状花组成；③全部由管状花组成，见图例1、图例2、图例3	滨菊 图例1 菊苣 图例2 刺儿菜 图例3

名称	解释	图例	
两侧 1	花两侧形对称型，花被片1枚，目录中简称"两侧 1"		巨花马兜铃
两侧 3	花两侧形对称型，花瓣3枚，目录中简称"两侧 3"		鸭跖草
两侧 4	花两侧形对称型，花瓣4枚，目录中简称"两侧 4"		黄山栾树
两侧 5	花两侧形对称型，花瓣5枚，目录中简称"两侧 5"		红花羊蹄甲
两侧 多数	花两侧形对称型，花瓣多数，目录中简称"两侧 多数"		蟹爪兰

名称	解释	图例
两侧　蝶形	花两侧形对称型，花蝶形，目录中简称"两侧　蝶形"	锦鸡儿
两侧　唇形	花两侧形对称型，花唇形，目录中简称"两侧　唇形"	天蓝鼠尾草
两侧　荷包形	花两侧形对称型，花荷包形，目录中简称"两侧　荷包形"	荷包牡丹
两侧　有距	花两侧形对称型，花的基部具距，目录中简称"两侧　有距"	山地凤仙花
两侧　佛焰苞形	花两侧形对称型，花具佛焰苞，目录中简称"两侧　佛焰苞形"	粉掌

名称	解释	图例
两侧　舟形	花两侧形对称型，花具舟形佛焰苞，目录中简称"两侧　舟形"	鹤望兰
两侧　兰花形	花两侧形对称型，兰花形，目录中简称"两侧　兰花形"	芒泰蝴蝶石斛
两侧　姜花形	花两侧形对称型，姜花形，目录中简称"两侧　姜花形"	姜荷花
不对称　2	花不对称型，花瓣2枚，目录中简称"不对称　2"	艳粉虎刺梅
不对称　3～6	花不对称型，花瓣3～6枚，目录中简称"不对称　3～6"	再力花

名称	解释	图例
不对称　4	花不对称型，花瓣4枚，目录中简称"不对称　4"	红花七叶树
不对称　5～7	花不对称型，花瓣5～7枚，目录中简称"不对称　5～7"	一品红
不对称　多数	花不对称型，花瓣多数，目录中简称"不对称　多数"	芭蕉
不对称　穗形	花不对称型，花穗形，目录中简称"不对称　穗形"	丝穗金粟兰

目 录

乔木花卉

---

❶ 括号中的前面文字表示花的类型，后面数字表示花瓣枚数，供速查用，详见使用说明。

❶ 括号中的前面文字表示花的类型，后面表示花的形状，供速查用，详见使用说明。

灌木花卉

藤本花卉

草本花卉

二、花不对称型 /525

索引

乔木花卉

（辐射 4）

一、花对称型　　（一）花辐射对称

紫丁香 *Syringa oblata* Lindl. 木犀科丁香属

形态特征　落叶小乔木或灌木，高4～7米。树冠卵圆形或阔倒卵形。小枝、花梗、花萼、幼叶及叶柄均密被腺毛。叶对生，叶片卵圆形或肾形，全缘。圆锥花序直立，花冠裂片4枚，紫色或淡紫色。花期4～5月份。

地理分布　分布于我国东北、华北、陕西、甘肃、四川、山东等地，各地多有栽培。

习性　喜光照充足，稍耐阴，较耐旱，宜土层深厚、肥沃、湿润和排水良好的土壤，耐寒。

白丁香 *Syringa oblata* var. *alba* Hort. ex Rehd. 木犀科丁香属

形态特征　落叶小乔木或灌木，高4～7米。树冠卵圆形或阔倒卵形。小枝、花梗、花萼、幼叶及叶柄均无毛而密被腺毛。叶对生，叶片卵圆形或肾形，全缘。圆锥花序直立，花冠裂片4枚，白色。花期4～5月份。

地理分布　我国辽宁等地可能有野生类型，长江流域以北普遍栽培。

习性　喜光照充足，稍耐阴，较耐旱，宜土层深厚、肥沃、湿润和排水良好的土壤，耐寒。

欧丁香 *Syringa vulgaris* L. 木犀科丁香属

地理分布 原产欧洲。我国华北、东北及江苏等地有栽培。

形态特征 落叶小乔木或灌木，高4～8米。树冠阔卵圆形或近伞形。小枝、叶片、花梗和花萼均无毛或具腺毛，老时脱落。叶对生，叶片卵形、宽卵形或长卵形，全缘。圆锥花序直立，花冠裂片4枚，紫色，卵形或椭圆形。花期4～5月份。

习性 喜光照充足，稍耐阴，较耐旱，宜土层深厚、肥沃、湿润和排水良好的土壤，耐寒。

紫花欧丁香 *Syringa vulgaris f. purpurea* 木犀科丁香属

来源 欧丁香的栽培变型。我国有栽培。

形态特征 落叶小乔木或灌木，高4～8米。树冠阔卵圆形或近伞形。小枝、叶片、花梗和花萼均无毛或具腺毛，老时脱落。叶对生，叶片卵形、宽卵形或长卵形，全缘。圆锥花序大且花密集，花冠裂片4枚，紫红色。花期5月份。

习性 喜光照充足，稍耐阴，较耐旱，宜土层深厚、肥沃、湿润和排水良好的土壤，耐寒。

暴马丁香
Syringa reticulata subsp. *amurensis* (Rupr.) P.S. Green et M.C. Chang

木犀科丁香属

形态特征　落叶乔木，高4～10（15）米。树冠广卵圆形或近伞形。小枝、花梗、叶柄均无毛。叶对生，叶片卵形至椭圆状卵形。圆锥花序直立，花冠裂片4枚，裂片卵状三角形，白色，花丝伸出花外。花期6～7月份。

（辐射　4）

地理分布　分布于我国黑龙江、吉林、辽宁、北京、江苏等地有栽培。朝鲜、俄罗斯远东地区也有分布。

习性　喜光照充足，较耐旱，宜土层深厚、肥沃、湿润和排水良好的土壤，耐寒。

流苏树
Chionanthus retusus Lindl.et Paxt.

木犀科流苏树属

形态特征　落叶乔木或灌木，通常高6～8米，亦可达20米。树冠广卵圆形或近伞形。叶对生，叶片椭圆形或长椭圆形，全缘。聚伞状圆锥花序顶生，花冠白色，4深裂，裂片线状倒披针形，似流苏状。花期3～6月份。

地理分布　分布于我国河北、山西、陕西、山东、安徽西部、河南、湖北、四川，各地广泛栽培。

习性　喜光照充足、温暖和湿润的环境，稍耐阴，宜土层深厚、肥沃、湿润和排水良好的土壤，较耐寒。

（辐射 4）

桂花 木犀 *Osmanthus fragrans* (Thunb.) Lour.
木犀科木犀属

地理分布 分布于我国贵州、四川、云南，长江流域各地广泛栽培，是中国特有种。

形态特征 常绿乔木或灌木，高2～16米。树冠广卵圆形或近球形。叶对生，叶片椭圆形或椭圆状披针形，全缘或上半部具锯齿。聚伞花序簇生叶腋，花冠裂片4枚，黄色，极芳香。花期9～10月份。园艺品种有金桂、银桂、丹桂和四季桂。

习性 喜光照充足、温暖和湿润的环境，稍耐阴，宜土层深厚、肥沃、湿润和排水良好的土壤，较耐寒。

金桂 *Osmanthus fragrans* (Thunbergii Group)
木犀科木犀属

来源 桂花的金桂品种群园艺品种。我国长江流域各地有栽培。

形态特征 常绿乔木或灌木，高2～8米。树冠广卵圆形或近球形。叶对生，叶片椭圆形或椭圆状披针形，全缘或上半部具锯齿。聚伞花序簇生叶腋，花冠裂片4枚，金黄色或橙黄色，香味较浓。花期9～10月份。

习性 喜光照充足、温暖和湿润的环境，稍耐阴，宜土层深厚、肥沃、湿润和排水良好的土壤，较耐寒。

银桂 *Osmanthus fragrans* (Latifolius Group)
木犀科木犀属

来源 桂花的银桂品种群园艺品种。我国长江流域各地有栽培。

形态特征 常绿乔木或灌木，高2～8米。树冠广卵圆形或近球形。叶对生，叶片椭圆形或椭圆状披针形，全缘或上半部具锯齿。聚伞花序簇生叶腋，花冠裂片4枚，白色或黄白色，芳香。花期9～10月份。

习性 喜光照充足、温暖和湿润的环境，稍耐阴，宜土层深厚、肥沃、湿润和排水良好的土壤，较耐寒。

（辐射 4）

丹桂 *Osmanthus fragrans* (Aurantiacus Group)
木犀科木犀属

来源 桂花的丹桂品种群园艺品种。我国长江流域各地有栽培。

形态特征 常绿乔木或灌木，高2～8米。树冠广卵圆形或近球形。叶对生，叶片椭圆形或椭圆状披针形，全缘或上半部具锯齿。聚伞花序簇生叶腋，花冠裂片4枚，橙红色，香味较淡。花期9～10月份。

习性 喜光照充足、温暖和湿润的环境，稍耐阴，宜土层深厚、肥沃、湿润和排水良好的土壤，较耐寒。

（辐射 4）

（辐射 4）

女贞 *Ligustrum lucidum* Ait. 木犀科女贞属

形态特征　常绿乔木或灌木，高6～20米。树冠卵圆形至广卵形。叶对生，叶片卵形或卵状椭圆形。圆锥花序顶生，花小而密集，初开白色，后渐转乳黄色，芳香，花冠裂片4枚，向后卷曲。果近球形，成熟时蓝黑色。花期6～7月份，果期11～12月份。

地理分布　分布于我国长江以南至华南、西南各省区，向西北至陕西、甘肃，各地广泛栽培。

习性　喜光照充足、温暖和湿润的环境，稍耐阴，对土壤要求不严，但以土层深厚、肥沃、湿润和排水良好的土壤为佳，较耐寒。

大花四照花　多花梾木
Cornus florida f. *rubra* 山茱萸科山茱萸属

形态特征　落叶乔木，高可达9米。树冠伞形或广卵形。叶对生，卵形，秋叶艳丽，红色、紫红色、暗紫色或橙色。头状花序顶生，4枚总苞片大，花瓣状，白色，花小，花瓣4枚，淡黄绿色。果红色，经冬不凋。花期春末初夏。

地理分布　原产美国东北部。我国西安、北京等地市有栽培。

习性　喜光照充足，耐半阴，不耐贫瘠，宜土层深厚、肥沃、湿润和排水良好的土壤，耐寒。

红苞大花四照花 红苞梾木

Cornus florida f. *rubra* 山茱萸科山茱萸属

来源 大花四照花的栽培变型。国内少见栽培。

形态特征 落叶小乔木，高4～5米。树冠伞形或广卵形。叶对生，卵形，秋叶橙红色、紫红色或暗紫色。头状花序顶生，4枚总苞片大，花瓣状，玫红色或深粉红色，花小，花瓣4枚，淡黄绿色。花期春末初夏。

习性 喜光照充足，稍耐阴，不耐贫瘠，宜土层深厚、肥沃、湿润和排水良好的土壤，耐寒。

（辐射 4）

多脉四照花 *Cornus multinervosa* (Pojark.) Q.Y. Xiang 山茱萸科山茱萸属

地理分布 分布于四川、云南，南京、广州等地有栽培。

习性 喜光照充足、温暖和湿润的环境，稍耐阴，宜土层深厚、疏松、富含腐殖质的偏酸性土壤，较耐寒。

形态特征 落叶小乔木，高4～8（15）米。树冠卵圆形。叶对生，长圆形或卵状椭圆形，叶脉6～7对，全缘。头状花序顶生，4枚总苞片大，花瓣状，白色，花小，花瓣4枚，绿白色。果序圆球形，成熟时红色至紫红色。花期5～6月份，果期8～11月份。

附注 异名*Dendrobenthamia multinervosa* (Pojark.) Fang

（辐射 4）

（辐射 4）

冬青 *Ilex chinensis* Sims 冬青科冬青属

形态特征 常绿乔木，高6～12米。树冠卵圆形至广卵圆形。叶互生，叶片椭圆形，边缘疏生浅锯齿。聚伞花序生于小枝叶腋，花小，密集，淡红色或淡紫色，花冠裂片4枚。核果椭圆形，成熟时深红色。花期4～6月份，果熟期10～11月份。

地理分布 分布于我国华东、华中、西南及华南部分地区，各地广泛栽培。日本也有分布。

习性 喜光照充足、温暖和湿润的环境，稍耐阴，宜土层深厚、肥沃、湿润和排水良好的偏酸性土壤，稍耐寒。

秤锤树 *Sinojackia xylocarpa* Hu 安息香科秤锤树属

形态特征 落叶小乔木或灌木，高3～7米。树冠倒广卵形。叶互生，叶片倒卵形或椭圆形，边缘具细锯齿。总状聚伞花序有花3～5朵，花梗细长下垂，花白色，花冠裂片4～7枚。果实似秤锤状，故称"秤锤树"。花期3～4月份，果期7～10月份。

地理分布 分布于上海、江苏（南京），杭州、武汉等城市有栽培。是中国特有种。

习性 喜光照充足、温暖和湿润的环境，耐半阴，宜土层深厚、湿润和排水良好的砂质壤土，稍耐寒。

桃花 *Amygdalus persica* L. 蔷薇科桃属

地理分布　原产我国中部及北部，各地广泛栽培。

习性　喜光照充足、温暖和湿润的环境，不耐阴，耐旱，不耐积水，宜土层深厚、肥沃和排水良好的砂质壤土，耐寒。

（辐射　5）

形态特征　落叶小乔木，高3～8米。单叶互生，叶片卵状披针形，边缘具锯齿。花单生，花梗极短或近无梗，花萼被短柔毛，花瓣5枚，粉红色，花丝红色或淡红色，与花柱近等长。果近球形，密被绒毛，成熟时淡紫红色。花期3～4月份，果熟期6～8月份。

白桃花 *Amygdalus persica* f. *alba* 蔷薇科桃属

来源　桃花的栽培变型。我国各地常见栽培。

形态特征　落叶小乔木，高3～8米。单叶互生，叶片卵状披针形，边缘具锯齿。花单生，花梗极短或近无梗，花萼淡绿色，花瓣5枚，白色，花柱比花丝稍长，花与叶同放。花期3～4月份。

习性　喜光照充足、温暖和较为湿润的环境，不耐阴，耐旱，不耐积水，宜土层深厚、肥沃和排水良好的砂质壤土，耐寒。

（辐射　5）

梅花 *Armeniaca mume* Siebold 蔷薇科杏属

形态特征 落叶小乔木，高4～10米。单叶互生，叶片卵形至椭圆状卵形，边缘具小锐锯齿。花芳香浓郁，花萼片红褐色或深紫红色，先端圆钝，花瓣5枚，白色或粉红色，先叶开放。花期冬春季。园艺品种繁多，常见的有'玉碟''宫粉''朱砂''垂枝梅'等。

地理分布 分布甚广，栽培历史悠久，尤其是我国长江流域以南地区广为栽培。

习性 喜光照充足、温暖和湿润的环境，不耐阴，宜通风良好，对土壤要求不严，但以土层深厚、肥沃和排水良好的砂质壤土为佳，耐寒性较强。

杏花 *Armeniaca vulgaris* Lam. 蔷薇科杏属

地理分布 分布于甘肃、河北、陕西、山西、新疆等地，华东、东北、华北、西北及西南各地区均有栽培。

形态特征 落叶乔木，高达15米。叶片宽卵形至近圆形，基部近心形，边缘有细锯齿。花萼紫红色或紫绿色，开花后，萼片反折，花粉白色或稍带红晕，花瓣5枚，先叶开放。核果近球形，成熟时橙黄色。花期3～4月份，果成熟期6～7月份。

习性 喜光照充足，耐高温，耐干旱，宜土层深厚、肥沃和排水良好的砂质壤土，耐寒。

钟花樱桃 *Cerasus campanulata* (Maxim.) A.N. Vassiljeva 蔷薇科樱属

地理分布　分布于我国浙江、江西、福建、台湾、湖南等地，南京、上海等市有栽培。日本、越南也有分布。

形态特征　落叶乔木或灌木，高5～8米。叶片卵形、卵状椭圆形，先端渐尖，边缘具锯齿。伞形花序具2～4朵花，花萼钟状，花瓣5枚，粉红色，先叶开放。花期3月份。

习性　喜光照充足、温暖和湿润的环境，不耐阴，不耐盐碱土，宜土层深厚、肥沃和排水良好的微酸性壤土，耐寒。

（辐射　5）

（辐射 5）

樱桃 *Cerasus pseudocerasus* (Lindl.) Loudon 蔷薇科樱属

形态特征　乔木，高2～8米。叶片卵形，边缘有尖锐重锯齿。伞房或近伞形花序有花3～6朵，花萼卵圆状三角形，花瓣5枚，先端下凹或2裂，白色，花丝与花瓣近等长，先叶开放。核果近球形，成熟时红色。花期3～4月份，果期5～6月份。

地理分布　分布于华东地区及辽宁、河北、湖北、广西等地，栽培历史悠久。

习性　喜光照充足、温暖和湿润的环境，不耐阴，宜土层深厚、肥沃和排水良好的中性或微酸性壤土，耐寒。

樱花　山樱花　*Cerasus serrulata* (Lindl.) Loudon 蔷薇科樱属

形态特征　落叶乔木，高6～18米，树冠广卵圆形。叶片卵形或卵状椭圆形，边缘具重锯齿，先端尾尖。花梗和花萼近无毛，花萼片三角状披针形，全缘，花瓣5枚，粉白色，先端缺刻状2裂，花丝短于花瓣，花先叶开放。花期3～4月份。

地理分布　分布于我国黑龙江、河北、山东、江苏、浙江、安徽、江西、湖南、贵州，各地常见栽培。日本、朝鲜也有分布。

习性　喜光照充足、温暖和湿润的环境，不耐盐碱土，宜土层深厚、肥沃和排水良好的微酸性壤土，耐寒。

'垂枝' 樱花 *Cerasus serrulata* 'Pendula' 蔷薇科樱属

来源 樱花的园艺品种。我国南京、杭州等城市园林中有栽培。

形态特征 落叶乔木，高5～8米。枝条伸展而下垂。叶片长卵形或倒卵状椭圆形，边缘有尖锐重锯齿。花瓣5枚，白色或粉色，先端缺刻状2裂，花先叶开放。花期3～4月份。

习性 喜光照充足、温暖和湿润的环境，不耐盐碱土，宜土层深厚、肥沃和排水良好的微酸性壤土，耐寒。

来源 樱花的园艺品种。我国南京等城市有栽培。

习性 喜光照充足、温暖和湿润的环境，不耐盐碱土，宜土层深厚、肥沃和排水良好的微酸性壤土，耐寒。

地理分布 原产日本。我国杭州、上海、南京、南昌、合肥、北京、西安及武汉等城市有栽培。

习性 喜光照充足、温暖和湿润的环境，宜土层深厚、肥沃和排水良好的微酸性土壤，耐寒。

'阳光'樱 *Cerasus serrulata* 'Sunshine' 蔷薇科樱属

形态特征 落叶乔木，高6～8米。树冠卵圆形。叶片长卵形或卵状椭圆形，边缘有重锯齿。花梗和花萼近无毛，花较大，花瓣5枚，粉红色，具放射状红色脉纹，先端缺刻状2裂。花期3～4月份。

东京樱花 *Cerasus yedoensis* (Matsum.) A.N. Vassiljeva 蔷薇科樱属

形态特征 落叶乔木，高4～16米，树冠广卵形。叶片长圆状卵形或倒卵形，边缘有重锯齿，先端骤尾尖。花梗和花的萼筒有柔毛，花萼片三角状长卵形，边缘有腺齿，花瓣5枚，先端缺刻状2裂，花丝短于花瓣，先叶开放，初开粉色，后变白色。核果圆球形，成熟时黑色。花期4月份，果期5月份。园艺品种很多。

木瓜 *Chaenomeles sinensis* (Thouin) Koehne
蔷薇科木瓜属

地理分布 分布于山东、安徽、江苏、浙江、江西、广东及广西等，各地有栽培。

形态特征 落叶小乔木，高5～10米，树冠卵圆形至广卵圆形，树皮斑驳。叶片卵状椭圆形，边缘有芒状尖锐锯齿。花单生枝端，花梗粗短，花瓣5枚，淡粉红色。梨果长椭圆形，成熟时淡黄色，芳香。花期4月份，果期9～10月份。

习性 喜光照充足、温暖和湿润的环境，耐半阴，不耐积水，宜土层深厚、肥沃和排水良好的壤土，耐寒。

（辐射 5）

'海棠'木瓜 *Chaenomeles* 'Hai Tang'
蔷薇科木瓜属

来源 木瓜属的园艺品种。我国南京等城市有栽培。

习性 喜光照充足、温暖和湿润的环境，不耐积水，宜土层深厚、肥沃和排水良好的壤土，耐寒。

形态特征 落叶小乔木，高2.5～4米。树冠广卵圆形。叶片椭圆形或卵形，边缘具锯齿。花梗粗短，花瓣5枚，亮红色，花较密集，先花后叶或花叶同放。花期3月份。

（辐射 5）　　017

（辐射 5）

'红牡丹' 木瓜 *Chaenomeles* 'Hong mu-dan'
蔷薇科木瓜属

形态特征 落叶小乔木，高2.5～3.5米。树冠卵圆形。叶片椭圆形或长圆形，边缘具锯齿。嫩叶和花的萼片带红色，花梗粗短，花瓣5枚，红色，花叶同放。花期3～4月份。

来源 木瓜属的园艺品种。我国南京等城市有栽培。

习性 喜光照充足、温暖和湿润的环境，不耐积水，宜土层深厚、肥沃和排水良好的壤土，耐寒。

湖北山楂 *Crataegus hupehensis* Sarg. 蔷薇科山楂属

形态特征 乔木或灌木，高5米左右，刺少。叶互生，叶片卵形至卵状长圆形，2～4裂，边缘具圆钝锯齿。伞房花序具多花，花梗无毛，花萼片三角形，花瓣5枚，白色。果近球形，深红色。花期5～6月份。果期8～9月份。

地理分布 分布于湖北、湖南、江西、江苏、浙江、四川、陕西、山西、河南，南京等城市有栽培。

习性 喜光照充足、温暖的环境，耐半阴，宜土层深厚、肥沃和排水良好的土壤，较耐寒。

枇杷 *Eriobotrya japonica* (Thunb.) Lindl.
蔷薇科枇杷属

地理分布 分布于重庆、湖北，华东地区等广泛栽培，著名果树。是中国特有种。

形态特征 常绿小乔木，高4～10米，树冠广卵圆形。小枝密被锈色绒毛。叶片披针形或倒卵状披针形，近全缘。圆锥花序顶生，花瓣5枚，白色，芳香。果实近球形，成熟时黄色。花期11～12月份，果熟期5～6月份。

习性 喜光照充足、温暖和湿润的环境，稍耐阴，宜土层深厚、湿润和富含腐殖质的中性或微酸性土壤，不耐严寒。

（辐射 5）

大叶桂樱 *Laurocerasus zippeliana* (Miq.) Yü et Lu 蔷薇科桂樱属

地理分布 分布于甘肃、陕西、湖北、湖南、江西、浙江、福建、台湾、广东、广西、贵州、四川、云南、江苏等地有栽培。

形态特征 常绿乔木，高10～20米，树冠卵圆形或广卵圆形。叶片长椭圆形或宽长圆形，边缘具稀疏锯齿。总状花序单生或2～4个簇生，花瓣5枚，白色。核果长圆形，黑褐色。花期7～8月份。果期冬季。

习性 喜光照充足、温暖和湿润的环境，耐半阴，宜土层深厚、肥沃和排水良好的偏酸性土壤，较耐寒。

（辐射 5）

'紫叶'垂丝海棠 *Malus halliana* 'Purpurea'
蔷薇科苹果属

形态特征 落叶小乔木，高3～5米。叶片紫色，卵形、椭圆形或长椭圆形，边缘有圆钝细锯齿。花梗和花萼紫色，花瓣5枚，玫红色，花丝长短不齐，约为花瓣之半，花与叶同放。花期3～4月份。

来源 垂丝海棠的园艺品种。我国南京等城市有栽培。

习性 喜光照充足、温暖和湿润的环境，不耐阴，宜土层深厚、疏松、肥沃和排水良好的土壤，耐寒。

湖北海棠 *Malus hupehensis* (Pamp.) Rehder
蔷薇科苹果属

形态特征 落叶乔木，高6～8米。树冠广卵圆形。叶片卵形或卵状椭圆形，边缘有细锐锯齿。花的萼片三角状卵形，花瓣5枚，粉白色，花丝长短不齐，约为花瓣之半，花柱3枚，花与叶同时开放或先叶开放。梨果圆球形，成熟时黄绿色，稍带红晕。花期4～5月份，果熟期8～9月份。

地理分布 分布于华东、华中、西南地区及广东、陕西、甘肃等省，南京等城市有栽培。

习性 喜光照充足、温暖和湿润的环境，不耐阴，宜土层深厚、肥沃和排水良好的中性或微酸性土壤，较耐寒。

'粉红' 湖北海棠
Malus hupehensis 'Donald' 蔷薇科苹果属

来源 湖北海棠的园艺品种。我国南京等城市有栽培。

习性 喜光照充足、温暖和湿润的环境，不耐阴，宜土层深厚、肥沃和排水良好的中性或微酸性土壤，较耐寒。

（辐射 5）

形态特征 落叶乔木，高3～5米。树冠广卵形。叶片卵形或卵状椭圆形，边缘有细锐锯齿。花的萼片三角状卵形，花瓣5枚，粉红色，花柱3枚，花叶同放或先叶开放。花期4～5月份。

'宝石' 海棠
Malus 'Jewelberry' 蔷薇科苹果属

来源 海棠类园艺品种。我国北京等城市有栽培。

习性 喜光照充足，不耐阴，耐旱，不耐积水，宜土层深厚、肥沃和排水良好的土壤，耐寒。

形态特征 落叶小乔木，高3～5米。叶片卵形或椭圆形，边缘有锯齿。花梗较短，花蕾淡红色至深红色，花瓣5枚，狭长圆形，白色，花丝长短不齐，约为花瓣的一半，花朵密集着生于枝条上，与叶近同放。花期3～4月份。

'丰花' 海棠 *Malus* 'Profusion' 蔷薇科苹果属

来源　海棠类园艺品种。我国北京、天津、沈阳等城市有栽培。

形态特征　落叶乔木，高5～7.5米，树冠较开展。叶片长卵形或卵形，边缘具锯齿。花梗和花萼被柔毛，花繁多，花蕾深红色，开花后深粉红色，花瓣5枚，花丝长短不齐，为花瓣的一半，花与叶近同放。花期3～4月份。

习性　喜光照充足，不耐阴，耐旱，不耐积水，宜土层深厚、肥沃和排水良好的土壤，耐寒。

　（辐射　5）

'红玉'海棠 *Malus* 'Red Jade' 蔷薇科苹果属

来源　海棠类园艺品种。我国北京等城市有栽培。

习性　喜光照充足，不耐阴，耐旱，不耐积水，宜土层深厚、肥沃和排水良好的土壤，耐寒。

（辐射　5）

形态特征　落叶小乔木，高3～5米。叶片卵形或椭圆形，边缘具锯齿。花梗较长而向下垂，花蕾淡红色至红色，花瓣5枚，椭圆形，白色，花丝长短不齐，不到花瓣的一半，花与叶同放。花期3～4月份。

紫花海棠 *Malus* × *purpurea* 蔷薇科苹果属

来源　海棠属的杂交种。我国北京等城市有栽培。

习性　喜光照充足，不耐阴，宜土层深厚、疏松、肥沃和排水良好的土壤，耐寒。

形态特征　落叶小乔木，高3～6米。叶片长卵形或椭圆形，深绿色，边缘具锯齿。花梗和花萼被柔毛，花瓣5枚，深玫瑰紫色，花丝长短不齐，不到花瓣的一半，花与叶同放。花期3～4月份。

（辐射　5）

苹果 *Malus pumila* Mill. 蔷薇科苹果属

形态特征 落叶乔木，高可达15米，人工栽培多具卵圆形树冠和短主干。叶片椭圆形或卵形，边缘具锯齿。伞房花序有3～7朵花，花梗和花萼片被绒毛，花萼片三角状卵形或三角状披针形，花瓣5枚，白色或粉色，花柱5枚。果扁球形。花期5月份，果熟期7～10月份。

地理分布 原产欧洲及亚洲中部，栽培历史悠久。我国北部、西北部和西南部广泛栽培，著名果树，成片开花时极具观赏性。

习性 喜光照充足、昼夜温差较大的环境，宜土层深厚、富含有机质和排水良好的中性壤土，耐寒。

石楠 *Photinia serratifolia* (Desf.) Kalkman 蔷薇科石楠属

形态特征 常绿小乔木或灌木，高达12米。树冠广卵圆形或近圆球形。叶片长椭圆形或倒卵状椭圆形，新叶紫红色，后转为深绿色，光泽。复伞房花序大，小花密集，花瓣5枚，白色，外轮花丝比花瓣长。花期4～5月份。

地理分布 分布于我国华东、华中、华南等地区，各地常见栽培。

习性 喜光照充足、温暖和湿润的环境，稍耐阴，较耐干旱和瘠薄，宜土层深厚、肥沃、湿润和排水良好的土壤，稍耐寒。

紫叶李 *Prunus cerasifera* 'Pissardii' 蔷薇科李属

来源 樱桃李的园艺品种。我国各地常见栽培。

习性 喜光照充足、温暖和湿润的环境，性强健，耐干旱，也耐水湿，宜中性或微酸性的土壤，轻盐碱土亦能生长，较耐寒。

（辐射 5）

形态特征 落叶小乔木，高4～8米。叶片紫红色，卵形或倒卵形，边缘具重锯齿。花瓣5枚，粉白色，花丝排成两轮，外轮较长，花柱1枚，花先叶开放或与叶同放。核果近球形，成熟时紫红色。花期3～4月份，果熟期6～7月份。

豆梨 *Pyrus calleryana* Decne. 蔷薇科梨属

地理分布 分布于我国山东、河南、江苏、浙江、江西、安徽、湖北、湖南、福建、广东、广西。越南北部也有分布。

习性 喜光照充足、温暖和湿润的环境，稍耐阴，对土壤要求不严，但以土层深厚、湿润和排水良好的壤土为宜，较耐寒。

形态特征 落叶乔木，高5～8米。树冠卵圆形。叶片宽卵形至卵形，边缘具细钝锯齿。花梗无毛，花萼的萼片披针形，花瓣5枚，白色，花丝比花瓣短，花先叶开放或与叶同放。梨果深褐色。花期3～4月份。果熟期8～9月份。

水榆花楸 *Sorbus alnifolia* (Sieb. et Zucc.) K. Koch
蔷薇科花楸属

形态特征 落叶乔木，高8～20米。树冠卵圆形或倒卵圆形。叶片卵形至椭圆状卵形，边缘具重锯齿。复伞房花序具花6～20余朵，花瓣5枚，白色。梨果成熟后红色。花期5月份。果熟期8～10月份。

地理分布 分布于我国黑龙江、吉林、辽宁、河北、河南、陕西、甘肃、山东、安徽、湖北、江西、浙江、四川。朝鲜、日本也有分布。

习性 喜光照充足，稍耐阴，对土壤要求不严，但以土层深厚、肥沃的中性或微酸性土壤为佳，耐寒。

海杧果 *Cerbera manghas* L. 夹竹桃科海杧果属

形态特征 常绿乔木，高4～8米，全株具乳汁。叶螺旋状互生，叶片倒卵状长圆形或倒卵状披针形。聚伞花序顶生，花芳香，花冠高脚碟状，花冠裂片5枚，白色且喉部红色。花期3～10月份。

地理分布 分布于我国广东南部、广西南部、台湾，南方园林有栽培。亚洲和澳大利亚热带地区也有分布。

习性 喜光照充足、温暖和湿润的环境，常生长于海边或近海边湿润处，不耐寒。

鸡蛋花 缅栀子；尖叶鸡蛋花

Plumeria rubra 'Acutifolia' 夹竹桃科鸡蛋花属

来源 红鸡蛋花的园艺品种。我国南方园林常见栽培。

习性 喜光照充足、高温和高湿的环境，较耐干旱，宜疏松、肥沃、湿润和排水良好的砂质壤土，不耐寒。

形态特征 落叶小乔木，高4～8米。树冠近圆球形，枝粗壮，肉质。单叶互生，常簇生于枝端，叶片长圆状倒披针形，全缘。聚伞花序顶生，花冠外面白色，内面黄色，花冠裂片5枚，螺旋状排列。花期5～10月份。

（辐射 5）

'暗红' 鸡蛋花 *Plumeria rubra* 'Dark Red'

夹竹桃科鸡蛋花属

来源 红鸡蛋花的园艺品种。我国南方园林有栽培。

习性 喜光照充足、高温和高湿的环境，较耐干旱，宜疏松、肥沃、湿润和排水良好的砂质壤土，不耐寒。

形态特征 落叶小乔木，高4～8米。树冠近圆球形，枝粗壮，肉质。单叶互生，常簇生于枝端，叶片长圆状倒披针形，全缘。聚伞花序顶生，花冠深红色，花冠裂片5枚，螺旋状排列。花期3～9月份。

（辐射 5）

'霞光'红鸡蛋花 *Plumeria rubra* 'Rosy Dawn' 夹竹桃科鸡蛋花属

来源　红鸡蛋花的园艺品种。我国南方园林常见栽培。

形态特征　落叶小乔木，高4～8米。树冠近圆球形，枝粗壮，肉质。单叶互生，常簇生于枝端，叶片长圆状倒披针形，全缘。聚伞花序顶生，花冠黄色带粉玫红色晕，花冠裂片5枚，螺旋状排列。花期3～9月份。

习性　喜光照充足、高温和高湿的环境，较耐干旱，宜疏松、肥沃、湿润和排水良好的砂质壤土，不耐寒。

黄花夹竹桃 *Thevetia peruviana* (Pers.) K. Schum.
夹竹桃科黄花夹竹桃属

地理分布　原产美洲热带地区。我国南方园林有栽培。

习性　喜光照充足、高温和高湿的环境，较耐干旱，宜疏松、肥沃、湿润和排水良好的砂质壤土，不耐寒。

（辐射　5）

形态特征　常绿小乔木，高3～5米。枝条柔软。叶互生，叶片线形或披针形。聚伞花序生于枝端，花冠漏斗状，黄色，芳香，花冠裂片5枚，螺旋状排列。核果扁三角状球形。花期5～12月份，果期8月份至翌年春季。

盆架树 *Winchia calophylla* A. DC. 夹竹桃科盆架树属

地理分布　分布于我国云南、广东、海南，南方园林有栽培。印度、缅甸、印度尼西亚也有分布。

习性　喜光照充足、高温和高湿的环境，宜土层深厚、疏松、肥沃、湿润的砂质壤土，不耐寒，越冬温度15℃以上。

形态特征　常绿乔木，高达30米，具白色乳汁。叶3～4枚轮生，间有对生，叶片长圆状椭圆形。聚伞花序生具多数花，花冠高脚碟状，花冠裂片5枚，白色，略反曲。花期4～7月份。

（辐射 5）

弯子木
Cochlospermum vitifolium (Willd.) Spreng.
弯子木科弯子木属

形态特征 落叶乔木，高5～7米。树冠圆卵形，树皮灰色。叶片掌状3～5深裂，裂片椭圆状披针形，边缘具浅锯齿。圆锥花序具数朵至十余朵花，花大，先叶开放，鲜黄色，花瓣5枚，顶端中部缺刻状。花期春季。

地理分布 原产墨西哥、中美洲和南美洲地区。我国台湾、广州（华南植物园）等地有栽培。

习性 喜光照充足、温暖和湿润的环境，宜土层深厚、疏松、有肥力和排水良好的土壤，不耐寒。

美丽吉贝 美人树；美丽异木棉
Ceiba speciosa (A. St.-Hil.) Ravenna 木棉科吉贝属

形态特征 乔木，高15～18米，原产地高可达30米。树皮绿黄色，基部粗壮，枝干有圆锥状刺。掌状复叶。花大，花瓣5枚，深粉红色，基部淡黄色或乳白色，具深色纵条纹。花期夏末至深秋。

附注 异木棉属和吉贝属已合并，*Chorisia speciosa* A. St.-Hil. 为异名。

地理分布 原产南美洲热带地区。我国广东等地有栽培。

习性 喜夏季多雨、旱季明显的气候，幼树适生长于稍荫蔽的环境，宜深厚且排水良好的土壤，不耐寒。

瓜栗 发财树 *Pachira aquatica* Aubl.
木棉科瓜栗属

地理分布 原产美洲热带地区。我国广东、福建、海南、台湾、云南等地常见栽培，北方多盆栽观赏。

习性 喜光照充足、高温和高湿的环境，耐半阴，宜疏松、肥沃、湿润和排水良好的砂质壤土，不耐寒，华南地区能露地越冬。

（辐射 5）

形态特征 小乔木，高2～5米。树冠较松散。叶互生，掌状复叶，小叶5～11枚，长圆形至卵状长圆形，全缘。花单生，花瓣5枚，淡绿黄色，狭披针形，向外反卷，花丝白色，细长密集，长约15厘米。花期5～11月份。

附注 异名 *Pachira macrocarpa* (Cham. et Schlecht.) Walp.

辐叶鹅掌柴 伞树
Schefflera actinophylla (Endl.) Harms 五加科鹅掌柴属

地理分布 原产新几内亚、澳大利亚。我国广东、福建等地有栽培。

习性 喜光照充足，喜温暖的气候，耐半阴，宜肥力适中和排水良好的土壤，生长季需充足水分，耐寒性不强。

形态特征 乔木或大灌木，多主干，高约9米。掌状复叶具7～9枚小裂片，小裂片长圆状披针形。顶生总状花序呈辐射状，似雨伞骨架，花小，深红色，花瓣5枚。花期春、夏季。

（辐射 5）

（辐射 5）

'火焰' 黄栌 烟树；红栌

Cotinus coggygria 'Flame' 漆树科黄栌属

形态特征 落叶小乔木，高十余米。树冠广卵圆形或近圆形。单叶互生，叶片倒卵形，全缘，秋季转艳橙红色或艳紫红色。圆锥花序的花小，花瓣5枚，淡黄色，花后具宿存细长的粉红色羽毛状花梗，如烟似雾，故名烟树。花期春季。

来源 黄栌的园艺品种。我国各地偶有栽培。

习性 喜光照充足，稍耐阴，耐旱，不耐水湿，对土壤要求不严，但以土层深厚、湿润和排水良好的砂质壤土为宜，耐寒。

楝 楝树 *Melia azedarach* L. 楝科楝属

形态特征 落叶乔木，高达十余米。树冠伞形或广卵圆形。叶为2～3回奇数羽状复叶，小叶对生，卵形、椭圆形至披针形，边缘有钝锯齿。圆锥花序具多数花，花小，芳香，花瓣5枚，有时6枚，淡紫色至白色，雄蕊花丝合成管状，紫色。核果球形至椭圆形。花期4～5月份，果熟期10～12月份。

地理分布 分布于我国黄河以南各省区，各地广泛栽培。

习性 喜光照充足、温暖和湿润的环境，不耐阴，不择土壤，酸性土、中性土、钙质土及轻盐碱土均能生长，较耐寒。

梭罗树 *Reevesia pubescens* Mast. 梧桐科梭罗树属

地理分布　分布于海南、广西、云南、贵州、四川等，南京等地有栽培。

习性　喜光照充足、温暖和湿润的环境，稍耐阴，宜土层深厚、疏松、富含腐殖质和排水良好的土壤，稍耐寒。

（辐射　5）

形态特征　常绿乔木，高可达20米。树冠卵圆形或长卵圆形。叶片椭圆状卵形至椭圆形，全缘。聚伞状伞房花序顶生，花密集，白色，芳香，花瓣5枚，花丝细长，伸出花外。花期5～6月份。

鸡爪槭 *Acer palmatum* Thunb. 槭树科槭属

地理分布　分布于我国山东、河南南部、江苏、浙江、安徽、江西、湖北、湖南、贵州等，各地广泛栽培。朝鲜、日本也有分布。

习性　喜光照充足、温暖和湿润的环境，耐半阴，耐旱，较耐水湿，宜富含腐殖质的砂质壤土，较耐寒。

形态特征　落叶小乔木，高2～8米。树冠伞形或广卵圆形。叶掌状5～9裂，绿色，秋季转红色。伞房花序顶生，花萼裂片5枚，紫红色，花瓣5枚，紫红色。翅果成熟时淡棕黄色。花期4～5月份，果熟期10～11月份。

元宝槭 *Acer truncatum* Bunge 槭树科槭属

形态特征 落叶乔木，高 5～10 米。树冠伞广卵圆形。叶片掌状 5 裂。伞房花序顶生，花金黄色，花瓣 5 枚，花与叶同放。翅果淡黄色。花期 4～5 月份，果熟期 8～9月份。

地理分布 分布于我国吉林、辽宁、内蒙古、河北、山西、山东、江苏北部、河南、陕西、甘肃等，南京、北京等城市有栽培。朝鲜也有分布。

习性 喜光照充足，宜深厚、肥沃、湿润和排水良好的砂质壤土，酸性、中性及钙质土壤均能适应，耐寒性强。

阳桃 *Averrhoa carambola* L. 酢酱草科阳桃属

形态特征 乔木，高达 12 米。树冠卵圆形。奇数羽状复叶互生，小叶 5～13 枚，近椭圆形。聚伞或圆锥花序具数朵至多数花，花小，花瓣 5 枚，浅桃红色。浆果具 5 棱。花期 4～12 月份，果期 7～12 月份。

地理分布 原产东南亚热带地区，福建、台湾、广东、海南、云南等省有栽培。

习性 喜光照充足、高温和湿润的环境，宜疏松、肥沃、湿润和排水良好的土壤，不耐寒。

紫茎 *Stewartia sinensis* Rehd. et Wils. 山茶科紫茎属

地理分布 分布于安徽、福建、江西、浙江、湖北、四川东部等，南京、杭州等城市有栽培。是中国特有种。

习性 喜光照充足、温暖和湿润的环境，稍耐阴，不耐积水，宜土层深厚、疏松和排水良好的偏酸性土壤，稍耐寒。

形态特征 落叶小乔木或灌木，高6～12米。树冠长卵圆形至广卵圆形。叶片椭圆形或卵状椭圆形，边缘具粗齿。花单生，白色，花瓣5～6枚，阔卵形。花期5～6月份。

（辐射 5~6）

紫薇 ~~痒痒树~~ *Lagerstroemia indica* L. 千屈菜科紫薇属

地理分布 原产于印度、柬埔寨、泰国、越南、日本等国。我国华东、华南、华中、西南等地区广泛栽培。

习性 喜光照充足，稍耐阴，耐旱，耐水湿，宜土层肥沃、湿润和排水良好的微酸性壤土，较耐寒。

形态特征 落叶小乔木或灌木，高2～8米，树冠卵圆形，树干光滑。叶片椭圆形至倒卵形，全缘。圆锥花序顶生，花淡紫色或淡紫红色，花瓣6枚，边缘皱缩。花期6～9月份。园艺品种多。

（辐射 6） 035

（辐射 6）

红薇 *Lagerstroemia indica* 'Rubra' 千屈菜科紫薇属

形态特征 落叶小乔木或灌木，高2～4米。树干光滑，枝干稍扭曲。叶片椭圆形至倒卵圆形，全缘。圆锥花序顶生，花红色，花瓣6枚，边缘皱缩。花期6～9月份。

来源 紫薇的园艺品种。我国各地有栽培。

习性 喜光照充足，稍耐阴，耐旱，耐水湿，宜土层肥沃、湿润和排水良好的微酸性壤土，耐寒。

银薇 *Lagerstroemia indica* 'Alba' 千屈菜科紫薇属

来源 紫薇的栽培品种。我国各地有栽培。

形态特征 落叶小乔木或灌木，高2～4米。树冠卵圆形或倒卵圆形，树干光滑。叶片椭圆形至倒卵圆形，全缘。圆锥花序生于枝顶端，花白色，花瓣6枚，边缘皱缩。花期6～9月份。

习性 喜光照充足，稍耐阴，耐旱，耐水湿，宜土层肥沃、湿润和排水良好的微酸性壤土，耐寒。

翠薇 *Lagerstroemia* 'Purple Magic' 千屈菜科紫薇属

来源　紫薇的园艺品种。我国各地有栽培。
习性　喜光照充足，稍耐阴，耐旱，耐水湿，宜土层肥沃、湿润和排水良好的微酸性壤土，耐寒。

（辐射　6）

形态特征　落叶小乔木或灌木，高2～2.5米，树冠卵圆形或倒卵圆形。叶片椭圆形至倒卵圆形，全缘。圆锥花序顶生，花色偏蓝紫色，花瓣6枚，边缘皱缩。花期6～9月份。

'粉花'紫薇　'纽曼尼'紫薇
Lagerstroemia 'Newmanii' 千屈菜科紫薇属

来源　紫薇的园艺品种。我国各地有栽培。
习性　喜光照充足，稍耐阴，耐旱，耐水湿，宜土层肥沃、湿润和排水良好的微酸性壤土，耐寒。

形态特征　落叶小乔木或灌木，高2～3米，树冠卵圆形或倒卵圆形，树干光滑。叶片椭圆形至倒卵圆形，全缘。圆锥花序顶生，花浅粉红色，花瓣6枚，边缘皱缩。花期6～9月份。

'玫红'紫薇 *Lagerstroemia* 'Ruby Lace'
千屈菜科紫薇属

形态特征　落叶小乔木或灌木，高2～3米，树冠卵圆形或倒卵圆形，树干光滑。叶片椭圆形至倒卵形，全缘。圆锥花序顶生，花密集，花瓣6枚，玫红色，边缘皱缩。花期7～10月份。

（辐射　6）

来源　紫薇的园艺品种。我国各地有栽培。

习性　喜光照充足，耐旱，耐水湿，宜土层肥沃、湿润和排水良好的土壤，耐寒。

大花紫薇 *Lagerstroemia speciosa* (L.)Pers.
千屈菜科紫薇属

形态特征　落叶大乔木，高可达25米，树冠卵圆形或近伞状。叶片椭圆形或长圆状卵形，全缘。圆锥花序直立，花淡紫色或紫色，花瓣6枚，边缘波状皱折。花期6～7月份。

地理分布　原产斯里兰卡、印度、马来西亚、越南、菲律宾及澳大利亚。我国福建、台湾、广东、香港、云南、海南等地有栽培。

习性　喜光照充足、温暖和湿润的环境，不耐贫瘠，宜土层肥沃、湿润和排水良好的土壤，不耐寒。

038　　（辐射　6）

乐昌含笑 *Michelia chapensis* Dandy 木兰科含笑属

地理分布　分布于江西南部、湖南东部和西部、贵州、广东北部和西部、广西东北部和东南部、云南东南部。上海、南京等地园林有栽培。

习性　喜光照充足、温暖和湿润的环境，稍耐阴，宜土层深厚、疏松、富含腐殖质的微酸性砂质壤土，稍耐寒。

（辐射　6）

形态特征　常绿乔木，高15～30米。树干挺直，树冠卵圆形至广卵圆形。叶片倒卵形或长圆状倒卵形。花单生叶腋，花被片6枚，淡黄色，芳香。花期3～4月份。

单体红山茶 *Camellia uraku* Kitam. 山茶科山茶属

地理分布　原产日本。我国各地有栽培。

习性　喜光照柔和、温暖和湿润的环境，耐半阴，不耐积水，宜疏松、富含腐殖质、湿润和排水良好的酸性土壤，较耐寒。

形态特征　常绿小乔木，高3～6米，嫩枝无毛。叶互生，叶片椭圆形或长圆形，边缘具细锯齿。花单生，花瓣7枚，阔倒卵圆形，粉红色或白色，雄蕊多数，排列成3～4轮。花期秋季。

（辐射　7）　　039

（辐射 9）

'黄灯' 玉兰 *Magnolia acuminata* 'Yellow Lantern' 木兰科木兰属

形态特征　落叶乔木，高10～13米。树冠卵圆形。叶片长椭圆形或长圆状卵形。花单生枝端，花被片9枚，外轮3枚萼片状，较小，淡绿色，内2轮花瓣状，黄色。花期5月份。

来源　黄瓜树玉兰（原产美国、加拿大）的园艺品种。我国园林较少栽培。

习性　喜光照充足、夏季凉爽的气候，宜土层深厚、肥沃和排水良好的土壤，耐寒。

黄山玉兰　黄山木兰

Magnolia cylindrica E.H. Wilson 木兰科木兰属

地理分布　分布于浙江、福建、安徽、江西、湖北及河南南部，上海、南京等地有栽培。是中国特有种。

习性　喜光照充足、温暖和湿润的环境，稍耐阴，宜土层深厚、疏松、富含腐殖质的微酸性砂质壤土。

形态特征　落叶乔木，高达12米。树干挺直，树冠卵圆形至广卵圆形。叶片倒卵形或倒卵状长圆形。花先叶开放，花被片9枚，外轮3枚膜质萼片状，内2轮花瓣状，白色，外侧基部淡紫红色至紫红色。花期5～6月份。

望春玉兰 *Magnolia biondii* Pamp. 木兰科木兰属

地理分布 分布于甘肃东南部、河南、陕西、湖北等。上海、浙江、江苏等地有栽培。是中国特有种。

习性 喜光照充足、温暖和湿润的环境，稍耐阴，宜土层深厚、疏松、富含腐殖质的微酸性砂质壤土，较耐寒。

形态特征 落叶乔木，高达12米。顶芽密被淡黄色开展长柔毛。树冠卵圆形。叶片长椭圆形、狭倒卵形或卵状披针形。花被片9枚，外轮3枚条形萼片状，内2轮花瓣状，白色，外面基部常紫红色，先叶开放。花期3月份。

（辐射 9）

'香型' 玉兰 *Magnolia denudata* 'Xiangxing' 木兰科木兰属

来源 玉兰的园艺品种。我国广州等地有栽培。

习性 喜光照充足、温暖和湿润的环境，稍耐阴，宜土层深厚、肥沃和排水良好的土壤。

形态特征 落叶乔木，高10～15米。树冠卵圆形。叶片倒卵形或倒卵状椭圆形。花单生枝端，芳香，花被片9枚，外轮3枚萼片状，内2轮花瓣状，白色至淡粉色。花期2月份下旬至3月份。

（辐射 9） 041

天目玉兰 天目木兰

Magnolia amoena W.C. Cheng 木兰科木兰属

（辐射 9）

地理分布 分布于浙江、福建、安徽、江西、湖北及江苏南部，上海、南京等地有栽培。是中国特有种。

习性 喜光照充足、温暖和湿润的环境，稍耐阴，宜土层深厚、疏松、富含腐殖质的微酸性砂质壤土。

形态特征 落叶乔木，高达13米。顶芽密被灰白色长绢毛。树冠卵圆形至广卵圆形。叶片宽倒披针形或倒披针状椭圆形。花芳香，花被片9枚，全部花瓣状，粉红色或红色，内面白色，先叶开放。花期4～5月份。

玉兰 白玉兰 *Magnolia denudata* Desr.

木兰科木兰属

形态特征 落叶乔木，高12～18米。树干挺直，树冠卵圆形至广卵圆形。叶片宽倒卵圆形或倒卵状椭圆形。花单生枝端，花被片9枚，全部花瓣状，白色，芳香，先叶绽放。花期2月份中下旬至3月份。

地理分布 分布于浙江、湖南、湖北、贵州、广东北部、安徽、陕西等，各地广泛栽培。是中国特有种。

习性 喜光照充足、温暖和湿润的环境，稍耐阴，宜土层深厚、肥沃、湿润及排水良好的偏酸性壤土，较耐寒。

'飞黄' 玉兰 *Magnolia denudata* 'Yellow River' 木兰科木兰属

来源 玉兰的园艺品种。我国上海、江苏、浙江等地园林有栽培。

习性 喜光照充足、温暖和湿润的环境，稍耐阴，宜土层深厚、肥沃和排水良好的土壤，较耐寒。

形态特征 小乔木，高5～10米。树冠卵圆形。叶片长倒卵状椭圆形或长椭圆形。花大，单生枝端，花被片9枚，全部花瓣状，黄色或淡黄色，先叶开放。花期3月份。

（辐射 9）

二乔玉兰 *Magnolia soulangeana* Soul.-Bod. 木兰科木兰属

来源 白玉兰与紫玉兰杂交育成的园艺品种。世界各地均有栽培。

习性 喜光照充足、温暖和湿润的环境，宜土层深厚、疏松、富含腐殖质的微酸性土壤，较耐寒。

形态特征 落叶小乔木，高6～10米。树冠卵圆形至长卵圆形。叶片倒卵形。花被片9枚，全部花瓣状，外面粉紫红色至深紫红色，内面白色至粉红色，花先叶开放。花期2～3月份。

（辐射 9）　　043

（辐射 9）

'常春'二乔玉兰 *Magnolia soulangeana 'Semperflorens'*
木兰科木兰属

形态特征 常绿小乔木，高6～10米。树冠卵圆形。叶片卵形至倒卵形，深绿色。花被片9枚，全部花瓣状，外面艳紫红色，内面粉白色。一年常4次开花。

来源 二乔玉兰的园艺品种。我国上海、南京、杭州等地有栽培。

习性 喜光照充足、温暖和湿润的环境，稍耐阴，宜土层深厚、肥沃和排水良好的土壤。

宝华玉兰 *Magnolia zenii* W. C. Cheng 木兰科木兰属

形态特征 落叶小乔木或乔木，高达18米，树冠卵圆形或长卵圆形。叶片倒卵状长圆形。花单生顶端，芳香，花被片9枚，全部花瓣状，上部白色，下部常带紫红色，先叶开放。花期2～3月份。

地理分布 分布于江苏句容宝华山。是中国特有种。

习性 喜光照充足、温暖和湿润的环境，稍耐阴，宜土层深厚、疏松、富含腐殖质的微酸性砂质壤土，较耐寒。

深山含笑 *Michelia maudiae* Dunn 木兰科含笑属

地理分布　分布于安徽南部、浙江、福建、湖南、广东、广西、贵州等地，上海、江苏、江西、浙江等地有栽培。是中国特有种。

习性　喜光照充足、温暖和湿润的环境，稍耐阴，宜土层深厚、肥沃和排水良好的偏酸性土壤。

（辐射　9）

形态特征　常绿乔木，高8～20米。树冠卵圆形或广卵圆形。幼枝、芽及叶背面被白粉。叶长卵形或长椭圆形，表面深绿色，光泽。花单生，花被片9枚，外轮花被片大，内轮渐稍小，白色，清香。花期3～4月份。

阔瓣含笑 *Michelia cavaleriei* var. *platypetala* (Hand.-Mazz.) N.H. Xia 木兰科含笑属

地理分布　分布于广东东部、广西东北部、贵州东部、湖北西部、湖南西南部，上海、江苏、江西、浙江等地有栽培。是中国特有种。

习性　喜光照充足、温暖和湿润的环境，稍耐阴，宜土层深厚、肥沃和排水良好的偏酸性土壤，稍耐寒。

形态特征　常绿乔木，高达20米。树冠卵圆形。嫩枝、芽、幼叶均被红褐色绢毛。叶片长椭圆形或长圆形。花单生，花被片9枚，白色。花期3～4月份。

（辐射 9）

鹅掌楸 马褂木 *Liriodendron chinense* (Hemsl.) Sarg. 木兰科鹅掌楸属

形态特征　落叶大乔木，高15～30米。树冠卵圆形。叶形似鹅掌或马褂，两侧下部各1裂。花单生枝端，花被片9枚，外轮3枚萼片状，向外反折，内2轮花瓣状，黄绿色，花期时雌蕊群超出花被之上。花期5月份。

地理分布　分布于我国福建、广西、贵州、湖北、湖南、浙江、安徽、陕西等，长江流域以南地区常见栽培。越南北部也有分布。

习性　喜光照充足、温暖和湿润的环境，不耐积水和瘠薄，宜土层深厚、肥沃和排水良好的微酸性土壤，较耐寒。

北美鹅掌楸 北美马褂木 *Liriodendron tulipifera* L. 木兰科鹅掌楸属

形态特征　落叶大乔木，高15～35米。树冠卵圆形。叶形似鹅掌或马褂，两侧下部常各2裂。花单生枝端，花被片9枚，外轮3枚萼片状，淡绿色，向外反折，内2轮花瓣状，淡绿黄色，基部有不规则的橘黄色带纹，花期时雌蕊群不超出花被片之上。花期5月份。

地理分布　原产北美东南部。我国南京、上海、杭州等地有栽培。

习性　喜光照充足、温暖和湿润的环境，不耐积水和瘠薄，宜土层深厚、肥沃和排水良好的微酸性土壤，耐寒。

杂交鹅掌楸 *Liriodendron chinense × L. tulipifera*
木兰科鹅掌楸属

来源 鹅掌楸和北美鹅掌楸的杂交后代。我国南京、北京、上海、杭州等地有栽培。

习性 喜光照充足、温暖和湿润的环境，稍耐阴，不耐积水和瘠薄，宜土层深厚、肥沃和排水良好的微酸性土壤，耐寒。

形态特征 落叶乔木，高15～30米。树冠宽卵形。叶形似鹅掌或马褂，两侧下部各1～2裂。花单生枝端，花被片9枚，外轮3枚萼片状，淡绿色，向外反折，内2轮花瓣状，淡黄色，中下部有不规则的橘黄色斑纹。花期5月份。

（辐射　9）

木莲 *Manglietia fordiana* Oliv. 木兰科木莲属

地理分布 分布于我国福建、广东、广西、湖南、贵州、江西、浙江、云南，南京等地有栽培。越南也有分布。

习性 喜光照柔和、温暖和湿润的环境，耐半阴，不耐干旱和瘠薄，宜土层深厚、湿润、富含腐殖质的偏酸性壤土，较耐寒。

形态特征 常绿乔木，高12～20米。树冠卵圆形或圆锥形。叶片狭椭圆状倒卵形或倒披针形，表面深绿色，亮泽。花单生于枝顶，花被片9枚，白色，雄蕊群艳红色。花期4～5月份。

（辐射　9）

（辐射 9~12）

红花木莲 *Manglietia insignis*（Wall.）Bl.
木兰科木莲属

形态特征　常绿乔木，高8～20米。树冠卵圆形或广卵圆形。叶片倒披针形或长卵状椭圆形，深绿色。花单生枝端，花被片9～12枚，紫红色或淡紫红色。花期5～6月份。

地理分布　分布于我国湖南、广西、四川、贵州、西藏、云南。华东各地有栽培。尼泊尔、印度、缅甸也有分布。

习性　喜光照柔和、温暖湿润、夏季凉爽的气候，较耐阴，宜土层深厚、肥沃和排水良好的土壤，稍耐寒。

荷花玉兰　广玉兰 *Magnolia grandiflora* L.
木兰科木兰属

形态特征　常绿乔木，高达30米。树干挺直，树冠卵圆形或圆锥形。叶片长卵状椭圆形或倒卵状椭圆形，表面深绿色，光泽，背面密被红褐色短绒毛。花硕大，单生枝端，花被片9～12枚，乳白色，芳香。花期5～6月份。

地理分布　原产北美东南部。我国长江流域以南各地广泛栽培。

习性　喜光照充足、温暖和湿润的环境，稍耐阴，不耐积水，不耐盐碱土，宜土层深厚、肥沃、湿润和排水良好的中性或微酸性土壤，耐寒。

厚朴 *Houpoëa officinalis* (Rehder et E. H. Wilson) N. H. Xia et C. Y. Wu 木兰科厚朴属

地理分布　分布于甘肃东南部、陕西南部、河南、湖北、湖南、广西、贵州、四川等，上海、浙江、江苏等地有栽培。是中国特有种。

习性　喜光照柔和、温暖湿润、夏季凉爽的气候，稍耐阴，不耐干旱，宜土层深厚、肥沃、湿润和排水良好的偏酸性土壤，不耐严寒酷暑。

形态特征　落叶乔木，高10～20米。叶片大，倒卵状长圆形。花芳香，花被片9～12枚，外轮3枚绿白色，向外反曲，内2轮花被片直立，白色。花期4～5月份。

附注　异名 *Magnolia officinalis* Rehder et Wilson

（辐射　9～12）

金叶含笑 *Michelia foveolata* Merr. ex Dandy 木兰科含笑属

地理分布　分布于我国福建、海南、广东、广西、贵州、湖北、湖南、江西、云南，南京、上海、杭州等地有栽培。越南也有分布。

习性　喜光照充足、温暖和湿润的环境，稍耐阴，宜土层深厚、肥沃和排水良好的偏酸性土壤，稍耐寒。

形态特征　常绿乔木，高15～25米。芽、幼枝、叶柄、叶背面及花柄均密被金红褐色短绒毛。叶片长椭圆形、椭圆状卵形或阔披针形，先端短渐尖。花被片9～12枚，黄白色。花期3～5月份。

（辐射　9～12）　　049

黄兰 *Michelia champaca* L. 木兰科含笑属

地理分布 可能原产于印度。我国福建、广东、广西、海南、台湾等地露地栽培，长江流域地区常盆栽。

习性 喜光照充足、温暖和湿润的环境，不耐干旱和积水，不耐碱土，宜土层深厚、肥沃、湿润和排水良好的微酸性土壤，不耐寒。

形态特征 常绿乔木，高十余米。树冠狭长卵形。叶片长椭圆形、卵状披针形或长圆状披针形，叶背面稍被微柔毛，先端渐尖或短渐尖。花极芳香，花被片15～20枚，倒披针形，黄色。花期6～7月份。

（辐射 多数）

白兰 *Michelia alba* DC. 木兰科含笑属

形态特征 常绿乔木，高可达17米。树冠阔伞形。叶片长椭圆形、卵状披针形或长圆状披针形，叶背面疏生微柔毛，先端长渐尖或尾状渐尖。花白色，极芳香，花被片10～12枚，倒披针形。花期4～9月份。

地理分布 原产于印度尼西亚爪哇。我国福建、广东、广西、海南、台湾等地露地栽培，长江流域地区常盆栽。

习性 喜光照充足、温暖和湿润的环境，不耐高温，不耐干旱和积水，宜土层深厚、肥沃、湿润和排水良好的偏酸性土壤，不耐寒。

（辐射 多数）

碧桃 *Amygdalus persica* 'Duplex' 蔷薇科桃属

来源 桃花的栽培品种。我国各地普遍栽培。

习性 喜光照充足、温暖的环境，不耐阴，耐旱，不耐积水，宜土层深厚、肥沃和排水良好的砂质壤土，耐寒。

（辐射　多数）

形态特征 落叶小乔木，高2～7米。单叶互生，叶片卵状披针形，边缘具锯齿。花梗极短或近无梗，花粉红色，重瓣，花朵密集，先叶开放。花期3～4月份。

白碧桃　千瓣白桃 *Amygdalus persica* 'Alboplena' 蔷薇科桃属

来源 桃花的园艺品种。我国北京、南京等地有栽培。

习性 喜光照充足、温暖和较为湿润的环境，不耐阴，耐旱，不耐积水，宜土层深厚、肥沃和排水良好的砂质壤土，耐寒。

形态特征 落叶小乔木，高2.5～7米。单叶互生，叶片窄长圆状披针形至窄倒卵状披针形，边缘具锯齿。花梗极短或近无梗，花纯白色，半重瓣至重瓣，先叶开放或与叶同放。花期3～4月份。

（辐射　多数）

051

（辐射　多数）

绯桃 *Amygdalus persica* 'Magnifica' 蔷薇科桃属

形态特征　落叶小乔木，高2～6米。单叶互生，叶片卵状披针形。花梗极短或近无梗，花朵密集生于枝条上，绯红色，重瓣，先叶开放。花期3～4月份。

来源　桃花的园艺品种。我国北京等地有栽培。

习性　喜光照充足、温暖的环境，不耐阴，耐旱，不耐积水，宜土层深厚、肥沃和排水良好的砂质壤土，耐寒。

红碧桃 *Amygdalus persica* 'Rubroplena' 蔷薇科桃属

形态特征　落叶小乔木，高2～7米。单叶互生，叶片卵状披针形，边缘具锯齿。花梗极短或近无梗，花半重瓣至重瓣，红色至深桃红色，花密集，先叶开放。花期3～4月份。

来源　桃花的园艺品种。我国各地常见栽培。

习性　喜光照充足、温暖的环境，不耐阴，耐旱，不耐积水，宜土层深厚、肥沃和排水良好的砂质壤土，耐寒。

　（辐射　多数）

'二色' 碧桃 *Amygdalus persica* 'Er Se'
蔷薇科桃属

来源 桃花的园艺品种。我国北京、南京等地有栽培。

习性 喜光照充足、温暖的环境，不耐阴，耐旱，不耐积水，宜土层深厚、肥沃和排水良好的砂质壤土，耐寒。

（辐射　多数）

形态特征 落叶小乔木，高2～5.5米。单叶互生，叶片倒卵状披针形，边缘具锯齿。花梗极短或近无梗，花重瓣，同一枝条上着生粉红和桃红两色的花朵，先叶开放。花期3～4月份。

'洒金' 碧桃 *Amygdalus persica* 'Versicolor'
蔷薇科桃属

来源 桃花的园艺品种。我国北京、南京等地有栽培。

习性 喜光照充足、温暖的环境，不耐阴，耐旱，不耐积水，宜土层深厚、肥沃和排水良好的砂质壤土，耐寒。

形态特征 落叶小乔木，高2～6米。单叶互生，叶片卵状披针形。花梗极短或近无梗，花重瓣，在同一枝条上有白色、粉红色或红色花朵，或在同一朵花上白色、粉红色或红色相间。花期3～4月份。

（辐射　多数）　053

（辐射　多数）

'紫叶'红碧桃 *Amygdalus persica* 'Atropurpurea Rubroplena' 蔷薇科桃属

形态特征　落叶小乔木，高2～7米。单叶互生，叶片深紫红色至暗紫色，窄长圆状披针形，边缘具锯齿。花梗极短或近无梗，花重瓣，红色至深桃红色。花期3～4月份。

来源　桃花的园艺品种。我国各地常有栽培。

习性　喜光照充足、温暖和较为湿润的环境，不耐阴，耐旱，不耐积水，宜土层深厚、肥沃和排水良好的砂质壤土，耐寒。

'寿星'桃 *Amygdalus persica* 'Densa' 蔷薇科桃属

来源　桃花的园艺品种。我国各地有栽培。

习性　喜光照充足、温暖和较为湿润的环境，不耐阴，耐旱，不耐积水，宜土层深厚、肥沃和排水良好的砂质壤土，耐寒。

形态特征　落叶小乔木，高2～5米，树形矮小紧凑。单叶互生，叶片卵状披针形。花梗极短或近无梗，花朵密集呈近球状，花深红色、粉红色或白色，重瓣，先叶开放。花期3～4月份。

　（辐射　多数）

'垂枝'碧桃 *Amygdalus persica* 'Pendula Plena' 蔷薇科桃属

来源 桃花的园艺品种。我国北京、南京、杭州等地有栽培。

习性 喜光照充足、温暖和较为湿润的环境，不耐阴，耐旱，不耐积水，宜土层深厚、肥沃和排水良好的砂质壤土，耐寒。

（辐射 多数）

形态特征 落叶小乔木，高2.5～5米。枝条伸展，长而下垂。叶片椭圆状披针形至倒卵状披针形，边缘具锯齿。花梗极短或近无梗，花粉红色或桃红色，重瓣，先叶开放。花期3～4月份。

'照手粉'桃 粉帚桃

Amygdalus persica 'Terutemomo' 蔷薇科桃属

来源 桃花的园艺品种。我国北京、上海等地有栽培。

习性 喜光照充足、温暖的环境，不耐阴，耐旱，不耐积水，宜土层深厚、肥沃和排水良好的砂质壤土，耐寒。

形态特征 落叶小乔木，高3～6米。树冠狭窄，枝条直，开展角度小。叶片卵状披针形，边缘具锯齿。花梗极短或近无梗，花瓣多数，亮粉红色，先叶开放。花期4月份。

（辐射 多数）

（辐射 多数）

菊花桃 *Amygdalus persica* 'Kikumomo' 蔷薇科桃属

形态特征 落叶小乔木，高2～6米。单叶互生，叶片卵状披针形，边缘具锯齿。花梗极短或近无梗，花瓣多数，粉红色，条形，似菊花，先叶开放。花期3～4月份。

来源 桃花的园艺品种。我国北京、上海、南京等地有栽培。

习性 喜光照充足、温暖的环境，不耐阴，耐旱，不耐积水，宜土层深厚、肥沃和排水良好的砂质壤土，耐寒。

来源 梅花的园艺品种。我国长江流域以南地区有栽培。

习性 喜光照充足、温暖和湿润的环境，不耐阴，需通风良好，宜土层深厚、肥沃和排水良好的砂质壤土，耐寒性较强。

红梅 *Armeniaca mume* 'Rubriflora' 蔷薇科杏属

形态特征 落叶小乔木，高2～8米。单叶互生，叶片卵形至椭圆状卵形，边缘具细锯齿。花萼深红紫色，先端圆钝，花碟形，半重瓣至重瓣，大红色，芳香，先叶开放。花期冬春季。

（辐射 多数）

'宫粉'梅 *Armeniaca mume* 'Gongfen'
蔷薇科杏属

来源 梅花的园艺品种。我国长江流域以南地区常见栽培。

习性 喜光照充足、温暖的环境，不耐阴，宜土层深厚、肥沃和排水良好的砂质壤土，耐寒性较强。

（辐射　多数）

形态特征 落叶小乔木，高2～8米。单叶互生，叶片卵形至椭圆状卵形，边缘具细锯齿。花萼红紫色，先端圆钝，花碟形，半重瓣至重瓣，粉红色，芳香浓郁，先叶开放。花期冬春季。

'绿萼'梅 *Armeniaca mume* 'Viridicalyx'
蔷薇科杏属

来源 梅花的园艺品种。我国长江流域以南地区有栽培。

习性 喜光照充足、温暖和湿润的环境，不耐阴，需通风良好，宜土层深厚、肥沃和排水良好的砂质壤土，耐寒性较强。

形态特征 落叶小乔木，高2～8米。单叶互生，叶片卵形至椭圆状卵形，边缘具细锯齿。花萼片绿色，花半重瓣，绿白色，先叶开放，芳香。花期冬春季。

（辐射　多数）

'玉碟' 梅 *Armeniaca mume* 'Yudie'
蔷薇科杏属

（辐射　多数）

来源　梅花的园艺品种。我国各地有栽培，尤其是长江流域以南地区多有栽培。

习性　喜光照充足、温暖和湿润的环境，不耐阴，需通风良好，宜土层深厚、肥沃和排水良好的砂质壤土，耐寒性较强。

形态特征　落叶小乔木，高4～10米。单叶互生，叶片卵形至椭圆状卵形，边缘具细齿。花萼绛紫色，先端圆钝，花碟形，重瓣，白色，芳香浓郁，先叶开放。花期冬春季。

'朱砂' 梅 *Armeniaca mume* 'Purpurea'
蔷薇科杏属

形态特征　落叶小乔木，高2～8米。单叶互生，叶片卵形至椭圆状卵形，边缘具细锯齿。花萼深红紫色，先端圆钝，花碟形，半重瓣至重瓣，紫红色，芳香，先花开放。花期冬春季。

来源　梅花的园艺品种。我国长江流域以南地区常见栽培。

习性　喜光照充足、温暖的环境，不耐阴，宜土层深厚、肥沃和排水良好的砂质壤土，耐寒性较强。

　　（辐射　多数）

'垂枝'梅 *Armeniaca mume* 'Pendula'
蔷薇科杏属

来源 梅花的园艺品种。我国长江流域以南地区有栽培。

形态特征 落叶小乔木，高2～8米。枝条细长而下垂。单叶互生，叶片卵形至椭圆状卵形，边缘具细锯齿。花萼红紫色，先端圆钝，花重瓣，粉红色，芳香，先叶开放。花期冬春季。

习性 喜光照充足、温暖和湿润的环境，不耐阴，需通风良好，宜土层深厚、肥沃和排水良好的砂质壤土，耐寒性较强。

（辐射　多数）

日本晚樱 *Cerasus serrulata* var. *lannesiana* (Carrière) T.T. Yu et C.L. Li 蔷薇科樱属

地理分布 原产日本。我国各地常见栽培。

习性 喜光照充足、温暖和湿润的环境，宜土层深厚、肥沃和排水良好的土壤，耐寒。

形态特征 落叶乔木，高6～10米。树冠广卵圆形。叶片卵状椭圆形，边缘有芒状重锯齿。花大，常2～5朵聚生，下垂，重瓣，粉红色，花瓣先端缺刻状2裂，芳香，与叶同放。花期4月份。

（辐射　多数）　　**059**

（辐射　多数）

‘白妙’日本晚樱 *Cerasus serrulata* var. *lannesiana* ‘Shirotae’ 蔷薇科樱属

形态特征　落叶乔木，高4～5米。树冠广卵圆形。叶片卵状椭圆形，边缘有芒状重锯齿。花蕾淡粉红色，花粉白色，常2～5朵聚生，下垂，重瓣，花瓣先端缺刻状2裂。花期4月份。

来源　日本晚樱的园艺品种。我国各地园林有栽培。

习性　喜光照充足、温暖和湿润的环境，宜土层深厚、肥沃和排水良好的土壤，耐寒。

‘粉玫瑰’日本晚樱

Cerasus serrulata var. *lannesiana* ‘Alborosea’ 蔷薇科樱属

形态特征　落叶乔木，高5～6米。树冠广卵圆形。叶片卵状椭圆形，边缘有芒状重锯齿。花大，常2～5朵聚生，下垂，重瓣，粉白色，边缘带淡玫瑰红色晕，花瓣先端缺刻状2裂。花期4月份。

来源　日本晚樱的园艺品种。我国各地园林有栽培。

习性　喜光照充足、温暖和湿润的环境，宜土层深厚、肥沃和排水良好的土壤，耐寒。

　（辐射　多数）

'红叶' 日本晚樱

Cerasus serrulata var. *lannesiana* 'Royal Burgundy' 蔷薇科樱属

来源 日本晚樱的园艺品种。我国各地城市园林有栽培。
习性 喜光照充足、温暖和较为湿润的环境，宜土层深厚、肥沃和排水良好的土壤，耐寒。

形态特征 落叶乔木，高3～5米。树冠卵圆形。叶紫红色，叶片长卵形或卵状椭圆形，边缘有芒状重锯齿。花大，常2～3朵聚生，下垂，重瓣，粉红色，花瓣先端缺刻状2裂，有香味。开花比樱花略晚而长，花期4月份。

（辐射 多数）

'高桩长寿冠' 木瓜

Chaenomeles 'Chang-shou Guan' 蔷薇科木瓜属

来源 木瓜属的园艺品种。我国南京等地有栽培。
习性 喜光照充足、温暖和湿润的环境，不耐积水，宜土层深厚、肥沃和排水良好的壤土，耐寒。

形态特征 落叶小乔木，高2.5～3.5米。树冠广卵圆形。叶片椭圆形或倒卵形，边缘具锯齿。花梗粗短，花艳红色，重瓣，花瓣略向内收拢，花叶同放或先叶后花。花期3～4月份。

（辐射 多数）

（辐射　多数）

垂丝海棠 *Malus halliana* Koehne 蔷薇科苹果属

形态特征　落叶小乔木，高3～5米。叶片卵形或椭圆形，边缘有圆钝细锯齿。花梗细长而下垂，花半重瓣，粉红色，花丝约为花瓣之半，花柱4枚或5枚，先叶开放或与叶同放。花期3～4月份。

地理分布　分布于我国江苏、安徽、贵州、浙江、湖北、陕西、四川、云南。各地园林多有栽培。

习性　喜光照充足、温暖和湿润的环境，不耐阴，宜土层深厚、疏松、肥沃和排水良好的土壤，耐寒。

西府海棠 *Malus* × *micromalus* Makino 蔷薇科苹果属

形态特征　落叶小乔木，高2.5～6米。叶片椭圆形或卵形，边缘有锐锯齿。花粉红色或粉白色，半重瓣或重瓣，花丝比花瓣稍短，花柱5枚，花与叶同时放。花期3～4月份。

来源　海棠和山荆子天然或人工杂交的后代。产于我国辽宁、河北、山西、山东、陕西、甘肃、云南，各地园林常见栽培。

习性　喜光照充足、温暖和湿润的环境，不耐阴，宜土层深厚、疏松、肥沃和排水良好的土壤，耐寒。

　（辐射　多数）

'大富贵' 海棠 *Malus* 'Da Fu-gui'
蔷薇科苹果属

来源 海棠类园艺品种。我国南京等地有栽培。

习性 喜光照充足、温暖和湿润的环境，不耐阴，宜土层深厚、疏松、肥沃和排水良好的土壤，耐寒。

（辐射 多数）

形态特征 落叶小乔木，高3～6米。叶片卵形或椭圆形，边缘具锯齿。花蕾玫红色或深玫红色，花重瓣或半重瓣，淡玫红色，花丝长短不齐，约为花瓣的一半，花柱5枚，花与叶同放。花期3～4月份。

'钻石' 海棠 *Malus* 'Sparkler' 蔷薇科苹果属

来源 海棠类园艺品种。我国北京、上海等地有栽培。

习性 喜光照充足，不耐阴，不耐积水，宜土层深厚、肥沃和排水良好的土壤，耐寒。

形态特征 落叶小乔木，高3～5米。树冠广卵圆形。叶片卵形或椭圆形，边缘有锯齿。花梗、花萼有柔毛，花朵密集，花瓣多数，玫红色，先花后叶或与叶同放。花期3～4月份。

（辐射 多数）　　**063**

来源　海棠类园艺品种。我国北京、上海等地有栽培。

习性　喜光照充足，不耐阴，不耐积水，宜土层深厚、肥沃和排水良好的土壤，耐寒。

'凯尔斯' 海棠 *Malus* 'Kelsey' 蔷薇科苹果属

形态特征　落叶小乔木，高3～5米。树冠伞形，枝条略下垂。叶片卵形或椭圆形，边缘有锯齿。花梗、花萼有柔毛，花朵密集，花半重瓣，花瓣较平展，淡玫红色，先花后叶。花期3～4月份。

'保罗红' 钝裂叶山楂

Crataegus laevigata 'Paul's Scarlet' 蔷薇科山楂属

形态特征　落叶乔木，高6～8米。树冠广卵圆形或近圆形。单叶互生，叶片通常三裂至中部，中裂片顶端凹陷，两侧裂片边缘具缺刻和粗齿。伞房花序有花6～12朵，花密集簇生，重瓣，艳玫红色。花期春末初夏。

来源　钝裂叶山楂的园艺品种。国内较少栽培。

习性　喜光照充足、凉爽的气候，不耐积水，宜土层深厚、肥沃和排水良好的土壤，耐寒。

'美人' 梅 *Prunus × blireana* 'Moseri' 蔷薇科李属

来源 杂交种粉红李的园艺品种。我国长江流域以南地区有栽培。

习性 喜光照充足、温暖和湿润的环境，不耐阴，需通风良好，宜土层深厚、肥沃和排水良好的砂质壤土，耐寒性较强。

（辐射 多数）

形态特征 落叶小乔木，高3～7米。单叶互生，叶片卵形至椭圆状卵形，边缘具细锯齿，叶紫红色。花重瓣，亮粉红色，芳香。花期3～4月份。

曼陀罗木 木本曼陀罗

Brugmansia arborea (L.) Lagerh. 茄科曼陀罗木属

地理分布 原产美洲热带。植株有毒，可供药用和观赏，我国南方地区露地栽培，北方多为温室栽培。

习性 喜光照充足、温暖和湿润的环境，宜疏松、肥沃、湿润和排水良好的砂质壤土，不耐寒。

形态特征 常绿小乔木，高2～4米。树冠开展。叶片卵状披针形、椭圆形或卵形，全缘或具浅波状齿。花单生，白色，俯垂，花冠长漏斗状，向顶端渐扩大成喇叭状，花冠檐部常有长渐尖头。花期夏秋季。

附注 异名 *Datura arborea* L.

（辐射 喇叭形）

（辐射　喇叭形）

变色曼陀罗木 *Brugmansia versicolor* Lagerh. 茄科曼陀罗木属

形态特征　常绿小乔木或灌木，高2～4米。树冠广卵圆形。叶片卵状披针形、椭圆形或卵形，边缘具浅波状齿。花单生，俯垂，白色渐变粉红色，花冠长漏斗状，向顶端渐扩大成喇叭状，花冠檐部常有较长尖头。花期夏秋季。

附注　异名 *Datura versicolor* (Lagerh.) Saff.

地理分布　原产南美洲。植株有毒，可供药用和观赏，我国南方地区露地栽培，北方多为温室栽培。

习性　喜光照充足、温暖和湿润的环境，宜疏松、肥沃、湿润和排水良好的砂质壤土，不耐寒。

山柿　粉叶柿；浙江柿

Diospyros japonica Siebold et Zucc. 柿科柿属

形态特征　落叶乔木，高8～15米。树冠卵圆形或广卵圆形。单叶互生，叶片宽椭圆形或卵状披针形，叶背面粉绿色。聚伞花序腋生，花小，坛状，花冠淡黄白色，花冠顶端4裂，小裂片艳红色。浆果近球形，成熟时红色。花期4～5月份，果熟期9～10月份。

附注　异名 *Diospyros glaucifolia* Metc.

地理分布　分布于我国安徽、浙江、福建、广东、广西、江西、四川等，江苏等地有栽培。日本也有分布。

习性　喜光照充足、温暖和湿润的环境，稍耐阴，宜土层深厚、肥沃、湿润和排水良好的土壤。

　（辐射　坛形）

合欢 *Albizia julibrissin* Durazz. 豆科合欢属

（辐射　头形）

地理分布　分布于我国华东、西南及甘肃、河北、河南、陕西等地，各地广泛栽培。非洲、中亚至东亚也有分布。

习性　喜光照充足、温暖和湿润的环境，对土壤要求不严，但以土层深厚、湿润和排水良好的砂质壤土或黄壤土为佳，较耐寒。

形态特征　落叶乔木，高6～15米。树冠开展，常呈伞状。二回羽状复叶，羽片6～12（20）对，每羽片具小叶10～30对，小叶线形或长圆形。头状花序数个排列成伞房状圆锥花序，花小，花丝细长，簇生呈绒缨状，粉红色。花期6～8月份。

珙桐　鸽子树 *Davidia involucrata* Baill. 蓝果树科珙桐属

地理分布　分布于四川、湖北西部、湖南西部、贵州北部、云南北部。南京、上海、杭州等地有栽培。是中国特有种。

习性　喜光照柔和、温凉和湿润的气候，稍耐阴，不耐酷暑，宜土层深厚、富含腐殖质、湿润和排水良好的土壤，较耐寒。

形态特征　落叶乔木，高8～20米。树冠卵圆形。叶片宽卵形，叶背面密被柔毛，边缘具粗锯齿。头状花序生于枝端，基部具2枚大的白色花瓣状苞片，似鸽子状，故也称"鸽子树"。花期4～5月份。

（辐射　头形）　**067**

（辐射 头形）

光叶珙桐 *Davidia involucrata* var. *vilmoriniana* (Dode) Wangerin 蓝果树科珙桐属

形态特征 落叶乔木，高8～20米。树冠卵圆形或广卵圆形。叶片与珙桐不同，叶背面无毛。头状花序生于枝端，基部具2枚大的白色花瓣状苞片，似鸽子飞翔。花期4～5月份。

地理分布 分布于贵州、四川、湖北西部。南京、上海、杭州等地有栽培。是中国特有种。

习性 喜光照柔和、温凉和湿润的气候，稍耐阴，不耐酷暑，宜土层深厚、富含腐殖质、湿润和排水良好的土壤。

红花桉 *Eucalyptus ficifolia* F. Muell. 桃金娘科桉属

形态特征 常绿乔木，高5～10米。树冠广卵圆形。叶片卵形，亮泽。伞形花序大而密集，花瓣和花萼片合生成帽状，开放时脱落，雄蕊多数，着生于花盘上，花丝细长密集呈头状，鲜红色。花期7～12月份。

地理分布 原产澳大利亚西部。我国贵州省植物园有引种栽培。

习性 喜光照充足、温暖的气候，不耐阴，耐干旱，宜疏松、湿润的中性或偏酸性土壤，不耐寒。

（辐射 头形）

'斑叶' 红花桉 *Eucalyptus ficifolia* 'Variegata'
桃金娘科桉属

来源　红花桉的园艺品种。国内少见栽培。

习性　喜光照充足、温暖的气候，不耐阴，耐干旱，宜疏松、湿润的中性或偏酸性土壤，不耐寒。

（辐射　头形）

形态特征　常绿乔木，高5～15米。树冠半圆形。叶片卵形，绿色，边缘淡黄色，亮泽。伞形花序大，花瓣和花萼片合生成帽状，开放时脱落，雄蕊多数，着生于花盘上，花丝细长密集呈头状，鲜红色。花期7～12月份。

金蕊木　金蒲桃
Xanthostemon chrysanthus (F. Muell.) Benth. 桃金娘科黄蕊木属

地理分布　原产澳大利亚昆士兰东北地区。我国华南地区有栽培。

习性　喜光照充足、温暖和湿润的气候，宜排水良好的砂质壤土，保持土壤湿润可生长旺盛，越冬温度不低于10℃。

形态特征　常绿乔木，高10～15米。叶轮生，叶片长椭圆形，亮泽。花序头状，花黄绿色，花丝细长，簇生呈绒缨状，金黄色。华南地区主花期11月份至翌年2月份。

（辐射　头形）　069

红蕊木　年青蒲桃

Xanthostemon youngii C.T.White et W.D.Francis 桃金娘科黄蕊木属

地理分布　原产澳大利亚北昆士兰地区。我国华南地区有栽培。

习性　喜光照充足、温暖的气候，稍耐阴，耐热，喜湿润，也耐旱，对土壤要求不严，不耐寒，在华南地区能露地越冬。

形态特征　常绿小乔木或灌木。叶片椭圆形或近卵形。花小，多朵簇生，红色，花丝细长，密集呈绒缨状，红色，似红绒球，花药金黄色。花期春季至秋季。

　（辐射　头形）

（二）花两侧对称

中国无忧花 *Saraca dives* Pierre
豆科云实亚科无忧花属

地理分布　分布于我国云南东南部至广西，广东、云南西双版纳等地有栽培。越南、老挝也有分布。

习性　喜光照充足、温暖和湿润的气候，稍耐阴，宜土层深厚、肥沃、湿润和排水良好的土壤，不耐寒。

（两侧　4）

形态特征　常绿乔木，高5～20米。树冠广卵形。嫩叶略带紫红色，下垂，偶数羽状复叶，小叶5～6对，长椭圆形至卵状披针形。伞房状圆锥花序大，花亮黄色，花瓣缺，花萼管裂片4枚（罕见5枚或6枚），花瓣状，稍不等大。花期4～5月份。

无忧花 *Saraca asoca* (Roxb.) De Wilde
豆科云实亚科无忧花属

地理分布　原产印度至马来半岛。我国云南省西双版纳等地有栽培。

习性　喜光照充足和热带气候，宜土层深厚、肥沃、湿润和排水良好的土壤，不耐寒。

形态特征　常绿小乔木，高5～10米。树冠广卵形。嫩叶略带紫红色，下垂，老叶亮绿色，偶数羽状复叶，小叶长椭圆形至卵状披针形。伞房状圆锥花序大，花瓣缺，花萼管裂片4枚，花瓣状，浅橙红色，后转猩红色。花期2～4月份。

附注　异名 *Saraca indica* L.

（两侧　4）

栾树 *Koelreuteria paniculata*
Laxm. 无患子科栾树属

地理分布 分布于华东、华中、华南、西南等地，野生或栽培。是中国特有种。

习性 喜光照充足、温暖和湿润的环境，稍耐阴，宜土层深厚、肥沃、湿润和排水良好的微酸性土壤，较耐寒。

形态特征 落叶乔木，高可达20米。树冠卵圆形至广卵圆形。一回羽状复叶，偶为二回羽状复叶，小叶7～18枚，对生或互生，卵形或卵状披针形，边缘具不规则钝锯齿。聚伞圆锥花序顶生，花小，两侧对称，花瓣4枚，金黄色。花期6～8月份。

（两侧 4）

黄山栾树 复羽叶栾树

Koelreuteria bipinnata Franch. 无患子科栾树属

地理分布　分布于我国云南、贵州、湖北、湖南、广西、广东等，华东地区广泛栽培。

形态特征　落叶乔木，高可达二十余米。树冠卵圆形至广卵形。二回羽状复叶，小叶9～17枚，互生，斜卵形，全缘或有少数锯齿。大型圆锥花序顶生，花小，两侧对称，花瓣4枚，金黄色。蒴果成熟时鲜橙红色或浅紫红色。花期7～9月份，果期8～11月份。

习性　喜光照充足、温暖和湿润的环境，稍耐阴，宜土层深厚、肥沃、湿润和排水良好的微酸性土壤，较耐寒。

（两侧　4）

（两侧　5）

羊蹄甲 *Bauhinia purpurea* L. 豆科云实亚科羊蹄甲属

形态特征　常绿乔木，高7～10米。叶互生，叶片似羊蹄状。总状花序侧生或顶生，花两侧对称，花瓣5枚，桃红色，倒披针形。花期9～11月份。

地理分布　可能原产尼泊尔、缅甸、柬埔寨、老挝、泰国等。我国福建、广东、广西、海南、台湾、云南西双版纳常见栽培。

习性　喜光照充足、温暖和湿润的环境，对土壤要求不严，以富含腐殖质和排水良好的砂质壤土为佳，不耐寒。

红花羊蹄甲　紫荆花

Bauhinia × *blakeana* 豆科云实亚科羊蹄甲属

形态特征　常绿乔木，高8～10米。叶互生，叶片似羊蹄状。总状花序顶生或腋生，花大，两侧对称，花瓣5枚，紫红色，中间1枚花瓣具深紫红色斑。花期全年，3～4月份为盛花期。

来源　可能为羊蹄甲和宫粉羊蹄甲的杂交种。我国福建、广东、云南西双版纳等地常见栽培，为香港市花。

习性　喜光照充足、温暖和湿润的环境，宜富含腐殖质和排水良好的砂质壤土，不耐寒。

　（两侧　5）

白花羊蹄甲 *Bauhinia acuminata* L.
豆科云实亚科羊蹄甲属

地理分布　分布于我国广东、广西、云南，南京有栽培。印度、斯里兰卡、越南、马来半岛等也有分布。

习性　喜光照充足、温暖和湿润的环境，对土壤要求不严，以富含腐殖质和排水良好的砂质壤土为佳，稍耐寒。

（两侧　5）

形态特征　小乔木或灌木，高可达3米。叶互生，叶片似羊蹄状。总状花序腋生，花大，两侧对称，花瓣5枚，纯白色。花期4～6月份或全年。

凤凰木 *Delonix regia* (Bojer ex Hook.) Raf.
豆科云实亚科凤凰木属

地理分布　原产马达加斯加。我国福建、广东、广西、台湾、云南西双版纳等地常见栽培。

习性　喜光照充足、高温高湿的环境，宜土层深厚、肥沃、湿润和排水良好的土壤，不耐寒。

形态特征　落叶大乔木，高达25米，树冠开展，近伞形。二回偶数羽状复叶，有羽片20～40枚，每羽片具小叶20～30对，长圆形。总状花序顶生或腋生，花两侧对称，花瓣5枚，红色，常具黄色斑纹。花期5～6月份。

（两侧　5）

腊肠树 *Cassia fistula* L. 豆科云实亚科决明属

形态特征 落叶乔木，高约15米。偶数羽状复叶，有小叶3～4对，小叶片对生，卵形或长圆形，全缘。总状花序长达30厘米或更长，下垂，花两侧对称，花瓣5枚，近等大，黄色。荚果圆柱形，长30～60厘米，似腊肠。花期6～8月份，果期10月份。

地理分布 原产于印度。我国南部和西南部常见栽培。

习性 喜光照充足、温暖和湿润的环境，稍耐阴，耐干旱，不耐积水，宜土层深厚、肥沃、湿润和排水良好的砂质壤土，不耐寒。

节果决明　节荚决明

Cassia javanica subsp. *nodosa* (Buch.-Ham. ex Roxb.) K. Larsen et S.S. Larsen 豆科云实亚科决明属

地理分布 分布于马来西亚、泰国等。我国南方地区有栽培。

习性 喜光照充足、温暖和湿润的环境，耐热，宜土层深厚、富含腐殖质和排水良好的土壤，不耐寒。

附注 异名 *Cassia nodosa* Buch.-Ham. ex Roxb.

形态特征 落叶乔木，高可达30米。偶数羽状复叶，小叶5～12对，小叶对生。伞房状总状花序腋生，花两侧对称，花瓣5枚，圆卵形，略宽，深粉红色或黄色。荚果圆筒形，有明显的环节。花期5～6月份。

神黄豆 *Cassia javanica* subsp. *agnes* (de Wit) K. Larsen
豆科云实亚科决明属

地理分布 分布于我国广西、云南，野生或栽培，南京中山植物园温室有栽培。越南、老挝、泰国也有分布。

习性 喜光照充足、温暖和湿润的环境，耐热，宜土层深厚、富含腐殖质和排水良好的土壤，不耐寒。

形态特征 乔木，通常高十余米，稀高达30米。树干疏生皮刺。偶数羽状复叶，小叶6～10对，小叶对生。伞房状总状花序腋生，花两侧对称，花瓣5枚，长圆形，较窄，粉红色。荚果圆柱形。花期3～4月份。

附注 异名*Cassia agnes* (de Wit) Brenan

（两侧 5）

宝冠木　宝来绣球
Brownea ariza Benth. 豆科云实亚科宝冠木属

地理分布 原产委内瑞拉、哥伦比亚等。多见于新加坡等国家。我国台湾有栽培。

习性 喜光照充足、温暖和湿润的环境，耐半阴，对土壤要求不严，不耐寒，越冬温度12℃以上。

形态特征 常绿小乔木，高4～6米。偶数羽状复叶，小叶约12对，小叶片长椭圆形。花多数（可达50多朵）密集簇生成球状，小花两侧对称，花瓣5枚，橘红色至深红色。花期春末夏初。

（两侧 5）　　　077

（两侧　5）

吊灯树 *Kigelia africana* (Lam.) Benth.
紫葳科吊灯树属

形态特征　乔木，高13～20米。树冠广卵圆形。奇数羽状复叶互生或轮生，小叶7～9枚。总状花序下垂，长达1米，花冠钟状，橘黄色或褐红色，花冠裂片5枚。果下垂，木质，圆柱形，直径达15厘米。夏季开花，果期秋季至翌年3月份。

地理分布　原产热带非洲、马达加斯加。我国福建、台湾、广东、云南等地有栽培。

习性　喜光照充足、高温和湿润的气候，稍耐阴，宜土层深厚、肥沃、湿润和排水良好的砂质土壤，不耐寒。

蓝花楹 *Jacaranda mimosifolia* D.Don.
紫葳科蓝花楹属

形态特征　乔木，高达15米。树冠广卵圆形。叶对生，二回羽状复叶，小叶8～15对，小叶片椭圆状披针形至椭圆状菱形。圆锥花序顶生或腋生，花序长达30厘米，花冠蓝色，钟形或狭漏斗状，花冠裂片5枚。花期6～7月份。

地理分布　原产南美洲巴西及阿根廷。我国福建、台湾、广东、云南等省有栽培。

习性　喜光照充足、温暖和湿润的环境，对土壤要求不严，在中性和微酸性土壤均能生长良好，不耐寒。

火焰树 *Spathodea campanulata* Beauv.
紫葳科火焰树属

地理分布 原产非洲。我国福建、台湾、广东、云南等地有栽培。

习性 喜光照充足、高温和多湿的环境，宜土层深厚、富含腐殖质、湿润和排水良好的土壤，不耐寒。

（两侧 5）

形态特征 乔木，高8～10米。树冠广卵圆形或近伞状。奇数羽状复叶，对生，小叶9～17枚。伞房状总状花序顶生，花两侧对称，花萼佛焰苞状，花冠阔钟状，橘红色，花冠裂片5枚。花期4～5月份。

湖北紫荆 巨紫荆
Cercis glabra Pampan. 豆科云实亚科紫荆属

地理分布 分布于我国安徽、浙江、河南、湖南、湖北、广东、广西、云南等地，江苏等地有栽培。

习性 喜光照充足、温暖和湿润的环境，宜深厚、肥沃和湿润的偏酸性砂质壤土，较耐寒。

形态特征 落叶乔木，高8～18米。树冠卵圆形或广卵圆形。叶互生，叶片心形或三角状圆形，全缘。花两侧对称，近蝶形，淡紫红色或粉紫色，先叶开放或与叶同放。花期3～4月份。

（两侧 蝶形） 079

（两侧　蝶形）

加拿大紫荆 *Cercis canadensis* L.
豆科云实亚科紫荆属

形态特征　落叶乔木或灌木，高9～15米。叶互生，叶片心形，深绿色，全缘。花数朵簇生于枝干上，花两侧对称，近蝶形，粉红色或紫红色，先叶开放。花期3～4月份。

地理分布　原产于北美洲。我国华东地区等有栽培。

习性　喜光照充足，稍耐阴，对土壤要求不严，但以土层深厚、肥沃、湿润和排水良好的砂质壤土为佳，耐寒。

刺桐 *Erythrina variegata* L. 豆科蝶形花亚科刺桐属

形态特征　大乔木，高达20米。树冠长广卵圆形，枝条有圆锥状皮刺。三出复叶，小叶片宽卵形或菱状卵形，全缘。总状花序顶生，花两侧对称，蝶形，艳橙红色或红色。花期3～4月份。

地理分布　原产于东南亚、太平洋岛屿及印度、澳大利亚等国。我国福建、广东、广西、台湾、海南常见栽培。

习性　喜光照充足、温暖湿润的环境，以疏松和排水良好的土壤为佳，不耐寒。

　（两侧　蝶形）

红豆树 *Ormosia hosiei* Hemsl. et E.H. Wilson
豆科蝶形花亚科红豆属

地理分布　分布于福建、浙江、江西、江苏、安徽、湖北、四川、贵州、陕西南部、甘肃东南部。是中国特有种。

习性　喜光照充足、温暖和湿润的环境，稍耐阴，宜深厚、肥沃和湿润的偏酸性土壤，较耐寒。

（两侧　蝶形）

形态特征　落叶乔木，高7～15米。树冠长卵圆形。羽状复叶，小叶7～9枚，卵形或卵状披针形，全缘。圆锥花序顶生或腋生，花两侧对称，蝶形，白色或淡红色。荚果卵圆形，种子鲜红色。花期4～5月份，果期10～11月份。

刺槐　洋槐 *Robinia pseudoacacia* L.
豆科蝶形花亚科刺槐属

地理分布　原产北美东部。我国各地广泛栽培。

习性　喜光照充足、温暖和干燥的气候，不耐荫蔽，较耐旱，不耐涝，宜土层深厚、肥沃、湿润和排水良好的土壤，耐寒。

形态特征　落叶乔木，高达25米。树冠长卵圆形或广卵圆形，枝干有锐刺。奇数羽状复叶，小叶7～19枚，椭圆形或卵形，全缘。总状花序腋生，花两侧对称，蝶形，白色，芳香。花期4～5月份。

（两侧　蝶形）

'伊达赫' 刺槐 红花刺槐

Robinia × ambigua 'Idahoensis' 豆科蝶形花亚科刺槐属

来源 安比刺槐（为刺槐和贴枝洋槐的杂交种）*Robinia × ambigua* 的园艺品种。我国上海、南京、杭州等地有栽培。

形态特征 落叶乔木，高约10米。树冠长卵圆形或广卵圆形，枝刺较小。奇数羽状复叶，小叶7～19枚，椭圆形或卵形，全缘。总状花序腋生，花两侧对称，蝶形，红色。花期4～5月份。

习性 喜光照充足、温暖和干燥的气候，不耐荫蔽，较耐旱，不耐涝，宜土层深厚、肥沃、湿润和排水良好的土壤，耐寒。

（两侧 蝶形）

槐 国槐 *Sophora japonica* L. 豆科蝶形花亚科槐属

形态特征 落叶乔木，高15～25米。树冠卵圆形或广卵圆形。奇数羽状复叶，小叶9～15枚，卵形或卵状椭圆形，全缘。圆锥花序生于小枝顶端，花两侧对称，蝶形，淡黄绿色，芳香。荚果念珠状。花期7～8月份，果期8～10月份。

地理分布 分布于辽宁以南各地，我国南北各地广泛栽培。

习性 喜光照充足、温暖和湿润的气候，稍耐阴，对土壤要求不严，但以土层深厚、肥沃和排水良好的土壤为佳，耐寒。

（两侧 蝶形）

金链花 毒豆 *Laburnum anagyroides* Medic.
豆科蝶形花亚科毒豆属

地理分布 原产欧洲南部。我国北京等地有栽培。

习性 喜光照充足、夏季凉爽的气候，对土壤要求不严，但以土层深厚、肥沃、湿润和排水良好的土壤为佳，耐寒。

（两侧 蝶形）

形态特征 落叶小乔木，高3～8米。树冠长卵圆形。三出复叶，小叶片椭圆形至长圆状椭圆形。总状花序下垂，长10～30厘米，花两侧对称，蝶形，亮黄色。全株有毒，尤以果实和种子为甚。花期4～6月份。

毛泡桐 *Paulownia tomentosa* (Thunb.) Steud.
玄参科泡桐属

地理分布 分布于辽宁南部、河北、河南、山东、江苏、安徽、浙江、江西、湖北、湖南等地。

习性 喜光照充足、温暖和湿润的环境，不耐阴，耐旱，不耐积水，对土壤要求不严，耐寒。

形态特征 落叶乔木，高达20米。树冠宽大伞形。小枝幼时具黏腺毛。叶对生，叶片心形。聚伞圆锥花序顶生，花冠漏斗状钟形，紫色或淡紫色，内面有紫斑点，檐部二唇形，上唇2裂，下唇3裂，先叶开放。花期4～5月份。

（两侧 唇形）

（两侧 唇形）

白花泡桐 泡桐

Paulownia fortunei (Seem.) Hemsl. 玄参科泡桐属

形态特征 落叶乔木，高可达30米。树冠广圆锥形或广卵圆形。叶对生，叶片卵形至长卵形，基部心形。圆锥状聚伞花序顶生，花冠漏斗状，白色，内有紫色斑点，檐部二唇形，上唇2裂，下唇3裂，先叶开放。花期3～4月份。

地理分布 分布于华东、华中等地区，野生或栽培。

习性 喜光照充足、温暖和湿润的环境，不耐阴，耐旱，对土壤要求不严，耐寒。

楸 楸树 *Catalpa bungei* C. A. Mey. 紫葳科梓属

形态特征 落叶乔木，高达25米。树冠近伞状或广卵圆形。叶对生，叶片三角状卵形，全缘。顶生伞房状总状花序具2～12朵花，花两侧对称，花冠钟状，檐部二唇形，上唇2裂，下唇3裂，白色具紫色斑点。花期5～6月份。

地理分布 分布于河北、河南、山东、山西、陕西、甘肃、江苏、浙江、湖南、广西、贵州、云南等地有栽培。是中国特有种。

习性 喜光照充足、温暖和湿润的环境，幼树较耐阴，不耐干旱和水湿，宜土层深厚、肥沃和排水良好的土壤，耐寒。

二、花不对称型

七叶树 *Aesculus chinensis* Bunge 七叶树科七叶树属

地理分布　分布于重庆、甘肃南部、广东北部、河南西南部、湖北西部等，河北、江苏、陕西南部、浙江北部等地有栽培。是中国特有种。

习性　喜光照充足、温暖和湿润的环境，稍耐阴，宜土层深厚、肥沃、湿润和排水良好的土壤，较耐寒。

（不对称　4）

形态特征　乔木，高达25米。树冠阔卵圆形。掌状复叶对生，小叶5～7枚，小叶具小叶柄，边缘具浅的细锯齿。顶生的圆锥花序大，长穗状，小花的花瓣4枚，花瓣大小不等，白色，花丝较长。花期4～6月份。

欧洲七叶树 *Aesculus hippocastanum* L. 七叶树科七叶树属

地理分布　原产欧洲东南部。我国上海、南京、杭州、青岛等地有栽培。

习性　喜光照充足、夏季凉爽、温暖和较为湿润的环境，稍耐阴，宜土层深厚、排水良好的土壤，耐寒。

形态特征　落叶乔木，高25～30米。树冠阔卵圆形或卵圆形。掌状复叶对生，小叶5～7枚，小叶无小叶柄，边缘具钝尖的重锯齿。顶生圆锥花序较长，近塔形，花较大，小花的花瓣4枚或5枚，白色，中部有橙红色斑块。花期5～6月份。

（不对称 4）

红花七叶树 *Aesculus × carnea* 七叶树科七叶树属

形态特征 落叶乔木，高9～10米。树冠阔卵圆形。掌状复叶对生，小叶5～7枚，小叶无小叶柄，边缘具钝尖的重锯齿。顶生圆锥花序较长，近塔形，花较大，小花的花瓣4枚或5枚，深粉红色，略带红色，中部有黄色斑块。花期晚春。

附注 异名 *Aesculus rubicunda* Lodd.

来源 欧洲七叶树和北美红花七叶树的杂交种。我国上海、南京、杭州等地有栽培。

习性 喜光照充足、夏季凉爽、温暖和较为湿润的环境，稍耐阴，宜土层深厚、排水良好的土壤，耐寒。

‘波里奥特’ 红花七叶树

Aesculus × carnea ‘Boriotii’ 七叶树科七叶树属

形态特征 落叶乔木，高6～8米。树冠卵圆形。掌状复叶对生，小叶5～7枚，光滑，小叶无小叶柄，边缘具重锯齿。顶生圆锥花序繁多，较短，近圆柱状，小花的花瓣4～5枚，玫红色，中部有黄色斑块。花期春末。

来源 红花七叶树的园艺品种。我国城市园林较少栽培。

习性 喜光照充足、夏季凉爽、温暖和较为湿润的环境，稍耐阴，宜土层深厚、排水良好的土壤，较耐寒。

（不对称 4）

灌木花卉

绣球　八仙花

Hydrangea macrophylla (Thunb.) Ser.
虎耳草科绣球属

地理分布　原产日本。我国各地广泛栽培。

习性　喜光照柔和、温暖和湿润的环境，耐半阴，不耐干燥和贫瘠，宜疏松、肥沃、湿润和排水良好的砂质壤土，不耐严寒。

形态特征　落叶灌木，高1～4米。叶对生，叶片倒卵形、宽卵形或椭圆形，边缘具粗锯齿。伞房状聚伞花序顶生，全部由密集的不孕花组成似绣球状，不孕花的花瓣极度退化，萼片大且花瓣状，4枚，土壤偏酸性时蓝色或淡蓝色，随酸碱度变化可呈粉红色或粉紫色。花期6～8月份。园艺品种很多。

'比亚' 绣球 *Hydrangea macrophylla* 'Pia'
虎耳草科绣球属

来源 绣球的矮生园艺品种。我国各地有栽培。

习性 喜光照充足、温暖和湿润的环境，稍耐阴，宜疏松、肥沃、湿润和排水良好的土壤，较耐寒。

形态特征 矮灌木，高50～60厘米。叶对生，叶片倒卵形或椭圆形，边缘具粗锯齿。伞房状聚伞花序顶生，全部由密集的不孕花组成似绣球状，不孕花的花瓣极度退化，萼片大且花瓣状，4枚，阔卵圆状菱形，粉红色或玫红色。花期5～7月份。

（辐射 4）

'帕尔斯菲尔' 绣球

Hydrangea macrophylla 'Parzifal' 虎耳草科绣球属

来源 绣球的园艺品种。我国各地有栽培。

习性 喜光照充足、温暖和湿润的环境，稍耐阴，不耐干燥和贫瘠，宜疏松、肥沃、湿润和排水良好的砂质壤土，较耐寒。

形态特征 灌木，高1～1.5米。叶对生，叶片倒卵形或椭圆形，边缘具粗锯齿。伞房状聚伞花序顶生，全部由密集的不孕花组成似绣球状，不孕花的花瓣极度退化，萼片大且花瓣状，4枚，阔卵状菱形，深粉红色至深玫红色。花期6～7月份。

（辐射 4）

（辐射 4）

山绣球 蓝八仙花

Hydrangea macrophylla var. *normalis* E.H. Wilson 虎耳草科绣球属

形态特征 落叶灌木，高1～4米。叶对生，叶片倒卵形或椭圆形，边缘具粗锯齿。花序不呈绣球状，由中央多数的孕性花和周边少数的不孕花组成平顶状，孕性花小，深蓝色，不孕花的花瓣极退化，萼片大，花瓣状，4枚，阔卵圆状，淡蓝色或白色。花期6～8月份。

地理分布 分布于浙江，江苏、安徽、浙江等地有栽培。

习性 喜光照充足、温暖和湿润的环境，耐半阴，不耐干燥和贫瘠，宜疏松、肥沃、湿润和排水良好的砂质壤土，不耐严寒。

'斑叶'山绣球 斑叶蓝八仙花

Hydrangea macrophylla var. *normalis* 'Variegata' 虎耳草科绣球属

形态特征 落叶灌木，高70～150厘米。叶对生，叶片倒卵形或椭圆形，绿色具不规则白色和淡黄色斑块及斑纹，边缘具粗锯齿。花序不呈绣球状，由中央多数的孕性花和周边少数的不孕花组成平顶状，孕性花小，粉紫色，不孕花的花瓣极退化，萼片大，花瓣状，4枚，阔卵圆状，白色。花期6～8月份。

来源 山绣球的园艺种。我国各地有栽培。

习性 喜光照充足、温暖和湿润的环境，耐半阴，不耐干燥和贫瘠，宜疏松、肥沃、湿润和排水良好的砂质壤土，不耐严寒。

（辐射 4）

圆锥绣球 *Hydrangea paniculata* Sieb.
虎耳草科绣球属

地理分布 分布于我国华东、华中、华南、西南地区及甘肃等。日本也有分布。

习性 喜光照充足和温暖的气候，稍耐阴，较耐干旱和贫瘠，宜肥沃、湿润的偏酸性壤土，较耐寒。

形态特征 落叶灌木或小乔木，高 2～4 米。叶对生或 3 枚轮生，叶片卵形，边缘具细锯齿。圆锥状聚伞花序顶生，由不孕花和孕性花组成，周边不孕花的花瓣极度退化，萼片大且花瓣状，4 枚（稀 5 枚），白色，孕性花小，也为白色。花期 7～8 月份。

（辐射 4）

檵木 *Loropetalum chinense* (R. Br.) Oliv. 金缕梅科檵木属

地理分布 分布于湖南、广西，我国各地园林常见栽培。

习性 喜光照充足、温暖的气候，稍耐阴，耐旱，不耐水湿，宜土层深厚、疏松和富含腐殖质的土壤，较耐寒。

形态特征 灌木或小乔木，高 1～6 米，栽培多为灌木状，野生常乔木状，本种图片为近百年的老树。叶片卵形。花数朵簇生小枝顶端，花瓣 4 枚，条形，白色。花期 4～5 月份。

（辐射 4）

091

（辐射 4）

红花檵木 *Loropetalum chinense* var. *rubrum* Yieh
金缕梅科檵木属

形态特征　灌木或小乔木，高1～6米，栽培多为灌木状，野生常乔木状，本种图片为近百年的老树。幼枝和新叶红色或紫红色。叶片卵形。花3～8朵簇生，花瓣4枚，条形，红色或紫红色。花期4～5月份。

地理分布　分布于湖南、广西，我国各地园林常见栽培。

习性　喜光照充足、温暖的气候，稍耐阴，耐旱，不耐水湿，宜土层深厚、疏松和富含腐殖质的土壤，较耐寒。

鸡麻 *Rhodotypos scandens* (Thunb.) Makino 蔷薇科鸡麻属

形态特征　落叶灌木，高1～2米。单叶对生，叶片卵形或卵状披针形，边缘具尖锐重锯齿。花单生于新梢上，花瓣4枚，白色。花期4～5月份。

地理分布　分布于我国辽宁、陕西、甘肃、山东、河南、江苏、安徽、浙江、湖北等。朝鲜、日本也有分布。

习性　喜光照充足和凉爽的气候，稍耐阴，耐干旱，耐水湿，宜肥沃、湿润和排水良好的砂质壤土，耐寒。

'金边' 瑞香 *Daphne odora 'Aureo-marginata'* 瑞香科瑞香属

来源　瑞香的园艺品种。各地常见栽培。

习性　喜光照柔和、温暖和湿润的环境，较耐阴，不耐水湿，宜疏松，富含腐殖质、湿润和排水良好的砂质壤土，稍耐寒。

（辐射　4）

形态特征　落叶灌木，高1～2米。叶片长圆形或倒卵状椭圆形，深绿色具金色边缘。头状花序顶生，花芳香，花的萼片花冠状，裂片4枚，粉红或粉白色，花瓣缺。花期3～4月份。

结香 *Edgeworthia chrysantha* Lindl. 瑞香科结香属

地理分布　分布于华东、华中、西南及河南、广东、陕西等地。各地园林有栽培。

习性　喜光照充足、温暖和湿润的环境，耐半阴，宜疏松、湿润和排水良好的砂质壤土，较耐寒。

形态特征　落叶灌木，高1～1.5米。枝条柔韧，弯之可打节而不易断。叶片长椭圆形至倒披针形。头状花序着生于枝端或叶腋，花蕾密被灰白色绢状柔毛，花芳香，先叶开放，花的萼片花冠状，裂片4枚，黄色，花瓣缺。花期3～4月份。

（辐射　4）

倒挂金钟

Fuchsia hybrida 柳叶菜科倒挂金钟属

来源　倒挂金钟属园艺杂交品种的统称。我国各地常见的盆栽花卉。

习性　喜冬季光照充足和温暖、夏季凉爽通风和半阴的环境，需保持空气湿润，宜疏松、肥沃、富含腐殖质、湿润和排水良好的微酸性土壤，不耐寒。

形态特征　灌木，盆栽时似多年生草本状。茎多分枝。叶对生，叶片狭长卵形或卵形，边缘具疏浅齿。花钟状，下垂，花萼片4枚，红色，开张至反折，花瓣4枚，白色等。花期4～12月份。

'玫红'倒挂金钟

Fuchsia 'Rose Castile' 柳叶菜科倒挂金钟属

来源　倒挂金钟属的园艺品种，常作盆栽花卉。

习性　喜冬季光照充足和温暖、夏季凉爽通风和半阴的环境，需保持空气湿润，宜疏松、肥沃、富含腐殖质、湿润和排水良好的微酸性土壤，不耐寒。

形态特征　灌木，盆栽时似多年生草本状，高20～40厘米。茎多分枝。叶对生，叶片卵形或长卵形，边缘具疏浅齿。花钟状，下垂，花萼片4枚，开张至反折，白色，花瓣4枚，玫红色。花期4～12月份。

　（辐射　4）

'紫花' 倒挂金钟

Fuchsia 'Mrs Popple' 柳叶菜科倒挂金钟属

来源 倒挂金钟属的园艺品种，常作盆栽花卉。

形态特征 灌木，盆栽时似多年生草本状。茎多分枝。叶对生，卵形或长卵形，边缘具疏浅齿。花钟状，下垂，花萼片4枚，红色，开张至反折，花瓣4枚，深紫色。花期4～12月份。

习性 喜冬季光照充足和温暖、夏季凉爽通风和半阴的环境，需保持空气湿润，宜疏松、肥沃、富含腐殖质、湿润和排水良好的微酸性土壤，不耐寒。

（辐射 4）

牛奶子 *Elaeagnus umbellata* Thunb. 胡颓子科胡颓子属

地理分布 分布于我国华北、华东、西南各地区及陕西、甘肃、青海、宁夏、辽宁、湖北等省区，各地有栽培。日本、朝鲜、印度等也有分布。

习性 喜光照充足、温暖和湿润的环境，稍耐阴，宜疏松、肥沃和排水良好的微酸性土壤，耐寒。

形态特征 落叶灌木，高1.5～4米，通常具刺，全体幼时被银白色星状毛。单叶互生，叶片椭圆形，被银白色星状毛或鳞片。花簇生，白色，花萼裂片4枚，卵状三角形，花瓣无。花期4～5月份。

（辐射 4）

红瑞木 *Cornus alba* L. 山茱萸科梾木属

形态特征 落叶灌木，高1.5～3米。茎干和分枝紫红色。叶对生，叶片椭圆形，全缘或波状反卷。伞房状聚伞花序顶生，花瓣4枚，白色。花期6～7月份。

附注 异名 *Swida alba*（L.）Opiz

地理分布 分布于我国黑龙江、吉林、辽宁、内蒙古、河北、陕西、甘肃、青海、山东、江苏、江西等，各地有栽培。朝鲜、俄罗斯及欧洲也有分布。

习性 喜光照充足和凉爽的气候，稍耐阴，耐干旱，耐水湿，宜肥沃、湿润和排水良好的砂质壤土，耐寒。

山茱萸 *Cornus officinalis* Siebold et Zucc. 山茱萸科山茱萸属

形态特征 落叶灌木或小乔木。叶对生，叶片卵状披针形或卵状椭圆形，全缘。伞形花序生于枝侧，花梗明黄色，细长，花瓣小，4枚，黄色，向外反卷，花先叶开放。花期3～4月份。

地理分布 分布于我国江苏、浙江、安徽、江西、山西、陕西、甘肃、山东、河南等，南京、上海、杭州、武汉等城市有栽培。朝鲜、日本也有分布。

习性 喜光照充足和温暖的气候，稍耐阴，不耐积水，宜土层深厚、肥沃、湿润的砂质壤土，较耐寒。

连翘 *Forsythia suspensa* (Thunb.) Vahl 木犀科连翘属

地理分布 分布于河北、山西、陕西、山东、安徽西部、河南、湖北、四川，各地广泛栽培。

习性 喜光照充足、温暖和湿润的环境，耐旱，耐水湿，宜肥沃、湿润和排水良好的土壤，较耐寒。

（辐射 4）

形态特征 落叶灌木。茎节间中空，节部具实心髓，枝条开展或下垂。常为单叶，或3裂至三出复叶，叶片卵形或椭圆状卵形，边缘除基部外具锯齿。花先叶开放，花冠亮黄色，深4裂，裂片近长圆形。花期3～4月份。

金钟花 *Forsythia viridissima* Lindl. 木犀科连翘属

地理分布 分布于江苏、安徽、浙江、江西、福建、湖北、湖南、云南西北部，各地广泛栽培。

习性 喜光照充足、温暖和湿润的环境，耐旱，耐水湿，宜肥沃、湿润和排水良好的土壤，较耐寒。

形态特征 落叶灌木，高可达3米。茎四棱形，具片状髓，枝干直立。叶对生，叶片长椭圆形至披针形，上半部常具不规则锯齿。花冠亮黄色，钟状，深4裂，裂片近长圆形。花期3～4月份。

（辐射 4）

金钟连翘 *Forsythia × intermedia* Zabel 木犀科连翘属

形态特征　落叶灌木，高1～1.5米。茎四棱形。叶对生，叶片椭圆形至椭圆状披针形，边缘具不规则锯齿。花较大而密集，先叶开放，花冠金黄色，钟状，深4裂，花冠裂片宽大，近矩圆形。花期3～4月份。

来源　本种为连翘与金钟花的杂交种。我国南京等地有栽培。

习性　喜光照充足、温暖和湿润的环境，宜肥沃、湿润和排水良好的土壤，较耐寒。

小叶女贞 *Ligustrum quihoui* Carrière 木犀科女贞属

地理分布　分布于华东地区及陕西南部、山东、河南、湖北、四川、西藏、云南等地，各地有栽培。是中国特有种。

习性　喜光照充足，稍耐阴，性强健，对土壤要求不严，但以肥沃、湿润和排水良好的砂质壤土为佳，较耐寒。

形态特征　落叶灌木，高1～3米。叶对生，叶片椭圆形、倒卵状长圆形。圆锥花序顶生，花小，密集，白色，花冠裂片4枚，花丝与花冠裂片等长或稍长。花期5～6月份。

（辐射 4）

卵叶女贞 *Ligustrum ovalifolium* Hassk. 木犀科女贞属

地理分布 原产日本。我国各地常见栽培。

形态特征 半常绿灌木，高1.5～3米。叶对生，叶片倒卵形、卵形或卵圆形。圆锥花序顶生，花密集，白色，花冠裂片4枚，裂片卵状披针形，常反卷，花丝短于花冠裂片。花期6～7月份。

习性 喜光照充足、温暖和湿润的环境，稍耐阴，以肥沃、湿润和排水良好的砂质壤土为佳，较耐寒。

（辐射 4）

小蜡 *Ligustrum sinense* Lour. 木犀科女贞属

地理分布 分布于华东、华中及广东、广西、贵州、四川、云南等，全国各地有栽培。

习性 喜光照充足，稍耐阴，性强健，对土壤要求不严，但以肥沃、湿润和排水良好的砂质壤土为佳，较耐寒。

形态特征 落叶灌木或小乔木，高2～4（7）米。叶对生，叶片卵形、椭圆状卵形或长圆形。圆锥花序顶生或腋生，花小，密集，白色，芳香，花冠裂片4枚，花丝伸出花冠裂片外。花期4～6月份。

大叶醉鱼草 *Buddleja davidii* Franch.
马钱科醉鱼草属

地理分布 分布于长江流域及西南、西北地区，南京、上海等城市多有栽培。

形态特征 落叶灌木，高1.5～3米。幼枝、叶背面均密被白色星状绵毛。叶对生，叶片卵状披针形，边缘疏生细锯齿。总状或圆锥状聚伞花序顶生，花紫堇色，后颜色渐变淡，花冠裂片4枚。花期6～9月份。

习性 喜光照充足、温暖和湿润的环境，稍耐阴，耐干旱，对土壤要求不严，酸性、中性和轻盐碱土壤均能生长，耐寒。

（辐射 4）

'蓝紫'醉鱼草 *Buddleja davidii* 'Nanbo Purple' 马钱科醉鱼草属

来源 大叶醉鱼草的园艺品种。我国杭州、上海、苏州等城市有栽培。

形态特征 落叶灌木，高1.5～3米。幼枝、叶背面均密被白色星状绵毛。叶对生，叶片卵状披针形，边缘疏生细锯齿。圆锥状聚伞花序顶生，花深蓝紫色，花冠裂片4枚。花期6～9月份。

习性 喜光照充足、温暖和湿润的环境，稍耐阴，耐干旱，对土壤要求不严，酸性、中性和轻盐碱土壤均能生长，较耐寒。

'白花'醉鱼草 *Buddleja davidii* 'White Profusion' 马钱科醉鱼草属

来源 大叶醉鱼草的园艺品种。我国杭州、上海、南京等城市有栽培。

形态特征 落叶灌木，高1.5～3米。幼枝、叶背面均密被白色星状绵毛。叶对生，叶片狭卵形或卵状披针形，边缘疏生细锯齿。圆锥状聚伞花序顶生，花白色，花冠裂片4枚。花期6～9月份。

习性 喜光照充足、温暖和湿润的环境，稍耐阴，耐干旱，对土壤要求不严，酸性、中性和轻盐碱土壤均能生长，较耐寒。

（辐射 4）

紫花醉鱼草 *Buddleja fallowiana* Balf. f. et W.W.Sm. 马钱科醉鱼草属

地理分布 分布于四川、西藏、云南。是中国特有种。

形态特征 落叶灌木，高1.5～5米，全株密被白色或黄白色星状绒毛。叶对生，叶片卵状披针形，边缘具锯齿。穗状聚伞花序具多数花，花芳香，花冠裂片4枚，紫红色，喉部橙色。花期5～10月份。

习性 喜光照充足、温暖和湿润的环境，稍耐阴，耐干旱，对土壤要求不严，酸性、中性和轻盐碱土壤均能生长。

（辐射 4）

（辐射 4）

醉鱼草 *Buddleja lindleyana* R. Fortune 马钱科醉鱼草属

形态特征 灌木，高1.5～3米。小枝具四棱，细长下垂，幼枝、叶背面等均密被星状短绒毛。叶对生，叶片卵形或卵状披针形，全缘或边缘具波状齿。穗状聚伞花序顶生，花紫色，花冠裂片4枚。花期6～9月份。

地理分布 分布于长江以南地区，园林中常见栽培，全株有小毒。是中国特有种。

习性 喜光照充足、温暖和湿润的环境，较耐阴，耐干旱，耐水湿，对土壤适应性强，但以微酸性和中性砂质壤土为佳，较耐寒。

密蒙花 *Buddleja officinalis* Maxim. 马钱科醉鱼草属

地理分布 分布于我国福建、广东、广西、贵州、安徽、江苏、湖北、四川、陕西、甘肃、西藏、云南等。越南、缅甸也有分布。

形态特征 落叶灌木，高1.5～4米。小枝、叶背面等均密被灰白色星状毛。叶对生，叶片狭椭圆形或卵状披针形。花多而密集，组成顶生聚伞圆锥花序，花紫堇色，后渐变淡，喉部黄色，花冠裂片4枚。花期3～4月份。

习性 喜光照充足、温暖和湿润的环境，较耐阴，宜肥沃、湿润和排水良好的土壤，较耐寒。

老鸦糊 *Callicarpa giraldii* Hesse ex Rehd.
马鞭草科紫珠属

地理分布　分布于甘肃、河南、江苏、安徽、浙江、江西、湖南、湖北、福建、广东、广西、云南等。是中国特有种。

习性　喜光照充足、温暖和湿润的环境，稍耐阴，宜疏松、湿润和排水良好的微酸性或中性土壤，较耐寒。

（辐射　4）

形态特征　落叶灌木，高2～3米。叶对生，叶片宽椭圆形或披针状长圆形，叶背面疏被星状毛和黄色腺点，边缘具锯齿。聚伞花序腋生，花淡紫色，花冠裂片4枚。果实球形，成熟时紫色。花果期6～12月份。

龙船花 *Ixora chinensis* Lam. 茜草科龙船花属

地理分布　分布于福建、广东、香港、广西，我国南方地区常见栽培。

习性　喜光照充足、温暖和湿润的环境，耐半阴，不耐暴晒，不耐旱，不耐瘠薄，宜疏松、肥沃、湿润和排水良好的砂质壤土，不耐寒。

形态特征　常绿灌木，高1～2米。叶对生，叶片倒卵形或长圆状披针形，全缘。聚伞花序顶生，花多数密集成绣球状，花冠裂片4枚，艳红色或艳橙红色。花期5～7月份。

黄龙船花 *Ixora coccinea* var. *lutea* (Hutch.) Corner 茜草科龙船花属

（辐射　4）

地理分布　原产印度。我国南方地区有栽培。

形态特征　常绿灌木，高1～2米。叶对生，叶片倒卵形或长圆状披针形，全缘。聚伞花序顶生，花多数密集成绣球状，花冠裂片4枚，亮黄色。花期5～7月份。

习性　喜光照充足、温暖和湿润的环境，耐半阴，宜疏松、肥沃、湿润和排水良好的砂质壤土，不耐寒。

山梅花 *Philadelphus incanus* Koehne 虎耳草科山梅花属

形态特征　落叶灌木，高1.5～3.5米。叶对生，叶片卵形或宽卵形，边缘具疏锯齿。总状花序有花5～11朵，花梗伸长，略下垂，花瓣4（5）枚，白色。花期5～6月份。

地理分布　分布于山西、陕西、河南、湖北、四川等省，北京、上海、杭州、南京、武汉等城市有栽培。是中国特有种。

习性　喜光照充足、温暖和湿润的环境，稍耐阴，耐旱，不耐水湿，宜疏松、肥沃的中性或微酸性壤土，耐寒。

　（辐射　4～5）

短序山梅花 *Philadelphus brachybotrys (Koehne) Koehne*
虎耳草科山梅花属

地理分布 分布于江苏、江西、浙江等省区，华东地区有栽培。是中国特有种。

习性 喜光照充足、温暖和湿润的环境，稍耐阴，耐旱，不耐水湿，宜疏松、肥沃的中性或微酸性壤土，耐寒。

（辐射 4~5）

形态特征 落叶灌木，高 1.5～3米。叶对生，叶片卵状长圆形，边缘具疏锯齿或近全缘。总状花序具 3～5朵花，花序较短，花瓣4（5）枚，阔倒卵形，白色。花期4～6月份。

冬青卫矛 *Euonymus japonicus* Thunb. 卫矛科卫矛属

地理分布 原产日本南部。我国长江流域各地广泛栽培，常修剪成绿球状或作绿篱。

习性 喜光照充足、温暖和湿润的环境，较耐阴，性强健，对土壤要求不严，但以肥沃、湿润的中性和微酸性壤土为佳，较耐寒。

形态特征 常绿灌木或小乔木，高1.5～3米。小枝有四棱。叶片近椭圆形，边缘具浅锯齿。聚伞花序有花5～12朵，花瓣4（5）枚，白绿色或淡黄绿色。花期6～7月份。

（辐射 4~5） 105

吊灯酸脚杆 *Medinilla cummingii* Naudin
野牡丹科酸脚杆属

形态特征 常绿小灌木，高1～1.5米，茎四棱形。叶对生，阔卵形，深绿色，全缘。聚伞花序组成的大型圆锥花序下垂，长约30厘米，花小，玫红色，花瓣4～5枚。花期7～9月份。

（辐射　4~5）

地理分布 原产菲律宾。我国深圳、南京等地有栽培。

习性 喜温暖、湿润的热带气候，宜肥沃、富含腐殖质、湿润和排水良好的土壤，生长季节需充足水分，不耐寒。

珍珠宝莲　粉苞酸脚杆 *Medinilla magnifica* Lindl. 野牡丹科酸脚杆属

地理分布 原产菲律宾、马来西亚等。我国各地有栽培。

形态特征 常绿小灌木，高1～1.8米，茎四棱形。叶对生，叶片阔卵形，深绿色，全缘。花序下垂，长约30厘米，花苞片大，淡粉红色，小花珍珠状，花瓣4～5枚，淡玫红色，被大型的花苞片包裹着。花期5～6月份。

习性 喜温暖、湿润的热带气候，宜肥沃、富含腐殖质、湿润和排水良好的土壤，生长季节需充足水分，不耐寒。

（辐射　4~5）

齿叶溲疏 *Deutzia crenata* Siebold et Zucc.
虎耳草科溲疏属

地理分布 原产日本。我国各地常见栽培。

习性 喜光照充足、温暖和湿润的环境，稍耐阴，宜疏松、富含腐殖质、湿润的微酸性或中性土壤，耐寒。

（辐射 5）

形态特征 落叶灌木，高2～3米。枝条伸展弯垂。叶对生，叶片卵形或卵状披针形，叶面有星状毛，边缘具细锯齿。圆锥花序长5～15厘米，花白色。花瓣5枚。花期4～5月份。

细梗溲疏 *Deutzia gracilis* Sieb. et Zucc.
虎耳草科溲疏属

地理分布 原产日本。我国华东地区有栽培。

习性 喜光照充足、温暖和湿润的环境，稍耐阴，宜疏松、富含腐殖质、湿润的微酸性或中性土壤，耐寒。

形态特征 落叶灌木，高约1.5米。小枝纤细，无毛。叶对生，叶片椭圆状披针形或宽披针形，叶面有星状毛，边缘具细锯齿。总状花序或狭圆锥花序具12～20朵花，花梗纤细，花瓣5枚，白色。花期3～4月份。

（辐射 5）

海桐 *Pittosporum tobira* (Thunb.) W.T. Aiton
海桐花科海桐花属

形态特征 常绿灌木，高2～3米。叶片倒卵形，全缘。伞形花序或伞房状伞形花序着生枝端，花芳香，花瓣5枚，白色，后变黄色。花期4～5月份。

地理分布 原产日本南部、朝鲜南部。我国各地常见栽培。

习性 喜光照充足、喜温暖和湿润的环境，较耐阴，耐旱，耐水湿，耐盐碱，不耐干燥和瘠薄，宜肥沃、湿润和排水良好的微酸性或中性土壤，耐寒。

地理分布 分布于安徽、浙江、福建、湖北、河南、四川等地。是中国特有种。

习性 喜光照充足、温暖和湿润的环境，稍耐阴，宜疏松、富含腐殖质、湿润和排水良好的偏酸性土壤，较耐寒。

蜡瓣花 *Corylopsis sinensis* Hemsl. 金缕梅科蜡瓣花属

形态特征 落叶灌木，高2～6米。叶片倒卵形，先端急尖，基部斜心形，边缘具锐锯齿。总状花序腋生，花瓣5枚，黄色，芳香，先叶开放。花期3～4月份。

榆叶梅 *Amygdalus triloba* (Lindl.) Ricker 蔷薇科桃属

地理分布　分布于我国华东、华中、华北、西北及东北地区。俄罗斯等也有分布。

习性　喜光照充足，不耐阴，耐旱，不耐水涝，宜疏松、肥沃、湿润和排水良好的砂质壤土，耐寒。

形态特征　落叶灌木，高2～3米，分枝多。叶片宽椭圆形或倒卵形，先端常3裂，边缘有重锯齿。花梗短，花瓣5枚，白色至粉红色，花先叶开放。花期4月份。

（辐射　5）

麦李 *Cerasus glandulosa* (Thunb.) Loisel. 蔷薇科樱属

地理分布　分布于我国华东地区及辽宁、陕西、河南、湖北、湖南、广东、广西、贵州等省，全国各地有栽培。日本也有分布。

形态特征　落叶小灌木，常呈丛生状。叶长圆状披针形，边缘有细钝重锯齿。花1～2朵簇生，花瓣5枚，白色或粉色，先花后叶或花叶同放。花期3～4月份。

习性　喜光照充足，不耐阴，耐旱，较耐水湿，对土壤要求不严，但以肥沃、湿润的壤土为佳，耐寒。

（辐射　5）

'粉花' 麦李 *Cerasus glandulosa* 'Rosea' 蔷薇科樱属

来源 麦李的园艺品种。我国各地园林都有栽培。

习性 喜光照充足，不耐阴，耐旱，较耐水湿，对土壤要求不严，但以肥沃、湿润的壤土为佳，耐寒。

形态特征 落叶小灌木。叶片长圆状披针形，边缘有细钝重锯齿。花单生或2朵簇生，花瓣5枚，粉红色，先花后叶或花叶同放，开花密集。花期3～4月份。

（辐射 5）

日本木瓜 倭海棠

Chaenomeles japonica (Thunb.) Lindl. ex Spach 蔷薇科木瓜属

形态特征 落叶矮灌木，高1米左右，常丛生状。枝有细刺。叶片倒卵形或匙形，边缘有圆钝锯齿。花梗短或近无梗，花紧贴枝梗开放，花瓣5枚，砖红色，花柱5。花期4～5月份。

地理分布 原产日本。我国上海、江苏、浙江、北京、陕西等省市有栽培。

习性 喜光照充足、喜温暖和湿润的环境，较耐干旱，不耐积水，宜土层深厚、肥沃和排水良好的壤土，耐寒。

'匍匐' 日本木瓜

Chaenomeles japonica 'Alpina' 蔷薇科木瓜属

来源 日本木瓜的园艺品种。我国南京等地有栽培。

习性 喜光照充足、温暖和湿润的环境，较耐干旱，不耐积水，宜土层深厚、肥沃和排水良好的壤土，耐寒。

（辐射 5）

形态特征 落叶矮小灌木，匍匐状，高35～50厘米。枝有细刺。叶片倒卵形或匙形，边缘有圆钝锯齿。花砖红色，花瓣5枚，花柱5枚。花期4～5月份。

锦木瓜 '东洋锦' 木瓜

Chaenomeles 'Dong-yang Jin' 蔷薇科木瓜属

来源 木瓜属的园艺品种。我国南京等地有栽培。

习性 喜光照充足、温暖和湿润的环境，不耐积水，宜土层深厚、肥沃和排水良好的壤土，耐寒。

形态特征 落叶灌木，高1～1.5米。枝上有锐刺。叶片椭圆形、长圆形或卵形，边缘有锯齿。花梗粗短，花瓣5枚，同一枝上有粉色和红色的花朵，同一花朵间有粉色花瓣和红色花瓣，先叶开放或花叶同放。花期3月份。

'白锦'木瓜 '白东洋锦'木瓜

Chaenomeles 'Bai Dong-yang Jin' 蔷薇科木瓜属

来源 木瓜属的园艺品种。我国南京等地有栽培。

形态特征 落叶小灌木，高1～1.5米。单叶互生，叶片近椭圆形或卵形，边缘有锯齿。花单生或簇生，花梗粗短，花瓣5枚，纯白色，花先叶开放。花期3月份。

习性 喜光照充足、温暖和湿润的环境，较耐干旱，不耐积水，宜土层深厚、肥沃和排水良好的壤土，耐寒。

（辐射 5）

'跳色'锦木瓜 *Chaenomeles* 'Tiao Se' 蔷薇科木瓜属

形态特征 落叶灌木，高1～1.5米，盆栽修剪后50～80厘米。叶片长圆形或倒卵状椭圆形，边缘有锯齿。花梗粗短，花瓣5枚，同一植株上有红色和白色的花朵，同一朵花上有红色和白色的花瓣，同一花瓣上间有红色和白色，先叶开放或花叶同放。花期3月份。

来源 木瓜属的园艺品种。我国南京等地市有栽培。

习性 喜光照充足、温暖和湿润的环境，不耐积水，宜土层深厚、肥沃和排水良好的壤土，耐寒。

‘莫愁红’木瓜

Chaenomeles ‘Mo-chou Hong’ 蔷薇科木瓜属

来源 木瓜属的园艺品种。我国南京等地市有栽培。

习性 喜光照充足、温暖和湿润的环境，不耐积水，宜土层深厚、肥沃和排水良好的壤土，耐寒。

（辐射 5）

形态特征 落叶灌木，高1～2米。叶片椭圆形或倒卵形，边缘有锯齿。花先叶开放或与叶同放，花梗粗短，花瓣5枚，稍向内收，艳红色。花期3月份。

‘一品香’木瓜

Chaenomeles ‘Yi-ping Xiang’ 蔷薇科木瓜属

来源 木瓜属的园艺品种。我国江苏等地有栽培。

习性 喜光照充足、温暖和湿润的环境，不耐积水，宜土层深厚、肥沃和排水良好的壤土，耐寒。

形态特征 落叶灌木或小乔木，高1～3米，盆栽修剪后50～80厘米，露地栽培中常捆绑修剪成龙游状等各种造型。叶片椭圆形或倒卵状椭圆形，边缘有锯齿。花梗粗短，花瓣5枚，鲜红色，先叶开放或花叶同放。花期3月份。

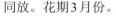

（辐射 5）

113

皱皮木瓜 贴梗海棠

Chaenomeles speciosa (Sweet) Nakai 蔷薇科木瓜属

（辐射 5）

地理分布 分布于我国我国西南部、东部和中部地区，各地有栽培。缅甸也有分布。

习性 喜光照充足、温暖和湿润的环境，较耐干旱，不耐积水，宜土层深厚、肥沃和排水良好的壤土，耐寒。

形态特征 落叶灌木，常丛生状，高1～2米。枝有锐刺。叶片卵形或椭圆形。托叶肾形或半圆形。花梗粗短，花瓣5枚，粉红色或红色等，先叶开放或与叶同放。花期3～4月份。园艺品种繁多。

西北栒子 *Cotoneaster zabelii* Schneid. 蔷薇科栒子属

地理分布 分布于河北、山西、山东、河南、陕西、甘肃、宁夏、青海、湖北、湖南，南京等地有栽培。

习性 喜光照充足，耐旱，对土壤要求不严，但以疏松、肥沃、湿润和排水良好的砂质壤土为佳，耐寒。

形态特征 落叶灌木，高达2米。叶互生，叶片椭圆形或卵形，叶背面密被灰白色绒毛，全缘。聚伞花序有花3～13朵，花瓣5枚，白色或淡红色。果实近卵球形，鲜红色。花期5～6月份，果期8～9月份。

114 （辐射 5）

白鹃梅 *Exochorda racemosa* (Lindl.) Rehd.
蔷薇科白鹃梅属

地理分布　分布于河南、江西、江苏、浙江等省，上海、杭州、南京等城市有栽培。是中国特有种。

习性　喜光照充足，稍耐阴，耐旱，耐瘠薄，对土壤要求不严，但以疏松、湿润和排水良好的土壤为佳，耐寒。

（辐射　5）

形态特征　落叶灌木，高2～5米。叶片椭圆或倒卵状椭圆形，全缘，稀中部以上有钝锯齿。顶生总状花序有花6～10朵，花白色，花瓣5枚。花期5月份。

棣棠花 *Kerria japonica* (L.) DC. 蔷薇科棣棠花属

地理分布　分布于我国浙江、安徽、福建、贵州、湖北、广东、甘肃、四川、河南、陕西、云南等，各地多有栽培。日本也有分布。

习性　喜光照充足、温暖和湿润的环境，稍耐阴，对土壤要求不严，酸性、中性和微碱性土壤均能生长，耐寒。

形态特征　落叶灌木，丛生状，高1.5～2米。枝条绿色，弯垂。叶互生，叶片卵形至卵状椭圆形，边缘具锯齿。花亮黄色，花瓣5枚。花期4～5月份。

（辐射 5）

火棘 *Pyracantha fortuneana* (Maxim.) Li 蔷薇科火棘属

形态特征 常绿灌木，高1.5～3米，常被修剪成圆球状。侧枝先端成刺状。叶互生，叶片倒卵形或倒卵状长圆形，边缘具钝锯齿。花密集成复伞房花序，花瓣5枚，白色。果实近球形，橘红色或深红色。花期3～5月份，果期8～11月份。

地理分布 分布于陕西、河南、江苏、浙江、福建、湖北、湖南、广西、贵州、云南、四川、西藏，各地广泛栽培。

习性 喜光照充足，稍耐阴、耐旱、耐水湿，宜疏松、肥沃、湿润和排水良好的微酸性或中性土壤，耐寒。

窄叶火棘 *Pyracantha angustifolia* (Franch.) Schneid. 蔷薇科火棘属

形态特征 常绿灌木，高1.5～4米。枝条伸展，多枝刺。叶互生，叶片窄长圆形至倒披针状长圆形，叶背面密被灰白色绒毛，全缘。伞房花序顶生，花瓣5枚，白色。花期5～6月份。

地理分布 分布于湖北、云南、贵州、四川、西藏等省，南京、上海、杭州等城市有栽培。

习性 喜光照充足，稍耐阴，较耐干旱，宜疏松、肥沃、湿润和排水良好的土壤，耐寒。

石斑木 *Rhaphiolepis indica* (L.) Lindl. ex Ker.
蔷薇科石斑木属

地理分布 分布于我国华东地区及广东、广西、湖南、贵州、云南等，南京、上海、杭州等地有栽培。日本、越南、柬埔寨、泰国、印度尼西亚等也有分布。

习性 喜光照充足、温暖和湿润的环境，稍耐阴，宜土层深厚和肥沃的土壤，较耐寒。

（辐射 5）

形态特征 常绿灌木，高可达4米。叶片卵形或长圆形，边缘具细钝锯齿。圆锥花序或总状花序顶生，花瓣5枚，白色至淡红色，花丝与花瓣近等长。花期4月份。

单瓣缫丝花 *Rosa roxburghii* f. *normalis* Rehd. et Wils. 蔷薇科蔷薇属

地理分布 分布于我国陕西、甘肃、江西、安徽、福建、广西、湖北、四川、云南等，为缫丝花的野生原始类型。南京等地有栽培。

习性 喜光照充足、温暖的气候，稍耐阴，对土壤要求不严，但以肥沃、湿润的酸性或微酸性土壤为佳，耐寒。

形态特征 落叶灌木，高1～2.5米，小枝、叶柄具小皮刺。羽状复叶，有小叶7～15枚，小叶片长圆形或椭圆形，边缘具细锯齿。花常单生，花瓣5枚，微香，玫红色或粉红色。花期5～6月份。

（辐射 5）

（辐射 5）

玫瑰 *Rosa rugosa* Thunb. 蔷薇科蔷薇属

形态特征 灌木，高可达2米。枝密生针刺。羽状复叶，有小叶5～9枚，深绿色，表面叶脉明显凹陷多皱，边缘有锯齿。花瓣5枚，玫红色。花期5～6月份。

地理分布 分布于吉林、辽宁、山东，我国各地多有栽培。日本、朝鲜、俄罗斯远东地区也有分布。

习性 喜光照充足、凉爽和通风的环境，较耐旱，不耐水湿，宜富含腐殖质、排水良好的偏酸性砂质壤土，耐寒。

珍珠梅 华北珍珠梅

Sorbaria kirilowii (Regel) Maxim. 蔷薇科珍珠梅属

形态特征 落叶灌木，高1.5～3米，枝条开展。羽状复叶，有小叶13～21枚，小叶片对生，披针形至长圆状披针形，边缘具重锯齿。顶生大型密集的圆锥花序，花蕾似珍珠状，花白色，花瓣5枚。花期6～7月份。

地理分布 分布于我国甘肃、河北、河南、内蒙古、青海、陕西、山东、山西，南京等地有栽培。

习性 喜光照充足，较耐阴，耐旱，不耐涝，不择土壤，但以肥沃、湿润和排水良好的砂质壤土为佳，耐寒。

单瓣笑靥花 *Spiraea prunifolia* var. *simpliciflora* (Nakai) Nakai 蔷薇科绣线菊属

地理分布　分布于湖北、湖南、江苏、浙江、江西、福建，我国各地园林常见栽培。

习性　喜光照充足、温暖和湿润的环境，稍耐阴，宜肥沃、湿润和排水良好的砂质壤土，耐寒。

（辐射　5）

形态特征　灌木，高1.5～2米。枝条细长，拱形弯垂。叶片卵形至长圆披针形，边缘具细锐锯齿。伞形花序具3～6朵花，密集簇生于细长枝条上，花瓣5枚，白色。花期3～4月份。

菱叶绣线菊 *Spiraea × vanhouttei* 蔷薇科绣线菊属

来源　为麻叶绣线菊和三裂绣线菊的杂交种。我国山东、江苏、广东、广西、四川等地有栽培。

习性　喜光照充足，稍耐阴，耐旱，耐瘠薄，不耐水涝，不择土壤，但以肥沃、湿润和排水良好的砂质壤土为佳，耐寒。

形态特征　落叶灌木，高1.5～2米。枝条拱形弯垂。单叶互生，叶片菱状卵形或菱状倒卵形，常3～5浅裂，边缘具缺刻状重锯齿。伞形花序具多数花，密集簇生于拱形枝条上，花瓣5枚，白色。花期4～5月份。

绣球绣线菊 *Spiraea blumei* G. Don 蔷薇科绣线菊属

形态特征　落叶灌木，高1.5～2米。枝条伸展，稍弯垂。单叶互生，叶片菱状卵形至倒卵形，叶缘中下部全缘，近顶端有少数圆钝缺刻状锯齿或3～5浅裂。伞形花序有花10～25朵，密集簇生于枝条上，花瓣5枚，白色。花期4～6月份。

地理分布　分布于我国辽宁、内蒙古、河北、河南、陕西、甘肃、湖北、山东、江苏、浙江、安徽、四川、广东、福建等。日本、朝鲜也有分布。

习性　喜光照充足，稍耐阴，耐旱，耐瘠薄，不耐水涝，宜肥沃、湿润和排水良好的砂质壤土，耐寒。

珍珠绣线菊
Spiraea thunbergii Siebold ex Blume 蔷薇科绣线菊属

形态特征　灌木，高1.5～2米。枝条细长，拱形弯垂。叶线状披针形，边缘具锐锯齿。花瓣5枚，白色，花先叶绽放，盛开时宛若喷雪。花期3～4月份。

地理分布　分布于山东、江苏、浙江、福建、辽宁、陕西、河南等省，我国各地园林常见栽培。日本也有分布。

习性　喜光照充足、温暖和湿润的环境，稍耐阴，不择土壤，但以肥沃、湿润和排水良好的砂质壤土为佳，耐寒。

麻叶绣线菊

Spiraea cantoniensis Lour.
蔷薇科绣线菊属

地理分布　分布于我国广东、广西、福建、浙江、江西等省，河北、河南、山东、陕西、安徽、江苏等地有栽培。

习性　喜光照充足、温暖和湿润的环境，稍耐阴，耐旱，耐瘠薄，不耐水涝，不择土壤，但以肥沃、湿润和排水良好的砂质壤土为佳，较耐寒。

形态特征　落叶灌木，高约1.5米。枝条细长，呈拱形弯垂。单叶互生，叶片菱状披针形长圆状披针形，边缘自近中部以上有缺刻状锯齿。伞形花序具多数花，密集簇生于拱形枝条上，花瓣5枚，白色。花期4～5月份。

（辐射　5）

粉花绣线菊 *Spiraea japonica* L. f. 蔷薇科绣线菊属

来源　原产日本和朝鲜。我国各地园林常见栽培。

习性　喜光照充足、温暖和湿润的环境，稍耐阴，耐旱，宜肥沃、湿润和排水良好的砂质壤土，耐寒。

形态特征　落叶小灌木，高80～150厘米。叶片卵形或卵状椭圆形，边缘具缺刻状重锯齿或单锯齿，先端急尖或短渐尖。复伞房花序顶生，花朵密集，花瓣5枚，粉红色。花期5～7月份。

（辐射　5）　　121

柠檬 *Citrus* × *limon* (L.) Osbeck 芸香科柑橘属

（辐射 5）

来源 柑橘种类的杂交后代。由国外引入，在我国南方广泛栽培，已成归化种。

习性 喜光照充足、温暖和湿润的环境，宜土层深厚、疏松、肥沃和排水良好的壤土，不耐霜冻。

形态特征 灌木或小乔木，枝少刺或近于无刺。叶片卵形或椭圆形，边缘具明显钝裂齿。花单生叶腋或数朵花簇生，具香气，花蕾淡紫红色，花瓣5枚，内面白色，外面下半部分淡紫红色。柑果卵形，柠檬黄色。花期4～5月份，果期9～11月份。

琴叶珊瑚 日日樱

Jatropha pandurifolia Andrews 大戟科麻疯树属

形态特征 常绿灌木，高2～4米。单叶互生，叶片长卵状披针形或长圆形，下部常有1～2对突出的尖齿。聚伞花序生于枝端，花冠裂片5枚，红色，花药黄色。花期长，似全年日日开花，故也称日日樱。

地理分布 原产西印度群岛。我国广东、福建、云南西双版纳等地有栽培。

习性 喜光照充足、高温和高湿的环境，稍耐阴，宜疏松、肥沃、富含腐殖质的偏酸性砂质土壤，不耐寒，越冬温度12℃以上。

文冠果

Xanthoceras sorbifolium Bunge
无患子科文冠果属

地理分布　分布于我国北部和东北部，西至宁夏、甘肃，东至辽宁，北至内蒙古，南至河南。作油料植物大量栽培，也是观花植物。

习性　喜光照充足、温凉和湿润的环境，稍耐阴，宜土层深厚、肥沃和排水良好的偏酸性砂质壤土，耐寒。

形态特征　落叶灌木或小乔木，高2～5米。奇数羽状复叶，小叶4～8对，小叶披针形或近卵形，两侧稍不对称，边缘有锐锯齿。总状花序的花大，花瓣5枚，白色，基部紫红色或黄色。花期8～10月份。

（辐射　5）

海滨木槿

Hibiscus hamabo Siebold et Zucc.
锦葵科木槿属

地理分布　原产日本、朝鲜。我国福建、云南、浙江、江苏和上海等地有栽培。

习性　喜光照充足、温暖和湿润的环境，稍耐阴，耐盐碱，耐水湿，对土壤适应性强，较耐寒。

形态特征　落叶灌木或小乔木，高2～5米。树冠广卵圆形。叶片倒卵圆形、扁圆形或宽倒卵形，全缘或叶上部边缘具齿。花单生于枝端叶腋，花瓣5枚，亮黄色，基部具暗紫红色斑。花期7～9月份。

（辐射　5）

（辐射 5）

木芙蓉 *Hibiscus mutabilis* L. 锦葵科木槿属

形态特征　灌木或小乔木，高2～5米。叶片宽卵形至圆卵形或心形，常3～5裂。花瓣5枚，花初开时淡红色，后颜色变深，顶端具波状浅缺刻。花期8～10月份。

地理分布　分布于福建、广东、湖南、台湾、云南等省，安徽、江苏、湖北、江西、辽宁、山东、浙江等有栽培。是中国特有种。

习性　喜光照充足、温暖和湿润的环境，不耐旱，较耐盐碱，较耐水湿，宜肥沃、湿润的土壤。

朱槿　扶桑　*Hibiscus rosa-sinensis* L. 锦葵科木槿属

形态特征　常绿灌木，高1～3米。小枝疏被星状柔毛。叶片阔卵形至狭卵形，边缘具粗齿或缺刻。花单生，漏斗形，花瓣5枚，红色、粉红色、黄色和橙色等，基部具深紫红色斑。花期全年。园艺品种很多。

地理分布　推测起源于中国，世界各地均有栽培。我国广东、广西、福建、云南、四川等地常见栽培。

习性　喜光照充足、温暖湿润的环境，不耐阴，不耐旱，对土壤适应性较强，但在富含有机质的微酸性土壤中生长佳，不耐寒。

'白花' 朱槿 *Hibiscus rosa-sinensis* 'Dainty White' 锦葵科木槿属

来源 朱槿的园艺品种。我国广东、福建、云南等地有栽培。

习性 喜光照充足、温暖和湿润的环境，不耐阴，

不耐旱，对土壤适应性较强，但在富含有机质的微酸性土壤上生长佳，不耐寒。

形态特征 常绿灌木，高1.5～3米。分枝多且枝条下垂。叶片卵形或椭圆状卵形，边缘具疏齿。花单生，花梗较长，花下垂，花瓣5枚，纯白色，略向后反曲，边缘微波状。花期全年。

（辐射 5）

'粉红' 朱槿 *Hibiscus rosa-sinensis* 'Kermesinus' 锦葵科木槿属

来源 朱槿的园艺品种。我国城市园林中有栽培。

习性 喜光照充足、温暖的环境，不耐阴，对土壤适应性较强，但在富含有机质的微酸性土壤上生长佳，不耐寒。

形态特征 常绿灌木，高1～3米。小枝疏被星状柔毛。叶片阔卵形至狭卵形，边缘具粗齿或缺刻。花大，单生于枝端叶腋，漏斗形，花瓣5枚，粉红色，内面基部具深红色大斑块及细短放射纹。花期夏秋季。

吊灯扶桑 灯笼花

Hibiscus schizopetalus (Masters) Hook. f. 锦葵科木槿属

地理分布 原产非洲热带。我国广东、福建、台湾、云南西双版纳等地常见栽培。

习性 喜光照充足、温暖和湿润的环境，不耐阴，不耐旱，对土壤适应性较强，但在富含有机质的微酸性土壤上生长佳，不耐寒。

形态特征 常绿直立灌木，高1.5～3米。叶片椭圆形，边缘具锯齿。花单生，花梗细长下垂，红色，花瓣5枚，深细裂呈流苏状，向上反曲，雄蕊伸长，下垂，花姿似吊钟状。花期全年。

（辐射 5）

悬铃花 垂花悬铃花

Malvaviscus penduliflorus DC 锦葵科悬铃花属

地理分布 可能原产墨西哥。我国广东、台湾、福建、云南南部等地有栽培。

形态特征 灌木，高达2米，小枝被柔毛。叶片卵状披针形，边缘具钝齿。花大，生于叶腋，红色，下垂，花瓣5枚，不张开，雄蕊细长伸出花外。花期几乎全年，冬季开花较少。

习性 喜光照充足、温暖湿润的环境，不耐阴，不耐旱，不耐寒，对土壤适应性强，但在富含有机质的微酸性土壤中生长佳，不耐寒。

附注 异名 *Malvaviscus arboreus* var. *penduliflorus* (DC.) Schery

　（辐射 5）

'宫粉' 悬铃花

Malvaviscus penduliflorus 'Pink Form'
锦葵科悬铃花属

来源 悬铃花的栽培品种。我国广东、福建、云南（南部）等地有栽培。

形态特征 灌木，高达2米。叶片卵状披针形，边缘具钝齿。花大，生于叶腋，粉红色，下垂，花瓣5枚，不张开，雄蕊细长伸出花外。花期几乎全年，冬季开花较少。

习性 喜光照充足、高温和多湿的环境，耐热，耐瘠薄，不耐水涝，宜疏松、肥沃和排水良好的微酸性土壤，不耐寒。

（辐射 5）

木槿 *Hibiscus syriacus* L. 锦葵科木槿属

地理分布 分布于我国中部各省区，国内外广泛栽培。是中国特有种。

习性 喜光照充足、温暖和湿润的环境，稍耐阴，耐旱，不择土壤，酸性、中性和石灰质土壤均能生长，较耐寒。

形态特征 落叶灌木，高2～4米。叶片菱状卵形，常3浅裂，边缘具钝齿。花单生于枝端叶腋，花瓣5枚，倒卵圆形，淡紫色，基部具深紫红色斑和放射状细脉纹。花期7～10月份。

（辐射 5）

（辐射 5）

大花木槿 *Hibiscus syriacus* var. *grandiflorus* Rehd. 锦葵科木槿属

形态特征　落叶灌木，高2～4米。叶片菱状卵形，常3浅裂，边缘具钝齿。花大，单生于枝端叶腋，花瓣5枚，倒卵圆形，桃红色，基部具深紫红色斑和细脉纹。花期7～10月份。

地理分布　分布于我国广西、福建、江西、江苏等，均系栽培。

习性　喜光照充足、温暖和湿润的环境，稍耐阴，耐旱，不择土壤，酸性、中性和石灰质土壤均能生长，较耐寒。

金丝桃 *Hypericum monogynum* L. 藤黄科金丝桃属

形态特征　常绿或半常绿灌木，高1～2米。单叶对生，叶片倒披针形或长椭圆形，全缘。聚伞花序着生于枝端，花序有花1～15（30）朵，花瓣5枚，金黄色，花丝细长，金黄色。花期5～7月份。

地理分布　分布于华东、华中、华南等地区，我国各地广泛栽培。是中国特有种。

习性　喜光照充足、温暖和湿润的环境，稍耐阴，宜肥沃、湿润和排水良好的微酸性或中性土壤，较耐寒。

金丝梅 *Hypericum patulum* Thunb. 藤黄科金丝桃属

地理分布 分布于安徽、浙江、江苏、江西、福建、广西、台湾、湖北、陕西等省区，我国各地有栽培。

习性 喜光照充足、温暖和湿润的环境，稍耐阴，宜肥沃、湿润和排水良好的微酸性或中性土壤，较耐寒。

（辐射 5）

形态特征 半常绿小灌木，高约1.5米。单叶对生，叶片卵形或长圆状卵形，先端钝，具小尖头，基部宽楔形，全缘。伞房状花序顶生，花序有花1～15朵，花瓣5枚，金黄色，花丝细长，金黄色。花期6～8月份。

红木 *Bixa orellana* L. 红木科红木属

地理分布 原产美洲热带地区。我国福建、台湾、广东、云南等地有栽培。

习性 喜光照充足、高温和高湿的环境，不耐阴，宜土层深厚、疏松、湿润和排水良好的酸性或微酸性土壤，不耐寒。

形态特征 常绿灌木或小乔木，高3～8米。树冠常广卵圆形。叶片心状卵形或三角状卵形，全缘。花较大，花瓣5枚，粉红色，雄蕊多数，花丝细长。蒴果密生褐红色刺。花期一年2次，春季和秋季。

（辐射 5）

攀援纽扣花 *Hibbertia scandens* (Willd.) Dryand. 五桠果科纽扣花属

形态特征 常绿攀援灌木，枝条蔓生。叶互生，叶片椭圆形至倒卵形，全缘。花金黄色，花瓣5枚，边缘略波状，雄蕊多数。主花期夏秋季。

地理分布 原产澳大利亚。国内少见栽培。

习性 喜光照充足、温暖的气候，耐半阴，适应性强，宜疏松，肥沃和排水良好的土壤，耐寒性不强。

野牡丹 *Melastoma malabathricum* L. 野牡丹科野牡丹属

地理分布 分布于我国福建、海南、广西、广东、台湾、浙江、四川、云南、西藏等省区。柬埔寨、老挝、印度尼西亚、尼泊尔等也有分布。

习性 喜光照充足、温暖和湿润的环境，不耐阴，宜疏松、富含腐殖质和排水良好的砂质土壤，不严耐寒。

形态特征 灌木，高0.5～1.5米。茎钝四棱形或近圆柱形。叶对生，叶片卵形，全缘。伞房花序生于枝端，有花3～5朵，花瓣5枚，玫瑰紫色或淡紫红色，雄蕊10枚，5长5短，长者弯曲状。花期5～7月份。

附注 异名 *Melastoma candidum* D. Don

满山红

Rhododendron mariesii Hemsl. et Wils.

杜鹃花科杜鹃属

地理分布 分布于华东、华中、西南等地区，野生或栽培。是中国特有种。

习性 喜光照柔和充足、温暖和湿润的环境，较耐阴，宜疏松、富含有机质的酸性壤土，较耐寒。

（辐射 5）

形态特征 落叶灌木，高1～4米。叶片椭圆形、卵状披针形或三角状卵形。花数朵簇生枝顶，花冠漏斗形，花冠裂片5枚，淡紫红色或紫红色，上方裂片具深紫红色斑点。花期4～5月份。

羊踯躅 闹羊花

Rhododendron molle (Blume) G. Don 杜鹃花科杜鹃属

地理分布 分布于江苏、安徽、浙江、福建、河南、湖北、广东、四川、贵州、云南等省区，药用和观赏，植株有毒。是中国特有种。

习性 喜光照柔和、温暖和湿润的环境，较耐阴，宜疏松、富含有机质的酸性壤土，较耐寒。

形态特征 落叶灌木，高0.5～2米。叶片长圆形至长圆状披针形，叶背面密被灰白色柔毛，边缘具睫毛。总状伞形花序顶生，具花5～13朵，花冠阔漏斗形，花冠裂片5枚，亮黄色，上面1枚具暗色斑点，雄蕊5枚。花期3～5月份。

（辐射 5）

（辐射 5）

黄花杜鹃 *Rhododendron lutescens* Franch.
杜鹃花科杜鹃属

形态特征　灌木，高1～3米。叶片长圆状披针形或卵状披针形。花1～3（5）朵簇生，花有时稍两侧对称，花冠漏斗形，花冠裂片5枚，黄色，雄蕊不等长，长的雄蕊和细长的花柱伸出花外很多。花期3～4月份。

地理分布　分布于四川西部、贵州、云南，昆明等地有栽培。

习性　喜光照柔和、温暖和湿润的环境，较耐阴，宜疏松、富含有机质的酸性壤土，较耐寒。

欧洲黄杜鹃 *Rhododendron luteum* Sweet
杜鹃花科杜鹃属

形态特征　落叶灌木，高1～1.5（3.5）米。叶片椭圆形至椭圆状披针形。顶生伞形花序具花7～12朵，花芳香，花冠漏斗形，花冠裂片5枚，亮黄色，上方1枚具淡橙黄色斑点。花期春季。

地理分布　原产欧洲东部，德国、英国等欧洲地区常见栽培。国内较少栽培。

习性　喜光照充足而柔和、冷凉的气候，不耐烈日暴晒，宜土层深厚、富含有机质、湿润和排水良好的酸性壤土，耐寒。

（辐射 5）

马银花

Rhododendron ovatum (Lindl.)
Planch. ex Maxim. 杜鹃花科杜鹃属

地理分布 分布于安徽、福建、广东、广西、贵州、湖北、湖南、江苏、江西、四川、台湾、浙江。是中国特有种。

习性 喜光照柔和、凉爽和湿润的环境，较耐阴，不耐烈日暴晒，宜疏松、富含有机质、湿润的偏酸性壤土，较耐寒。

形态特征 常绿灌木，高3～6米。叶片卵形或卵状椭圆形。花单生，花冠裂片5枚，淡紫色，内面具紫红色斑点。花期4～5月份。

（辐射 5）

锦绣杜鹃 *Rhododendron × pulchrum* Sweet
杜鹃花科杜鹃属

来源 著名的杂交种。栽培历史已有数百年，江苏、浙江、江西、福建、湖北、湖南、广东、广西等地常见栽培。

习性 喜光照充足而柔和、温暖和湿润的环境，较耐阴，宜疏松、富含有机质和湿润的酸性壤土，较耐寒。

形态特征 半常绿灌木，高1.5～2.5米。叶片椭圆形或椭圆状披针形，全缘。伞形花序顶生，有花1～5朵，花冠阔漏斗形，花冠裂片5枚，玫瑰色具深红色斑点。花期4～5月份。

（辐射 5）

杜鹃花 映山红

Rhododendron simsii Planch. 杜鹃花科杜鹃属

形态特征 灌木，高1.5～2（5）米。叶片椭圆形或卵状椭圆形。花数朵簇生枝顶，花冠阔漏斗形，花冠裂片5枚，鲜红色或深红色，上部裂片具暗红色斑点。花期4～5月份。

地理分布 分布于我国长江流域及其以南地区。世界各地广泛栽培。

习性 喜光照柔和充足、温暖和湿润的环境，较耐阴，不耐烈日暴晒，宜疏松、富含有机质、湿润的偏酸性壤土，较耐寒。

'艾丽斯' 杜鹃

Rhododendron 'Alice' 杜鹃花科杜鹃属

形态特征 直立丛生灌木，高1.5～2米。叶片长圆形至长圆状披针形，全缘。伞形花序顶生，花密集成近球状，花冠阔漏斗形，花冠裂片5枚，粉红色或浅玫红色，无斑点。花期春季。

来源 杜鹃属的园艺品种。国内较少栽培。

习性 喜光照充足柔和、冷凉的气候，不耐烈日暴晒，宜土层深厚、富含有机质、湿润和排水良好的酸性壤土，耐寒。

'蓝彼得' 杜鹃

Rhododendron 'Blue Peter' 杜鹃花科杜鹃属

来源　杜鹃属的园艺品种。国内较少栽培。

习性　喜光照充足柔和、冷凉的气候，不耐烈日暴晒，宜土层深厚、富含有机质、湿润和排水良好的酸性壤土，耐寒。

形态特征　灌木，高1～1.5米。叶片长圆形至长圆状披针形，全缘或近全缘。圆锥形伞形花序顶生，花密集，花冠阔漏斗形，花冠裂片5枚，淡蓝紫色，上方1枚具暗棕紫色斑块和斑点。花期春季。

（辐射　5）

'蓝色多瑙河' 杜鹃

Rhododendron 'Blue Danube'
杜鹃花科杜鹃属

来源　杜鹃属的园艺品种。国内较少栽培。

习性　喜光照充足柔和、冷凉的气候，不耐烈日暴晒，宜土层深厚、富含有机质、湿润和排水良好的酸性壤土，耐寒。

形态特征　灌木，高1.2～1.5米。分枝较多。叶片长圆形至长圆状披针形，全缘。花大而密集，花冠漏斗形，花冠裂片5枚，深粉红色，略带紫色，具深红色斑点，花冠裂片边缘略波状。花期春季。

（辐射　5）　　135

（辐射 5）

'粉珍珠' 杜鹃 *Rhododendron* 'Pink Pearl'
杜鹃花科杜鹃属

形态特征 丛生灌木，高1.5～2米，树冠开展。叶片长圆形至长圆状披针形，全缘。伞形花序顶生，花密集，花冠阔漏斗形，花冠裂片5枚，粉红色，上方1枚具淡棕黄色斑点。花期春季。

来源 杜鹃属的园艺品种。国内较少栽培。

习性 喜光照充足柔和、冷凉的气候，不耐烈日暴晒，宜土层深厚、富含有机质、湿润和排水良好的酸性壤土，耐寒。

'黄斑' 白杜鹃
Rhododendron 'Bridesmaid' 杜鹃花科杜鹃属

来源 杜鹃属的园艺品种。国内较少栽培。

习性 喜光照充足柔和、冷凉的气候，不耐烈日暴晒，宜土层深厚、富含有机质、湿润和排水良好的酸性壤土，耐寒。

形态特征 落叶灌木，高1.5～2米。叶片椭圆形、长圆形至椭圆状披针形。伞形花序顶生，有花7～13，花冠漏斗形，花冠裂片5枚，白色，上方1枚具黄色斑点。花期春季。

（辐射 5）

'午夜' 杜鹃 *Rhododendron* 'Midnight' 杜鹃花科杜鹃属

来源 杜鹃属的园艺品种。国内较少栽培。

形态特征 灌木，高1～1.5米。叶片长圆形至长圆状披针形，全缘。顶生伞形花序具花8～16朵，花密集呈绣球状，花冠阔漏斗形，花冠裂片5枚，深红色，上方1枚具棕黑色斑点。花期春季。

习性 喜光照充足柔和、冷凉的气候，不耐烈日暴晒，宜土层深厚、富含有机质、湿润和排水良好的酸性壤土，耐寒。

（辐射 5）

探春花 *Jasminum floridum* Bunge 木犀科茉莉属

地理分布 分布于河北、陕西（南部）、山东、河南（西部）、湖北（西部）、四川、贵州（北部），各地有栽培。是中国特有种。

形态特征 半常绿灌木，直立或攀援状，高0.4～3米。小枝四棱形，枝条拱形下垂。羽状复叶互生，小叶3枚或5枚，稀7枚，小叶片卵形或卵状椭圆形。花冠黄色，近漏斗形，花冠裂片5枚。花期5～9月份。

习性 喜光照充足、温暖和湿润的环境，稍耐阴，宜肥沃、湿润和排水良好的微酸性砂质壤土，耐寒性较强。

（辐射 5）

蓝花丹

Plumbago auriculata Lam.
白花丹科白花丹属

地理分布 原产南非南部。我国华南、华东、西南和北京常有栽培。

习性 喜光照充足、温暖和湿润的环境，稍耐阴，耐热，宜肥沃、湿润和排水良好的砂质壤土，不耐寒。

形态特征 常绿亚灌木，高约1米。多分枝。叶互生，叶片菱状卵形至狭长卵形，全缘。总状花序顶生或腋生，花冠高脚碟状，裂片5枚，淡蓝色。花期6～9月份和12月份至翌年4月份。

（辐射 5）

软枝黄蝉 *Allamanda cathartica* L. 夹竹桃科黄蝉属

形态特征 蔓性灌木。枝条柔软且蔓生，具乳汁。叶3～4枚轮生，叶片长椭圆形或倒披针形。聚伞花序顶生，花冠漏斗状，花冠裂片5枚，亮黄色。花期春、夏两季。

地理分布 原产南美洲。我国福建、云南、台湾、广东、广西等地常见栽培。

习性 喜光照充足、温暖和湿润的环境，耐半阴，不耐暴晒，宜疏松、富含腐殖质和排水良好的砂质壤土，不耐寒。

（辐射 5）

大紫蝉 紫花黄蝉

Allamanda blanchetii A. DC. 夹竹桃科黄蝉属

地理分布 原产巴西。我国福建、云南、台湾及华南等地园林有栽培。

习性 喜光照充足、温暖和湿润的环境，稍耐阴，宜疏松、富含腐殖质和排水良好的砂质壤土，不耐寒。

（辐射 5）

形态特征 常绿灌木，高1.5～2米。枝条伸展，枝叶具乳汁。叶3～4枚轮生或对生，叶片椭圆形、阔椭圆形或卵形。花大，花冠阔漏斗状，花冠裂片5枚，紫红色。花期5～10月份。

欧洲夹竹桃 夹竹桃

Nerium oleander L. 夹竹桃科夹竹桃属

地理分布 原产地中海等地区。我国各地常见栽培。植株有毒。

形态特征 常绿灌木，高2～6米。枝叶具乳汁。叶3～4枚轮生或对生，叶片披针形。聚伞花序生于枝端，具数朵花，花微香，粉红色或玫红色，花冠漏斗状，花冠裂片5枚，喉部的副花冠深裂成不规则条状。花期5～10月份。

习性 喜光照充足、温暖和湿润的环境，耐干旱，耐水湿，对土壤要求不严，不耐严寒。

（辐射 5）

139

（辐射 5）

'白花' 欧洲夹竹桃

Nerium oleander 'Paihua' 夹竹桃科夹竹桃属

形态特征 常绿直立大灌木，高3～5米。枝叶具乳汁。叶3～4枚轮生或对生，叶片披针形。聚伞花序生于枝端，具数朵花，花冠漏斗状，花冠裂片5枚，白色，喉部的副花冠白色，深裂成细条状。花期5～10月份。

来源 欧洲夹竹桃的栽培品种。我国各地常见栽培。植株有毒。

习性 喜光照充足、温暖和湿润的环境，耐干旱，耐水湿，对土壤要求不严，不耐严寒。

沙漠玫瑰 *Adenium obesum* (Forssk.) Roem. et Schult. 夹竹桃科沙漠玫瑰属

地理分布 原产非洲东部、西南部和阿拉伯半岛。我国南方露地栽培，北方常盆栽。

习性 喜光照充足和温暖的环境，耐干旱，不耐积水，宜疏松、肥沃和排水良好的砂质壤土，不耐寒，越冬温度15℃以上。

形态特征 灌木，高约1.5米，原产地植株为高十几米的乔木。茎干肉质，基部常膨大。叶片长圆形。花冠高脚碟状，花冠裂片5枚，红色或粉红色等。花期夏季。

（辐射 5）

澳洲茄

Solanum laciniatum Aiton 茄科茄属

地理分布 原产大洋洲。我国河北、湖北、江苏、云南等地有栽培，供药用和观赏。

形态特征 灌木，高达3米。叶型变化较大，叶片有羽状分裂和不分裂，羽状分裂的小裂片线状披针形，不分裂的叶片披针形。花蓝紫色，花冠浅5裂，裂片先端微凹。花期秋季。

习性 喜光照充足、温暖的气候，在疏松、肥沃、湿润和排水良好的土壤上生长旺盛，稍耐寒。

附注 异名 *Solanum aviculare* Forst.

（辐射　5）

鸳鸯茉莉　二色茉莉

Brunfelsia latifolia (Pohl) Benth. 茄科鸳鸯茉莉属

地理分布 原产美洲热带地区。我国南方多露地栽培，北方常盆栽观赏。

习性 喜光照充足、温暖和湿润的环境，稍耐阴，不耐旱，宜疏松、富含腐殖质和湿润的土壤，不耐寒。

形态特征 常绿灌木，高约1米。叶互生，叶片长圆形。花单生或数朵簇生，花冠筒细长，花冠裂片5枚，初开时紫蓝色，后渐变成白色，植株上常具两种颜色的花，故称"鸳鸯茉莉"。春季和冬季为盛花期。

（辐射 5）

枸杞 *Lycium chinense* Mill. 茄科枸杞属

形态特征　直立或蔓生灌木，高1.5～2米。枝条伸展或下垂，具棘刺。单叶互生或2～4枚簇生，叶片卵形、椭圆形或卵状披针形，全缘。花单生，花冠裂片5枚，淡紫色或淡紫红色。浆果红色，卵状。花果期6～11月份。

地理分布　分布于我国东北、河北、山西、陕西、甘肃（南部）以及西南、华中、华南和华东各省区，各地多有栽培。朝鲜、日本等也有分布。

习性　喜光照充足、温暖的气候，稍耐阴，不耐黏重土和积水，宜肥沃、湿润和排水良好的砂质壤土，耐寒。

毛茎夜香树

Cestrum elegans (Brongn.) Schltdl.
茄科夜香树属

地理分布　原产墨西哥。我国广东、福建、台湾、云南等地有栽培。

习性　喜光照充足、温暖和湿润的环境，稍耐阴，宜肥沃、湿润和排水良好的土壤，不耐寒。

形态特征　常绿直立或近攀援状灌木，分枝下垂。茎叶被毛。叶互生，叶片卵状披针形或椭圆形，边缘波状。圆锥花序顶生，密集，花冠红色，向上扩展后收缩，花冠裂片5枚。花期7～12月份。

　（辐射 5）

玉叶金花 *Mussaenda pubescens* W.T. Aiton 茜草科玉叶金花属

地理分布 分布于广东、香港、海南、广西、福建、湖南、江西、浙江、台湾。

习性 喜光照充足、温暖和湿润的环境，耐半阴，宜肥沃、湿润的酸性或微酸性土壤，稍耐寒。

形态特征 落叶蔓生灌木，高2～3米。叶对生，有时3叶轮生，叶片长圆形或卵状椭圆形，全缘。聚伞花序顶生，花瓣状萼片大，白色，花小，花冠裂片5枚，亮黄色。花期4～7月份。

（辐射 5）

红玉叶金花 红纸扇

Mussaenda erythrophylla Schumach. et Thonn. 茜草科玉叶金花属

地理分布 原产于热带美洲。我国广东、香港、台湾、云南西双版纳等地有栽培。

习性 喜光照充足、高温和多湿的气候，宜疏松、肥沃、湿润和排水良好的砂质壤土，不耐寒。

形态特征 常绿或半常绿灌木，高1～2.5米。叶对生或3叶轮生，叶片长圆形、卵形或阔卵形，全缘。伞房状聚伞花序顶生，花梗和花冠筒鲜红色，被毛，花瓣状萼片大，鲜红色，花小，花冠裂片5枚，白色，花心红色。花期6～10月份。

（辐射 5）

白纸扇 *Mussaenda philippica* 'Aurorae'
茜草科玉叶金花属

（辐射 5）

来源 菲利普玉叶金花的园艺品种。我国南方园林中有栽培。

形态特征 常绿或半常绿灌木，直立或蔓生状，高2～3米。叶对生，叶片长圆形或卵形，全缘或略波状。顶生圆锥花序密集，花瓣状萼片大，宽椭圆形，白色，花小，花冠裂片5枚，黄色。花期6～10月份。

习性 喜光照充足、温暖和湿润的环境，宜疏松、肥沃、湿润和排水良好的砂质壤土，不耐寒。

粉纸扇 *Mussaenda philippica* 'Queen Sirikit'
茜草科玉叶金花属

形态特征 常绿或半常绿灌木，高2～3米。叶对生，叶片长圆形或卵形，全缘。顶生圆锥花序密集，花瓣状萼片大，宽椭圆形，艳粉红色，花小，花冠裂片5枚，黄色。花期6～10月份。

来源 菲利普玉叶金花的园艺品种。我国深圳、广东、云南等地有栽培。

习性 喜光照充足、温暖和湿润的环境，宜疏松、肥沃、湿润和排水良好的砂质壤土，不耐寒。

六月雪 *Serissa japonica* (Thunb.) Thunb.
茜草科白马骨属

地理分布 分布于江苏、安徽、江西、浙江、福建、广东、香港、广西、四川、云南，各地常见栽培。是中国特有种。

习性 喜光照充足、温暖和湿润的环境，耐阴，耐旱，耐瘠薄，在肥沃、湿润和排水良好的偏酸性土壤上生长旺盛，较耐寒。

（辐射 5）

形态特征 常绿或半常绿小灌木，高60～90厘米。叶对生，叶片卵形至倒披针形，全缘。花小，单生或数朵丛生于小枝顶部或腋生，花冠淡红色或白色，花冠裂片常为5枚，裂片顶端3浅裂。花期5～7月份。

‘金边’六月雪
Serissa japonica ‘Aureo-marginata’
茜草科白马骨属

来源 六月雪的园艺品种。我国各地园林有栽培。

习性 喜光照充足、温暖和湿润的环境，耐阴，耐旱，耐瘠薄，在肥沃、湿润和排水良好的偏酸性土壤上生长旺盛，较耐寒。

形态特征 常绿或半常绿小灌木，高60～90厘米。叶对生，叶片卵形至倒披针形，叶缘金黄色，全缘。花小，单生或数朵丛生于小枝顶部或腋生，花冠淡红色或白色，花冠裂片常为5枚，裂片顶端3浅裂。花期5～7月份。

（辐射 5）

（辐射 5）

五星花 *Pentas lanceolata* (Forssk.) Deflers
茜草科五星花属

形态特征　常绿灌木或亚灌木，高40～100厘米，被毛。叶对生，叶片卵形、椭圆形或披针状长圆形，叶脉凹陷。聚伞花序生顶生，花冠具长管，喉部扩大，花冠裂片5枚，粉红色或红色等。花期7～9月份。

地理分布　原产非洲热带和阿拉伯地区。我国广东、福建、云南西双版纳等地有栽培。

习性　喜光照充足、高温和高湿的环境，稍耐阴，宜疏松、肥沃、富含腐殖质的偏酸性砂质土壤，不耐寒，越冬温度12℃以上。

时钟花 *Turnera ulmifolia* L. 西番莲科时钟花属

形态特征　亚灌木或灌木，高50～100厘米，枝条披散蔓生。叶片椭圆形或卵形，边缘具粗锯齿。花亮黄色，花瓣5枚，花早上开、晚上闭，非常有规律，故称"时钟花"。花果期3～11月份。

地理分布　原产墨西哥和西印度群岛。我国云南西双版纳植物园等有栽培。

习性　喜光照充足、温暖和湿润的环境，耐半阴，宜疏松、含腐殖质、湿润和排水良好的土壤，不耐寒。

糯米条 *Abelia chinensis* R. Br. 北极花科糯米条属

地理分布 我国长江以南地区广泛分布，各地园林常见栽培。日本也有分布。

习性 喜光照充足、温暖和湿润的环境，稍耐阴，不耐黏重土，宜肥沃、湿润的砂质壤土，较耐寒。

（辐射 5）

形态特征 落叶或半常绿灌木，高2～3米，多分枝，枝条弯拱下垂。叶对生或3枚轮生，叶片卵圆形至椭圆状卵形，边缘具疏锯齿。圆锥状聚伞花序顶生或腋生，花冠漏斗状，花冠裂片5枚，白色至粉色。花期7～9月份。

大花糯米条

Abelia × *grandiflora* 北极花科糯米条属

来源 莛梗花（*Abelia uniflora* R. Br.）和糯米条的杂交后代。我国各地园林常见栽培。

习性 喜光照充足、温暖和湿润的环境，稍耐阴，不耐黏重土，宜肥沃、湿润的砂质壤土，较耐寒。

形态特征 半常绿灌木，高1～1.5米。枝条被柔毛。叶对生或有时3～4枚轮生，叶片卵形，边缘具疏浅锯齿。圆锥状聚伞花序顶生或腋生，花冠漏斗状，较大，花冠裂片5枚，白色或染粉红色晕。花期7～9月份。

（辐射 5）

（辐射 5）

'金叶'大花糯米条 金叶大花六道木

Abelia × *grandiflora* 'Aurea' 北极花科糯米条属

形态特征 灌木，高1～1.5米。枝条被柔毛。叶对生或有时3～4枚轮生，叶片卵形，金黄色或淡黄色，边缘具疏浅锯齿。圆锥状聚伞花序顶生或腋生，花冠漏斗状，较大，花冠裂片5枚，白色或染粉红色晕。花期7～9月份。

来源 大花糯米条的园艺品种。我国各地园林常见栽培。

习性 喜光照充足、温暖和湿润的环境，稍耐阴，不耐黏重土，宜肥沃、湿润的砂质壤土，较耐寒。

'金叶' 接骨木 *Sambucus nigra* 'Aurea'
五福花科接骨木属

形态特征 落叶灌木或小乔木，高2～4米。羽状复叶对生，具小叶3～7枚，小叶片长圆状披针形，金黄色，边缘具不整齐锯齿。顶生圆锥形聚伞花序大，小花密集，白色，花冠裂片5枚。花期4～5月份。

来源 西洋接骨木的园艺品种。我国南京、上海、杭州、武汉等地有栽培。

习性 喜光照充足、温暖和湿润的环境，不耐黏重土和积水，宜疏松、肥沃和排水良好的砂质壤土，耐寒。

荚蒾 *Viburnum dilatatum* Thunb. 五福花科荚蒾属

地理分布 分布于我国华东、华中、西南地区及辽宁省，各地园林常见栽培。朝鲜、日本也有分布。

习性 喜光照充足、温暖和湿润的环境，稍耐阴，不耐黏重土，宜肥沃、湿润和排水良好的砂质壤土，耐寒。

（辐射 5）

形态特征 落叶灌木，高1.5～3米。树冠广卵圆形或近球形。叶对生，叶片宽倒卵形或宽卵形，边缘具锯齿。复伞形式聚伞花序稠密，花小，花冠裂片5枚，白色，花丝伸出花冠外。果实椭圆状卵圆形，红色。花期5～6月份。果期9～11月份。

绣球荚蒾 *Viburnum macrocephalum* Fortune
五福花科荚蒾属

地理分布 分布于安徽、江苏、湖北、山东、江苏、浙江、江西、河南等省，各地园林多有栽培。是中国特有种。

习性 喜光照充足、温暖和湿润的环境，稍耐阴，不耐黏重土，宜肥沃、湿润和排水良好的微酸性或中性砂质壤土，较耐寒。

形态特征 落叶或半常绿灌木，高3～5米。叶卵形至椭圆形或卵状矩圆形，边缘具小齿。大型聚伞形花序全部由不孕花组成，似绣球状，不孕花花瓣通常5枚，花初开时淡绿色，后转白色。花期4～5月份。

（辐射 5）   149

（辐射 5）

琼花　八仙花

Viburnum macrocephalum f. keteleeri (Carrière) Rehder 五福花科荚蒾属

形态特征　灌木，高达3～5米。叶片卵形至椭圆形或卵状矩圆形，边缘具小齿。大型聚伞形花序周围由不孕花组成，中央为可孕花，花白色。核果成熟时红色至黑色。花期4月份，果熟期9～10月份。

地理分布　分布于安徽西部、江苏南部、湖北西部、湖南全省、江西西北部、浙江全省，各地园林有栽培。是中国特有种。

习性　喜光照充足、温暖和湿润的环境，稍耐阴，不耐黏重土，宜肥沃、湿润和排水良好的砂质壤土，较耐寒。

欧洲绣球　*Viburnum opulus* 'Roseum'
五福花科荚蒾属

形态特征　落叶灌木，高1.5～3米。叶片轮廓圆阔卵形或倒卵形，通常3裂，裂片顶端渐尖，边缘具不整齐粗牙齿，侧裂片略向外开展，无毛。大型聚伞形花序由多数密集的不孕花组成，白色，形似雪球，不孕花的花瓣通常为5枚。花期4～5月份。

来源　欧洲荚蒾的栽培品种。我国北京、上海、南京等地有栽培。

习性　喜光照充足、冷凉的气候，耐半阴，不耐黏重土，宜土层深厚、疏松、肥沃、湿润和排水良好的土壤，耐寒。

皱叶荚蒾　枇杷叶荚蒾

Viburnum rhytidophyllum Hemsl. 五福花科荚蒾属

地理分布　分布于陕西南部、湖北西部、四川东部和东南部、贵州，南京、上海、杭州、武汉等地有栽培。是中国特有种。

习性　喜光照充足、温暖和湿润的环境，耐半阴，不耐黏重土，宜土层深厚、富含腐殖质、湿润和排水良好的砂质壤土，耐寒。

（辐射　5）

形态特征　常绿灌木或小乔木，高2～4米。幼枝、叶背面、花序梗等均密被绒毛。叶对生，叶片卵状长圆形或卵状披针形，叶脉明显下陷呈皱纹状。复伞房花序顶生，花白色，花冠裂片5枚。花期4～5月份。

茶荚蒾　饭汤子

Viburnum setigerum Hance 五福花科荚蒾属

地理分布　分布于江苏、安徽、浙江、江西、福建、台湾、广东、广西、湖南、湖北、陕西、四川、贵州、云南。是中国特有种。

习性　喜光照充足、温暖和湿润的环境，稍耐阴，不耐黏重土，宜肥沃、疏松、湿润和排水良好的砂质壤土。

形态特征　落叶灌木，高2～6米。叶对生，叶片卵状椭圆形至卵状披针形，边缘中上部分疏生尖锯齿。复伞形聚伞花序顶生，花冠裂片5枚，白色。果实成熟时红色。花期4～5月份。果熟期9～10月份。

（辐射 5）

常绿荚蒾 *Viburnum sempervirens* K. Koch
五福花科荚蒾属

形态特征　常绿灌木，高可达4米。叶对生，叶片椭圆形至椭圆状卵形，边缘具浅疏锯齿。复伞形聚伞花序顶生，花白色，花冠裂片5枚。核果成熟时红色。花期4～5月份。果熟期10～12月份。

地理分布　分布于广东、广西、江西，南京等地有栽培。是中国特有种。

习性　喜光照充足、温暖和湿润的环境，较耐阴，宜肥沃、湿润和排水良好的砂质壤土，稍耐寒。

锦带花 *Weigela florida* (Bunge) A.DC.
锦带花科锦带花属

形态特征　落叶灌木，高2～3米，幼枝略四方形，有2列短柔毛。叶对生，椭圆形或卵状长圆形，边缘具钝齿。聚伞花序顶生或腋生，花冠淡紫红色或玫红色，往往花冠内面颜色比外面颜色稍淡，花冠裂片5枚。花期5～6月份。

地理分布　分布于我国山东、江苏、江西、辽宁、吉林、山西、河南等省，各地常见栽培。朝鲜、日本也有分布。

习性　喜光照充足，稍耐阴，不耐黏重土，宜疏松、肥沃、富含腐殖质和排水良好的土壤，耐寒。

'美丽' 锦带花

Weigela 'Bristol Ruby' 锦带花科锦带花属

来源 锦带花属的园艺品种。我国各地园林有栽培。

习性 喜光照充足，稍耐阴，不耐黏重土，宜疏松、肥沃、富含腐殖质和排水良好的土壤，耐寒。

（辐射 5）

形态特征 落叶灌木，高2～3米，幼枝略四方形。叶对生，叶片椭圆形或卵状长圆形，边缘具钝齿。聚伞花序顶生或腋生，花大且密集，花冠内面和外面均鲜玫红色，花冠裂片5枚。花期5～6月份。

'红王子' 锦带花

Weigela 'Red Prince' 锦带花科锦带花属

来源 锦带花属的园艺品种。我国各地园林有栽培。

习性 喜光照充足，稍耐阴，不耐黏重土，宜疏松、肥沃、富含腐殖质和排水良好的土壤，耐寒。

形态特征 落叶灌木，高2～3米。叶对生，叶片椭圆形或卵状长圆形，边缘具钝齿。聚伞花序顶生或腋生，花密集，花冠裂片5枚，花冠内面和外面均艳红色。花期5～6月份。

（辐射 5）

（辐射 5）

'金叶' 锦带花 *Weigela* 'Olympiade'
锦带花科锦带花属

形态特征 落叶灌木，高1.5～2米，幼枝略四方形。叶对生，叶片金黄色至黄绿色，椭圆形或卵状长圆形，边缘具钝齿。聚伞花序顶生或腋生，花密集，花冠裂片5枚，花冠内面和外面均深红色。花期5～6月份。

来源 锦带花属的园艺品种。我国各地园林有栽培。

习性 喜光照充足，稍耐阴，不耐黏重土，宜疏松、肥沃、富含腐殖质和排水良好的土壤，耐寒。

'花叶' 锦带花 *Weigela florida* 'Variegata'
锦带花科锦带花属

形态特征 落叶灌木，高1.5～2米，常蔓生状。幼枝略四方形，枝条伸展常成拱形。叶对生，叶片椭圆形或卵状长圆形，绿色，叶缘黄白色，边缘具钝齿。花粉红色或粉白色。花期5～6月份。

来源 锦带花的园艺品种。我国各地园林有栽培。

习性 喜光照充足，稍耐阴，不耐黏重土，宜疏松、肥沃、富含腐殖质和排水良好的土壤，耐寒。

半边月 海仙花

Weigela japonica Thunb. 锦带花科锦带花属

地理分布　分布于我国安徽、浙江、江西、福建、湖北、湖南、广东、广西、四川、贵州等，城市园林多有栽培。朝鲜、日本也有分布。

习性　喜光照充足和温暖的气候，稍耐阴，不耐黏重土，宜疏松、肥沃、富含腐殖质和排水良好的土壤，较耐寒。

形态特征　落叶灌木，高2～5米，幼枝略四方形。叶对生，叶长卵形至卵状椭圆形，边缘具锯齿。聚伞花序生于短枝的叶腋或顶端，花冠漏斗状钟形，花冠裂片5枚，白色或淡玫红色，后逐渐变深玫红色。花期4～5月份。

（辐射　5）

迎春花

Jasminum nudiflorum Lindl.
木犀科茉莉属

地理分布　分布于甘肃、陕西、四川、云南西北部，西藏东南部，各地广泛栽培。是中国特有种。

习性　喜光照充足、温暖和湿润的环境，稍耐阴，宜肥沃、湿润和排水良好的微酸性砂质壤土，耐寒性较强。

形态特征　落叶灌木，直立或匍匐，高1～3米。小枝四棱形，枝条拱形下垂。三出复叶对生，小叶片卵形或椭圆形，全缘。花冠黄色，花冠裂片5～6枚，先叶开放。花期2～4月份。

（辐射　5～6）

（辐射 5~6）

茶 *Camellia sinensis* (L.) Kuntze 山茶科山茶属

形态特征　常绿灌木或小乔木，高1～5（9）米。叶片长圆形或椭圆形，边缘具锯齿。花1～3朵腋生，白色，芳香，花瓣5～6枚。花期10月份至翌年2月份。

地理分布　野生种分布于我国长江以南各省的山区，广泛栽培。

习性　喜光照充足、温暖和湿润的环境，稍耐阴，宜土层深厚、肥沃和排水良好的酸性壤土，较耐寒。

短柱茶 *Camellia brevistyla* (Hayata) Cohen-Stuart 山茶科山茶属

形态特征　常绿灌木或小乔木，高3～7米。叶互生，叶片狭椭圆形或长椭圆形，边缘有钝锯齿。花瓣5～7枚，白色、粉红色或深粉红色。花期11～12月份。

地理分布　分布于福建、广东、广西、浙江、安徽、江西、台湾等省区，杭州等城市有栽培。是中国特有种。

习性　喜光照柔和充足、温暖和湿润的环境，耐半阴，忌积水，宜疏松、富含腐殖质和排水良好的酸性壤土，稍耐寒。

　（辐射 5~7）

油茶 *Camellia oleifera* Abel 山茶科山茶属

（辐射 5~7）

地理分布 在我国从长江流域到华南各地广泛栽培，为主要木本油料作物，也供观赏。

习性 喜光照柔和充足、温暖和湿润的环境，幼树较耐阴，宜土层深厚、湿润和排水良好的酸性壤土，较耐寒。

形态特征 常绿灌木，高5～7米。叶片椭圆形、长圆形或倒卵形，边缘具锯齿。花白色，芳香，花瓣5～7枚。蒴果近球形。花期9月份至翌年1月份，果期9～10月份。

石榴 *Punica granatum* L. 石榴科石榴属

地理分布 原产巴尔干半岛至伊朗等地区，全世界的温带和热带都有栽培。

习性 喜光照充足、温暖和湿润的环境，稍耐阴，耐旱，不耐盐碱土和黏重土，宜土层深厚、肥沃和排水良好的土壤，耐寒。

形态特征 落叶灌木或乔木，高3～5米，稀达10米。小枝先端多为刺状。叶对生或簇生，叶片矩圆状披针形。花1～5朵生于枝顶，花的萼筒红色或淡黄色，花瓣5～9枚，有皱褶，鲜红色。浆果近球形。花期5～7月份，果期9～11月份。

（辐射 5~7）

（辐射 5～多数）

狗牙花 *Tabernaemontana divaricata* (L.) R. Br. ex Roem. et Schult. 夹竹桃科狗牙花属

形态特征 灌木或小乔木，高0.5～5米。叶对生，叶片椭圆形或狭椭圆形，全缘。聚伞花序腋生，具1～8朵花，花冠白色，花冠裂片5枚至多数，边缘缺刻状或波状，芳香。花期5～10月份。

地理分布 分布于我国云南南部，福建、台湾、海南、广东、广西等地有栽培，江苏等地为盆栽。

习性 喜光照充足、温暖和湿润的环境，稍耐阴，宜疏松、肥沃、湿润和排水良好的偏酸性土壤，不耐寒。

豪猪刺 *Berberis julianae* C. K. Schneid. 小檗科小檗属

形态特征 常绿灌木，高1～2.5米。枝有3分叉状硬针刺。叶片椭圆形、披针形或倒披针形，边缘具刺状锯齿。花瓣6枚，黄色，花簇生叶腋。花期5～6月份。

地理分布 分布于湖北、四川、贵州、湖南等省，南京、上海、杭州等城市园林多有栽培。是中国特有种。

习性 喜光照充足、温暖和湿润的环境，较耐阴，宜肥沃、湿润和排水良好的砂质壤土，较耐寒。

（辐射 6）

阔叶十大功劳

Mahonia bealei (Fort.) Carr. 小檗科十大功劳属

地理分布 分布于我国浙江、安徽、江西、福建、湖南、湖北等地，各地多有栽培。

形态特征 常绿灌木，高1～3米。奇数羽状复叶互生，小叶3～19枚，对生，广卵形或卵状椭圆形，边缘及先端有锐齿。顶生总状花序多数，花的萼片9枚，3轮，花瓣2轮，6枚，亮黄色或硫黄色。花期12月份至翌年3月份。

习性 喜光照充足柔和、温暖和湿润的环境，耐半阴，耐旱，对土壤要求不严，酸性、中性土壤均能生长，较耐寒。

（辐射 6）

宽苞十大功劳 湖北十大功劳

Mahonia eurybracteata Fedde 小檗科十大功劳属

地理分布 分布于我国贵州、四川、湖北、湖南、广西，南京、杭州等地有栽培。

形态特征 常绿灌木，高1～2米。奇数羽状复叶互生，小叶9～17枚，对生，狭卵状椭圆形或长椭圆形，边缘具疏锐齿。总状花序簇生于枝顶，花的萼片9枚，3轮，花瓣2轮，6枚，黄色。花期8～9月份。

习性 喜光照充足柔和、温暖和湿润的环境，耐半阴，耐旱，对土壤要求不严，酸性、中性土壤均能生长，较耐寒。

南天竹 *Nandina domestica* Thunb. 小檗科南天竹

地理分布 广泛分布于黄河流域以南地区，我国各地常见栽培。

形态特征 常绿小灌木，高1～2米。幼枝和嫩叶紫红色。2～3回羽状复叶，小叶对生，椭圆状披针形。顶生圆锥花序较大，小花白色，芳香，花瓣6枚。浆果近球形，成熟时亮红色。花期5～7月份，果期8月份至翌年2月份。

习性 喜光照充足、温暖和湿润的环境，稍耐阴，对土壤要求不严，喜钙质土壤，中性、微酸性和酸性土壤均能生长，较耐寒。

（辐射 6）

紫花含笑 *Michelia crassipes* Law 木兰科含笑属

地理分布 分布于广东、湖南、广西，南京等地有栽培。是中国特有种。

形态特征 灌木或小乔木，高2～3.5米。芽、幼枝等密被红褐色或黄褐色柔毛。叶片狭长圆形、长倒卵状椭圆形或狭倒卵形，革质。花单生，花被片6枚，紫红色或深紫色，芳香。花期3～4月份。

习性 喜光照充足柔和、温暖和湿润的环境，较耐阴，不耐盐碱土和黏重土，不耐积水，宜疏松、肥沃、湿润和排水良好的微酸性或中性土壤，稍耐寒。

含笑花 *Michelia figo* (Lour.) Spreng. 木兰科含笑属

地理分布　分布于华南、福建等地，长江流域各地均有栽培。是中国特有种。

习性　喜光照柔和、温暖和湿润的环境，较耐阴，不耐盐碱土和黏重土，不耐积水，宜疏松、肥沃、湿润和排水良好的微酸性或中性土壤，稍耐寒。

（辐射　6）

形态特征　常绿灌木，高2～3.5米。叶片倒卵状椭圆形，革质。花单生，花被片6枚，淡黄色或乳白色，基部和边缘常带紫红色，具浓郁的香蕉味。花期4～5月份。

'粉红' 矮紫薇

Lagerstroemia indica 'Petite Pinke' 千屈菜科紫薇属

来源　紫薇的园艺品种。我国各地常见栽培。

习性　喜光照充足，稍耐阴，耐旱，耐水湿，宜土层肥沃、湿润和排水良好的微酸性壤土，耐寒。

形态特征　落叶小灌木，高60～100厘米。枝条铺散，伸展。叶片椭圆形至倒卵形，全缘。圆锥花序顶生，花多，密集，花瓣6枚，粉红色，边缘皱缩。花期6～9月份。

地理分布 分布于广东阳春，广州、厦门、南京等地有栽培。是中国特有种。

习性 喜光照柔和充足、温暖和湿润的环境，宜疏松、肥沃、湿润和排水性均好的砂质壤土，稍耐寒。

杜鹃叶山茶 假大头茶

Camellia azalea C. F. Wei 山茶科山茶属

形态特征 灌木，高1～2.5米。叶片倒卵状长圆形或长圆形，深绿色，亮泽，全缘。花单生，艳红色，花瓣6～9枚，长倒卵形。花期10～12月份。

附注 异名 *Camellia changii* Ye

地理分布 原产哥伦比亚。我国南方地区有露地栽培，北方地区有温室栽培。

习性 喜光照充足、温暖和较为湿润的环境，不耐积水，宜肥沃、疏松和排水良好的砂质壤土，不耐寒，越冬温度不低于10℃。

樱麒麟 *Pereskia nemorosa* Rojas Acosta

仙人掌科木麒麟属

形态特征 灌木或小乔木，高6～7米。嫩枝稍肉质，枝条伸展。叶片长圆形、椭圆形或卵形，叶基腋疣处着生5～6枚深褐色锐刺。花亮玫红色，花瓣6～12枚。花期夏季至初秋。

夜香木兰 夜合花

Lirianthe coco (Lour.) N.H. Xia et C.Y. Wu 木兰科长喙木兰属

地理分布 分布于我国浙江、福建、台湾、广东、广西、云南。越南也有分布。

习性 喜光照充足、温暖和湿润的环境，稍耐阴，宜疏松、富含腐殖质、湿润和排水良好的土壤，不耐寒。

形态特征 常绿灌木或小乔木，高2～3米。叶长椭圆形或倒卵状椭圆形，先端渐尖。花单生，弯垂，花被片9枚，外轮3片淡绿色，内2轮乳白色，入夜芳香浓郁。花期5～6月份。

附注 异名 *Magnolia coco* (Lour.) DC.

（辐射 9）

紫玉兰 辛夷

Magnolia liliflora Desr. 木兰科木莲属

地理分布 分布于重庆、福建、湖北、陕西（南部）、四川、云南，各地常见栽培。是中国特有种。

习性 喜光照充足、温暖和湿润的环境，稍耐阴，不耐盐碱土和黏重土，不耐积水，宜深厚、肥沃和排水良好的微酸性土壤，较耐寒。

形态特征 落叶灌木，高2.5～5米。叶片倒卵形或倒卵状长圆形。花单生，花被片9～12枚，外轮3枚小，萼片状，紫绿色，内两轮花瓣状，外面紫红色，内面粉色，先叶开放或与叶同放。花期3～4月份。

（辐射 9～12） **163**

（辐射　多数）

牡丹 *Paeonia suffruticosa* Andr. 芍药科芍药属

形态特征　落叶灌木，高1～2米。二回三出复叶，小叶片不裂或2～3浅裂。花大，单生枝顶，芳香，单瓣或重瓣，花瓣边缘波状，花色有紫红、红、粉红或白色等，形状也因长期栽培而变化较大。花期4～5月份。园艺品种多达上百种。

地理分布　分布于安徽中部、河南西部，栽培历史悠久。是中国特有种。

习性　喜光照充足，稍耐阴，不耐热，不耐积水，宜疏松、肥沃和排水良好的砂质壤土，耐寒。

'白王狮子'牡丹

Paeonia suffruticosa 'Bai Wang Shizi' 芍药科芍药属

来源　牡丹的园艺品种。我国各地园林及牡丹园有栽培。

习性　喜光照充足，稍耐阴，不耐热，不耐积水，宜疏松、肥沃和排水良好的砂质壤土，耐寒。

形态特征　落叶灌木，高60～100米。二回三出复叶，小叶片不裂或2～3浅裂，近枝顶的叶为3小叶。花大，花瓣多数，白色，花瓣边缘浅缺刻状或略波状，雄蕊多数，花丝和花药金黄色，盛花时纯白的花瓣铺展放开，花姿显得冷傲不羁。花期4月份。

　（辐射　多数）

'岛锦'牡丹 *Paeonia suffruticosa* 'Shimanishiki' 芍药科芍药属

来源 牡丹的园艺品种。我国各地园林及牡丹园有栽培。

习性 喜光照充足，稍耐阴，不耐热，不耐积水，宜疏松、肥沃和排水良好的砂质壤土，耐寒。

形态特征 落叶灌木，高60～100米。二回三出复叶，小叶片不裂或2～3浅裂，近枝顶的叶为3小叶。花大，花瓣多数，复色，同一朵花同时有红色和粉白色花瓣，同一花瓣上有红色和粉白色部分，边缘浅缺刻状或略波状。花期4月份。

（辐射　多数）

'海黄'牡丹 *Paeonia suffruticosa* 'High Noon' 芍药科芍药属

来源 牡丹的园艺品种。我国各地园林及牡丹园有栽培。

习性 喜光照充足，稍耐阴，不耐热，不耐积水，宜疏松、肥沃和排水良好的砂质壤土，耐寒。

形态特征 落叶灌木，高60～100米。二回三出复叶，小叶片不裂或2～3浅裂。花大，嫩黄色，花瓣多数，雄蕊多数，花丝和花药金黄色，边缘浅缺刻状或略波状。花期4月份。

（辐射　多数）　　**165**

'红宝石' 牡丹 *Paeonia suffruticosa* 'Hongbaoshi' 芍药科芍药属

来源 牡丹的园艺品种。我国各地园林及牡丹园有栽培。

（辐射 多数）

形态特征 落叶灌木，高60～100米。二回三出复叶，小叶片不裂或2～3浅裂，近枝顶的叶为3小叶。花大，花瓣多数，艳红色，边缘浅缺刻状或略波状，花型丰满，花色艳丽。花期4月份。

习性 喜光照充足，稍耐阴，不耐热，不耐积水，宜疏松、肥沃和排水良好的砂质壤土，耐寒。

'红霞' 牡丹 *Paeonia suffruticosa* 'Hongxia' 芍药科芍药属

来源 牡丹的园艺品种。我国各地园林及牡丹园有栽培。

形态特征 落叶灌木，高60～100米。二回三出复叶，小叶片不裂或2～3浅裂，近枝顶的叶为3小叶。花大，荷花形，深红紫色，花瓣多数，外瓣大而平展，内瓣稍皱褶，雄蕊多数，花丝和花药金黄色，花姿雍容华贵。花期4月份。

习性 喜光照充足，稍耐阴，不耐热，不耐积水，宜疏松、肥沃和排水良好的砂质壤土，耐寒。

（辐射 多数）

'金图' 牡丹 *Paeonia suffruticosa* 'Jin Tu' 芍药科芍药属

来源 牡丹的园艺品种。我国各地园林及牡丹园有栽培。

形态特征 落叶灌木，高60～100米。二回三出复叶，小叶片不裂或2～3浅裂，近枝顶的叶为3小叶。花大，绣球状，花瓣多数，密集，橙黄色带粉红色晕和玫红色边缘，雄蕊瓣状，边缘浅缺刻状或略波状，花色娇艳，花姿圆润优美。花期4月份。

习性 喜光照充足，稍耐阴，不耐热，不耐积水，宜疏松、肥沃和排水良好的砂质壤土，耐寒。

（辐射 多数）

'花王' 牡丹 *Paeonia suffruticosa* 'Hua Wang' 芍药科芍药属

来源 牡丹的园艺品种。我国各地园林及牡丹园有栽培。

习性 喜光照充足，稍耐阴，不耐热，不耐积水，宜疏松、肥沃和排水良好的砂质壤土，耐寒。

形态特征 落叶灌木，高60～100米。二回三出复叶，小叶片不裂或2～3浅裂，近枝顶的叶为3小叶。花硕大，菊花形，花瓣多数，密集，玫红色，花瓣边缘浅缺刻状或略波状，花色鲜艳，花姿端庄大气如王者。花期4月份。

（辐射 多数）

（辐射　多数）

星花玉兰 *Magnolia stellata* (Sieb. and Zucc.) Maxim. 木兰科木兰属

形态特征　落叶灌木或小乔木，高3～6米。树冠广卵圆形。叶片倒卵状长圆形或倒披针形。花单生，花被片12枚至多数，粉红色或白色，先叶开放。花期3～4月份。

地理分布　原产日本。我国江苏、浙江、山东等地有栽培。

习性　喜光照充足、温暖和湿润的环境，稍耐阴，宜疏松、肥沃、富含腐殖质、湿润和排水良好的砂质壤土，较耐寒。

夏蜡梅 *Calycanthus chinensis* (W.C. Cheng et S.Y. Chang) W.C. Cheng et S.Y. Chang ex P.T. Li 蜡梅科夏蜡梅属

形态特征　落叶灌木，常呈丛生状，高1.5～3.5米。叶对生，叶片宽卵状椭圆形或倒卵形。花被片两型，外轮花被片较大，淡粉色，内轮花被片较小，黄色至淡黄色。花期5～6月份。

地理分布　分布于浙江，南京、上海等地有栽培。是中国特有种。

习性　喜光照柔和、凉爽和湿润的气候，较耐阴，不耐暴晒，宜疏松、肥沃、湿润和排水良好的中性或微酸性砂质壤土，较耐寒。

　（辐射　多数）

美国蜡梅 *Calycanthus floridus* L. 蜡梅科夏蜡梅属

地理分布 原产美国东南部。我国江西庐山、南京、上海等地有栽培。

形态特征 落叶灌木，常呈丛生状，高1.5～3米。叶对生，叶片长卵形或卵圆形。花被片多数，近短条形，紫红色或暗紫色，微香。花期4～5月份。

习性 喜光照充足、温暖的气候，稍耐阴，性强健，耐旱，较耐水湿，对土壤要求不严，酸性、中性和微碱性土壤均能适应，耐寒。

（辐射 多数）

杂交夏蜡梅 *Calycanthus floridus* × *C. chinensis* 蜡梅科夏蜡梅属

来源 美国蜡梅和夏蜡梅的杂交品种。我国南京中山植物园培育并栽培。

形态特征 落叶灌木，高1.5～2米。叶对生，叶片宽卵状椭圆形、卵圆形或倒卵形。花被片多数，长卵圆形或长圆形，艳玫红色。花期5～6月份。

习性 喜光照柔和充足、凉爽和湿润的气候，耐半阴，不耐暴晒，宜肥沃、湿润和排水良好的中性或微酸性砂质壤土，较耐寒。

（辐射 多数）

169

（辐射　多数）

地理分布　分布于安徽、福建、浙江、湖北、湖南、山东、陕西、四川、云南等，黄河流域至长江流域各地多有栽培。是中国特有种。

习性　喜光照充足、温暖的气候，不耐黏土和盐碱土，宜土层深厚、疏松、肥沃和排水良好的微酸性或中性砂质壤土，耐寒。

蜡梅 *Chimonanthus praecox* (L.) Link 蜡梅科蜡梅属

形态特征　落叶灌木，高2～6米。叶对生，叶片椭圆状卵形至卵状披针形。花芳香浓郁，花被片黄色或淡黄色，内轮花被片小，具紫色条纹，先叶开放。花期12月份至翌年2月份。

来源　蜡梅的园艺品种。我国黄河流域至长江流域各地有栽培。

习性　喜光照充足、温暖的气候，宜土层深厚、疏松、肥沃和排水良好的微酸性或中性砂质壤土，耐寒。

'罄口'蜡梅 *Chimonanthus praecox* 'Grandiflorus' 蜡梅科蜡梅属

形态特征　落叶灌木，高2～6米。叶片椭圆状卵形。花较大，开口略收拢，外轮花被片较圆，金黄色，按花心颜色分为素心和荤心（花心紫色），花芳香浓郁，先叶开放，虽盛开，但常半含，故名"罄口"，花期从12月份至翌年2月份。

附注　曾用名 *Chimonanthus praecox* var. *grandiflorus* (Lindl.) Makino

　（辐射　多数）

'素心'蜡梅 *Chimonanthus praecox* 'Luteus'
蜡梅科蜡梅属

来源　蜡梅的园艺品种。我国黄河流域至长江流域各地有栽培。

习性　喜光照充足、温暖的气候，宜土层深厚、疏松、肥沃和排水良好的微酸性或中性砂质壤土，耐寒。

（辐射　多数）

形态特征　落叶灌木，高2～6米。叶对生，叶片椭圆状卵形至卵状披针形。花较大，花被片纯黄色，芳香浓郁，先叶开放。花期从12月份至翌年2月份。

附注　曾用名*Chimonanthus praecox* var. *concolor* Makino

亮叶蜡梅　山蜡梅
Chimonanthus nitens Oliv. 蜡梅科蜡梅属

地理分布　分布于安徽、江苏、浙江、福建、广西、贵州、江西、湖北、湖南、陕西、云南，南京、武汉等地有栽培。是中国特有种。

习性　喜光照充足、温暖和湿润的环境，稍耐阴，对土壤要求不严，但以土层深厚、肥沃和排水良好的微酸性土壤为佳，耐寒。

形态特征　常绿灌木，高1～3.5米。叶对生，叶片椭圆形至卵状披针形，表面深绿色，有光泽。花被片多数，淡黄色至乳白色。花期9～11月份。

（辐射　多数）　　171

（辐射　多数）

‘白花’重瓣溲疏

Deutzia scabra ‘Candidissima’虎耳草科溲疏属

形态特征　落叶灌木，高2.5～3.5米。枝条伸展弯垂。叶对生，叶片卵状披针形或长圆状披针形，具星状毛。顶生花序较密集，花白色，重瓣。花期5～6月份。

来源　溲疏的园艺品种。我国上海、南京等地栽培。

习性　喜光照充足和较为湿润的环境，耐半阴，但光照充足条件下，开花丰盛，宜疏松、富含腐殖质、湿润且排水良好的土壤，耐寒。

重瓣榆叶梅

Amygdalus triloba ‘Multiplex’
蔷薇科桃属

形态特征　落叶灌木或小乔木，高2～3.5米。叶片宽卵形或倒卵形，先端常3裂，边缘有重锯齿。花粉红色，重瓣，花朵密集着生于枝条上，先叶开放。花期4月份。

来源　榆叶梅的园艺品种。我国各地园林有栽培。

习性　喜光照充足，不耐阴，耐旱，不耐水涝，宜疏松、肥沃和排水良好的砂质壤土，耐寒。

　（辐射　多数）

'白花'重瓣麦李

Cerasus glandulosa 'Alboplena' 蔷薇科樱属

来源 麦李的园艺品种。我国城市园林有栽培。

习性 喜光照充足，不耐阴，耐旱，较耐水湿，对土壤要求不严，但以肥沃、湿润的壤土为佳，耐寒。

（辐射 多数）

形态特征 落叶小灌木。叶片长圆状披针形，边缘有细钝重锯齿。花白色，重瓣，花朵密集着生于枝条上，先花后叶。花期3～4月份。

'牡丹海棠'木瓜 牡丹海棠

Chaenomeles 'Mudan Haitang' 蔷薇科木瓜属

来源 木瓜属的园艺品种。我国南京有栽培。

形态特征 落叶小灌木，高1～1.5米。叶片椭圆形或卵形，边缘有锯齿。幼叶和花萼略带紫红色，花梗粗短，花粉色带红色晕，重瓣，花形似牡丹，先叶开放或与叶同放。花期3月份。

习性 喜光照充足、温暖和湿润的环境，较耐干旱，不耐积水，宜土层深厚、肥沃和排水良好的壤土，耐寒。

（辐射 多数）

（辐射　多数）

'茶花海棠'木瓜 茶花海棠

Chaenomeles 'Chahua Haitang' 蔷薇科木瓜属

形态特征 落叶灌木，高1～2米。叶片椭圆形、长椭圆形或倒卵形，边缘有锯齿。花梗粗短，花砖红色，重瓣，花形似茶花，与叶同放。花期3月份。

来源 木瓜属的园艺品种。我国南京等地有栽培。

习性 喜光照充足、温暖和湿润的环境，较耐干旱，不耐积水，宜土层深厚、肥沃和排水良好的壤土，耐寒。

'白雪'木瓜

Chaenomeles 'Snow White' 蔷薇科木瓜属

来源 木瓜属的园艺品种。我国南京等地有栽培。

形态特征 落叶灌木，高1～2米。叶片卵形或倒卵形，边缘有锯齿。花梗粗短，花色雪白或花心微带淡绿色，半重瓣，与叶同放。花期3月份。

习性 喜光照充足、温暖和湿润的环境，较耐干旱，不耐积水，宜土层深厚、肥沃和排水良好的壤土，耐寒。

'金色年华'木瓜

Chaenomeles 'Golden Age' 蔷薇科木瓜属

来源 木瓜属的园艺品种。我国南京等地有栽培。

习性 喜光照充足、温暖和湿润的环境，较耐干旱，不耐积水，宜土层深厚、肥沃和排水良好的壤土，较耐寒。

（辐射 多数）

形态特征 落叶灌木，高1～2米。叶片椭圆形、卵形或倒卵形，边缘有锯齿。花梗粗短，花橙红色，重瓣，花朵密集，常先叶开放。花期3月份。

'银长寿'木瓜

Chaenomeles 'Yin Changshou' 蔷薇科木瓜属

来源 木瓜属的园艺品种。我国南京等地有栽培。

习性 喜光照充足、温暖和湿润的环境，较耐干旱，不耐积水，宜土层深厚、肥沃和排水良好的壤土，较耐寒。

形态特征 落叶灌木或小乔木，盆栽经修剪后高60～80厘米。叶片椭圆形、长椭圆形或卵形，边缘有锯齿。花梗粗短，花淡绿色，重瓣，与叶同放。花期3月份。

（辐射 多数）

（辐射　多数）

'长寿乐' 木瓜 *Chaenomeles* 'Changshou Le' 蔷薇科木瓜属

形态特征　落叶灌木，高1～2.5米。叶片椭圆形、卵圆形或卵形，边缘有锯齿。花梗粗短，花朵密集，绛红色或红色，重瓣，花开似笑靥，先花后叶或与叶同放。花期3月份。

来源　木瓜属的园艺品种。我国南京等地有栽培。

习性　喜光照充足、温暖和湿润的环境，较耐干旱，不耐积水，宜土层深厚、肥沃和排水良好的壤土，较耐寒。

月季花　现代月季 *Rosa hybrida* 蔷薇科蔷薇属

来源　由中国月季（*Rosa chinensis* Jacq.）等多种蔷薇属植物作亲本，经过长期选育出大量可多次开花的园艺品种，如大花月季系、丰花月季系、微型月季系等。

形态特征　灌木，高1～1.5米。小枝通常具皮刺。羽状复叶，有小叶3～5枚，小叶片椭圆形或卵形，边缘具锯齿。花瓣多数，花型多样，如杯型、突心型、平展型等。花色丰富，有红色、黄色、白色和杂色等。花期5～10月份。

习性　喜光照充足，较耐旱，不耐水涝，宜富含有机质和排水良好的土壤，耐寒。

　（辐射　多数）

'金花' 大花月季 *Rosa* 'Golden Girl' 蔷薇科蔷薇属

来源 大花月季系（也称大花杂种香水月季）园艺品种。我国各地有栽培。

形态特征 灌木，高约1米。小枝通常具皮刺。羽状复叶，有小叶3～5枚，近花序的小叶有时3枚，小叶片椭圆形或卵形，边缘具锯齿。花芳香，花瓣多数，金黄色。花期5～10月份。

习性 喜光照充足，较耐旱，不耐水涝，宜富含有机质和排水良好的土壤，耐寒。

（辐射 多数）

'尼克' 丰花月季 *Rosa* 'Nicolr' 蔷薇科蔷薇属

来源 丰花月季系园艺品种。我国北京等地有栽培。

习性 喜光照充足，不耐荫蔽，较耐旱，不耐水涝，宜疏松、肥沃和富含有机质的土壤，耐寒。

形态特征 灌木，高1.5米。小枝具皮刺。羽状复叶，小叶3～5枚，小叶片椭圆形，边缘具锯齿。花繁多而簇生，花瓣多数，白色具艳粉红色边缘，开花时花团锦簇。花期夏秋季。

（辐射 多数）

'迪克柯斯特' 微型月季 *Rosa* 'Dick Koster' 蔷薇科蔷薇属

来源 微型月季系园艺品种。我国南京等地有栽培。

形态特征 小灌木，高约60厘米。羽状复叶，小叶多为5枚，小叶片椭圆形或长椭圆形，亮泽，边缘具锯齿。花近小球形，花瓣多数，粉红色。花期5～9月份。

习性 喜光照充足，不耐荫蔽，较耐旱，不耐水涝，宜疏松、肥沃和富含有机质的土壤，耐寒。

（辐射 多数）

'间色' 月季 *Rosa* 'Candy Stripe' 蔷薇科蔷薇属

来源 月季花园艺品种。我国南京、北京等地有栽培。

形态特征 常绿或半常绿灌木，高1～1.2米。小枝具皮刺。羽状复叶，小叶片3～5枚，椭圆形，边缘具锯齿。花芳香，重瓣，红白间色。花期5～10月份。

习性 喜光照充足，空气流通，不耐阴，宜肥沃、富含腐殖质和排水良好的微酸性土壤为佳，耐寒。

　（辐射 多数）

'蓝色梦想' 月季

Rosa 'Blue For You' 蔷薇科蔷薇属

来源 月季花园艺品种。我国南京、北京等地有栽培。

形态特征 灌木，高1～1.2米。小枝具皮刺。羽状复叶，小叶片3～5枚，椭圆形，边缘具锯齿。花芳香，重瓣，蓝紫色，中央部分白色。花期5～10月份。

习性 喜光照充足，空气流通，不耐阴，宜肥沃、富含腐殖质和排水良好的微酸性土壤为佳，耐寒。

（辐射　多数）

缫丝花　刺梨

Rosa roxburghii Tratt. 蔷薇科蔷薇属

地理分布 分布于我国陕西、甘肃、江西、安徽、浙江、福建、湖北、四川、云南、贵州、西藏等，野生或栽培。日本也有分布。

习性 喜光照充足、温暖的气候，稍耐阴，对土壤要求不严，但以肥沃、湿润的酸性或微酸性土壤为佳，耐寒。

形态特征 落叶灌木，高1～2.5米，小枝、叶柄具小皮刺。羽状复叶，小叶9～15枚，小叶片长圆形或椭圆形，边缘具细锯齿。花重瓣，微香，玫红色或粉红色。花期5～6月份。

（辐射　多数）

179

（辐射 多数）

重瓣棣棠花 *Kerria japonica* 'Pleniflora'
蔷薇科棣棠花属

形态特征 落叶灌木，丛生状，高1.5～2米。枝条绿色，弯垂。叶互生，叶片卵形至卵状椭圆形，边缘具锯齿。花重瓣，金黄色。花期4～5月份。

来源 棣棠花的园艺品种。我国各地常见栽培。

习性 喜光照充足、温暖和湿润的环境，稍耐阴，对土壤要求不严，酸性、中性和微碱性土壤均能生长，耐寒。

重瓣玫瑰 *Rosa rugosa* 'Plena' 蔷薇科蔷薇属

来源 玫瑰的栽培品种。我国各地多有栽培。

习性 喜光照充足、凉爽和通风的环境，较耐旱，不耐水湿，宜富含腐殖质、排水良好的偏酸性砂质壤土，耐寒。

形态特征 直立灌木，高可达2米。枝密生针刺。羽状复叶，有小叶5～9枚，深绿色，表面叶脉明显凹陷多皱，边缘有锯齿。花芳香，玫红色，重瓣或半重瓣。花期5～6月份。

（辐射 多数）

笑靥花 李叶绣线菊 *Spiraea prunifolia* Sieb. et Zucc. 蔷薇科绣线菊属

地理分布 分布于我国陕西、湖北、湖南、山东、江苏、浙江、江西、安徽、贵州、四川，各地园林常见栽培。日本、朝鲜也有分布。

形态特征 灌木，高1.5～2.5米。枝条拱形弯垂。叶片卵形至长圆披针形，边缘具细锐锯齿。伞形花序具3～6朵花，花重瓣，白色。花期3～5月份。

习性 喜光照充足、温暖和湿润的环境，稍耐阴，对土壤要求不严，但以肥沃、湿润和排水良好的砂质壤土为佳，耐寒。

（辐射　多数）

重瓣木芙蓉 *Hibiscus mutabilis* 'Plenus' 锦葵科木槿属

来源 木芙蓉的栽培品种。我国江苏、浙江、福建、广东、湖南、湖北、云南、江西等地多有栽培。

形态特征 灌木或小乔木，高2～5米。叶宽卵形至圆卵形或心形，常3～5裂。花单朵或数朵簇生于枝端叶腋，花较大，重瓣，粉红色。花期8～10月份。

习性 喜光照充足、温暖和湿润的环境，不耐旱，较耐盐碱，较耐水湿，宜肥沃、湿润的土壤。

（辐射　多数）　181

（辐射　多数）

重瓣白花木芙蓉

Hibiscus mutabilis 'Alboplena' 锦葵科木槿属

形态特征 灌木或小乔木，高2～5米。叶片宽卵形至圆卵形或心形，常3～5裂。花单生于枝端叶腋，花较大，重瓣，白色。花期8～10月份。

来源 木芙蓉的栽培品种。我国江苏、浙江、福建、广东、湖南、湖北、云南、江西等地多有栽培。

习性 喜光照充足、温暖和湿润的环境，不耐旱，较耐盐碱，较耐水湿，宜肥沃、湿润的土壤。

醉芙蓉 *Hibiscus mutabilis* 'Versicolor' 锦葵科木槿属

形态特征 灌木或小乔木，高2～5米。叶片宽卵形至圆卵形或心形，常3～5裂。花单朵或数朵簇生于枝端叶腋，花较大，重瓣，一天内初开白色，渐变淡黄色、粉红色，最后为深玫红色。花期8～10月份。

来源 木芙蓉的园艺品种。我国上海、杭州等地有栽培。

习性 喜光照充足、温暖和湿润的环境，不耐旱，较耐盐碱，较耐水湿，宜肥沃、湿润的土壤。

　（辐射　多数）

重瓣朱槿

朱槿牡丹 *Hibiscus rosa-sinensis* 'Rubro-plenus' 锦葵科木槿属

来源　朱槿的园艺品种。我国广东、广西、福建、云南等常见栽培。

形态特征　常绿灌木，高1～3米。小枝疏被星状柔毛。叶片阔卵形至狭卵形，边缘具粗齿。花单生，花大，重瓣，红色、淡红色、橙黄色、黄色等。花期全年。

习性　喜光照充足、温暖的环境，不耐阴，对土壤适应性较强，但在富含有机质的微酸性土壤中生长佳，不耐寒。

（辐射　多数）　183

重瓣吊灯扶桑 灯笼花

Hibiscus schizopetalus 'Plena' 锦葵科木槿属

来源 吊钟扶桑的园艺品种。我国广东等地有栽培。

形态特征 常绿直立灌木，高1.5～3米。叶片椭圆形或卵形，边缘具锯齿。花单生于枝端叶腋间，花梗细长下垂，花瓣多数，淡橙红色，基部具红色斑，向上反曲，边缘浅裂，雄蕊伸长、下垂，花姿似吊灯状。花期全年。

习性 喜光照充足、温暖的环境，不耐阴，对土壤适应性较强，但在富含有机质的微酸性土壤中生长佳，不耐寒。

（辐射　多数）

雅致木槿

Hibiscus syriacus var. *elegantissimus* L. F. Gagnep. 锦葵科木槿属

地理分布 分布于我国河北、湖南、江西、江苏等，均系栽培。

形态特征 落叶灌木，高2～4米。叶片菱状卵形，常3浅裂，边缘具钝齿。花生于枝端叶腋，花大，花瓣多数，粉红色。花期7～9月份。

习性 喜光照充足、温暖和湿润的环境，稍耐阴，耐旱，不择土壤，酸性、中性和石灰质土壤均能生长。

（辐射　多数）

重瓣木槿 *Hibiscus syriacus* 'Plena' 锦葵科木槿属

来源 木槿的栽培品种。我国各地常见栽培。

习性 喜光照充足、温暖和湿润的环境，稍耐阴，耐旱，不择土壤，酸性、中性和石灰质土壤均能生长，较耐寒。

（辐射　多数）

形态特征 落叶灌木，高2～4米。叶片菱状卵形，常3浅裂，边缘具钝齿。花大，生于枝端叶腋，花瓣多数，粉紫红色，开花繁盛。花期7～10月份。

山茶　茶花 *Camellia japonica* L. 山茶科山茶属

地理分布 分布于我国浙江、台湾、山东，栽培历史悠久，长江流域各地常见栽培。

习性 喜光照柔和、温暖和湿润的环境，较耐阴，不耐积水和重肥，宜疏松、富含腐殖质、湿润、透气性和排水性均好的酸性砂质壤土，较耐寒。

形态特征 常绿灌木或小乔木，高1.5～6（11）米。叶互生，叶片椭圆形或卵形，深绿色，光泽，边缘具细锯齿。花单生，花瓣多数，红色。花期2～4月份。园艺品种繁多，花色及花型丰富。

（辐射　多数）　185

'白洋'山茶花 *Camellia japonica* 'Anemoniflora Alba' 山茶科山茶属

（辐射 多数）

来源 山茶的园艺品种。我国长江流域各地有栽培。

形态特征 常绿灌木，有时丛生状，高1.5～3米。叶互生，叶片椭圆形或卵形，深绿色，光泽，边缘具细锯齿。花单生于叶腋或枝端，花大，开花繁盛，花瓣多数，覆瓦状排列，白色。花期2～4月份。

习性 喜光照柔和、温暖和湿润的环境，较耐阴，不耐积水和重肥，宜疏松、富含腐殖质、湿润、透气性和排水性均好的酸性砂质壤土，较耐寒。

'大玛瑙'山茶花 *Camellia japonica* 'Da Manao' 山茶科山茶属

（辐射 多数）

来源 山茶的园艺品种。我国长江流域各地有栽培。

形态特征 常绿灌木，高1.5～3米。叶互生，叶片椭圆形或卵形，深绿色，光泽，边缘具细锯齿。花单生于叶腋或枝端，花大，牡丹型，花瓣多数，层叠排列耸起呈半球状，花色红白相间。花期2～4月份。

习性 喜光照柔和、温暖和湿润的环境，较耐阴，不耐积水和重肥，宜疏松、富含腐殖质、湿润、透气性和排水性均好的酸性砂质壤土，较耐寒。

茶梅 *Camellia sasanqua* Thunb. 山茶科山茶属

（辐射　多数）

地理分布　原产日本。我国长江以南地区广泛栽培。

习性　喜光照充足、温暖和湿润的环境，较耐阴，不耐水湿，宜疏松、肥沃和排水良好的酸性砂质壤土，较耐寒。

形态特征　常绿灌木或小乔木，高1～6米。叶互生，叶片卵状椭圆形，深绿色，光泽，边缘具钝锯齿。花单生，花瓣多数，红色。花期12月份至翌年3月份。园艺品种多。

昙花 *Epiphyllum oxypetalum* (DC.) Haw. 仙人掌科昙花属

地理分布　原产墨西哥南部和南美洲。我国南方地区露地栽培并有逸生，北方地区常盆栽观赏。

形态特征　附生肉质灌木，高2～6米。木质化老茎圆柱形，分枝的茎呈叶状扁平，绿色，长圆状披针形，边缘波状或具深圆齿，刺座生于齿间凹陷处。叶退化。花大，白色，花被片多数，外轮萼片状，内轮花瓣状，晚间开放。花期春末至秋初。

习性　喜光照柔和充足、温暖和湿润的环境，不耐积水，宜疏松、肥沃、富含腐殖质和排水良好的砂质壤土，不耐霜冻，越冬温度不低于5℃。

（辐射　多数）　**187**

（辐射 多数）

重瓣红石榴 *Punica granatum* 'Pleniflora'
石榴科石榴属

形态特征　落叶灌木或乔木，高3～5米，稀达8米。小枝先端多为刺状。叶对生或簇生，叶片矩圆状披针形。花1～3（5）朵生于枝顶，花的萼筒红色或淡黄色，花瓣多数，皱褶，鲜红色。花期5～8月份。

来源　石榴的园艺品种。我国各地常见栽培。

习性　喜光照充足、温暖和湿润的环境，稍耐阴，耐旱，不耐盐碱土和黏重土，宜土层深厚、肥沃和排水良好的土壤，耐寒。

重瓣白花石榴 *Punica granatum* 'Multiplex' 石榴科石榴属

来源　石榴的园艺品种。我国各地有栽培。

形态特征　落叶灌木或乔木，高3～5米，稀达8米。小枝先端多为刺状。叶对生或簇生，矩圆状披针形。花1～3（5）朵生于枝顶，花的萼筒淡黄绿色，花瓣多数，有皱褶，白色或乳白色。花期5～7月份。

习性　喜光照充足、温暖和湿润的环境，稍耐阴，耐旱，不耐盐碱土和黏重土，宜土层深厚、肥沃和排水良好的土壤，耐寒。

　（辐射 多数）

'玛瑙'石榴 *Punica granatum* 'Legrellei'
石榴科石榴属

来源 石榴的园艺品种。我国各地有栽培。

习性 喜光照充足、温暖和湿润的环境，稍耐阴，耐旱，不耐盐碱土和黏重土，宜土层深厚、肥沃和排水良好的土壤，耐寒。

（辐射 多数）

形态特征 落叶灌木或乔木，高3～5米，稀达8米。小枝先端多为刺状。叶对生或簇生，叶片矩圆状披针形。花1～3（5）朵生于枝顶，花的萼筒橙红色，花瓣多数，有皱褶，橙红色具不规则的黄白色条纹，形似玛瑙。花期5～7月份。

澳洲茶

Leptospermum scoparium J.R. Forst. et G. Forst. 桃金娘科薄子木属

地理分布 原产澳大利亚和新西兰。我国南方地区有露地栽培，北方地区多盆栽。

形态特征 常绿灌木，高1～3（5）米。枝条红褐色。叶近交互对生，叶片钻形或披针形，全缘。花较小，开花密集，重瓣或半重瓣，玫红色、粉红色或白色等。花期晚秋至春末。

习性 喜光照充足、温暖和夏季凉爽的环境，常生长于湿润的贫瘠土壤，耐寒性不强。

（辐射 多数）

重瓣倒挂金钟

Fuchsia 'Pacquese'
柳叶菜科倒挂金钟属

来源 倒挂金钟属的园艺品种，常作盆栽花卉。

习性 喜冬季光照充足和温暖、夏季凉爽通风和半阴的环境，并保持空气湿润，宜疏松、肥沃、富含腐殖质、湿润和排水良好的微酸性土壤，不耐寒。

形态特征 灌木，盆栽时似多年生草本状。茎多分枝。叶对生，卵形或长卵形，边缘具疏浅齿。花钟状，下垂，花萼片4枚，开张至反折，红色，花瓣多数，白色，中部具浅红色脉纹。花期4～12月份。

（辐射　多数）

'葛瑞特' 比利时杜鹃 *Rhododendron* 'Gretel' 杜鹃花科杜鹃属

来源 杜鹃属的园艺品种。我国各地常盆栽观赏。

形态特征 常绿小灌木，高0.5～0.8米，株形紧凑。叶片长圆形或长卵形，被柔毛。花较大而密集，花冠阔漏斗形，花冠裂片多数，排列成2轮或3轮，白色具深樱桃红色边缘，花冠裂片边缘波状。花期冬末初春。

习性 喜光照充足柔和、温暖和湿润的环境，需夏季凉爽和通风，宜疏松、肥沃、富含有机质和排水良好的偏酸性砂质壤土。

　（辐射　多数）

'双美' 杜鹃

Rhododendron 'Double Beauty' 杜鹃花科杜鹃属

来源 杜鹃属的园艺品种。欧洲地区有栽培。国内稀见栽培。

习性 喜光照充足柔和、冷凉的气候，不耐烈日暴晒，宜土层深厚、富含有机质、湿润和排水良好的酸性壤土，耐寒。

（辐射　多数）

形态特征 灌木，高1.2～1.5米。叶片长圆形、倒卵形或椭圆形。花大而密集，花冠阔漏斗形，花冠裂片多数，排列成2轮或3轮，红色或深粉红色。花期春季。

'珍妮' 杜鹃 *Rhododendron* 'Jeanne Weeks' 杜鹃花科杜鹃属

来源 杜鹃属的园艺品种。我国各地常盆栽观赏。

形态特征 常绿小灌木，高约0.5米，株形紧凑。叶片卵形或卵状长圆形，被柔毛。花较大而密集，花冠阔漏斗形，花冠裂片多数，排列成2轮或3轮，外轮裂片较内轮大，粉红色。花期冬末初春。

习性 喜光照充足柔和、温暖和湿润的环境，需夏季凉爽和通风，宜疏松、肥沃、富含有机质和排水良好的偏酸性砂质壤土。

（辐射　多数）　　191

（辐射　多数）

地理分布　原产印度。我国南方地区广泛栽培，北方地区常盆栽。

习性　喜温暖湿润，在通风良好、半阴的环境中生长最好，较喜肥，宜含有大量腐殖质的微酸性砂质土壤为佳，冬季需放置在阳光充足的室内，室温应在5℃以上。

茉莉花 *Jasminum sambac* (L.) Aiton 木犀科茉莉属

形态特征　直立或攀援灌木，高可达3米。单叶对生，叶片椭圆形、倒卵形或近圆形。聚伞花序顶生，通常具3朵花，有时1朵或多达5朵，花极芳香，花冠白色，栽培状况下花冠裂片常为多数。果球形，紫黑色。花期5～8月份，果期7～9月份。

云南黄素馨　野迎春
Jasminum mesnyi Hance 木犀科茉莉属

形态特征　常绿亚灌木，高0.5～3米。小枝四棱形，枝条下垂、披散。叶对生，三出复叶或小枝基部具单叶，小叶片长卵形，单叶为宽卵形或椭圆形。花冠黄色，漏斗状，花冠裂片多数。花期4～8月份。

地理分布　产于我国四川西南部、贵州、云南，各地多有栽培。是中国特有种。

习性　喜光照充足、温暖和湿润的环境，稍耐阴，较耐水湿，宜肥沃、湿润和排水良好的土壤，较耐寒。

　　（辐射　多数）

重瓣欧洲夹竹桃 *Nerium oleander* 'Plena' 夹竹桃科夹竹桃属

来源 欧洲夹竹桃的栽培品种。我国各地常见栽培。植株有毒。

形态特征 常绿直立大灌木，高3～5米。枝叶具乳汁。叶3～4枚轮生或对生，叶片披针形。聚伞花序生于枝端，具数朵花，花粉玫红色，微香，重瓣。花期5～9月份。

习性 喜光照充足、温暖和湿润的环境，耐干旱，耐水湿，对土壤要求不严，不耐严寒。

（辐射 多数）

重瓣狗牙花

Tabernaemontana divaricata 'Flore Pleno' 夹竹桃科狗牙花属

来源 狗牙花的园艺品种。我国福建、台湾、海南、广东、云南等地有栽培。

形态特征 灌木或小乔木，高1.5～3米。叶对生，叶片椭圆形或狭椭圆形，全缘。聚伞花序腋生，具数朵花，花重瓣，花被片白色，边缘略波状褶皱或浅缺刻状，芳香。花期5～10月份。

习性 喜光照充足、温暖和湿润的环境，稍耐阴，宜疏松、肥沃、湿润和排水良好的偏酸性土壤，不耐寒。

（辐射 多数）

（辐射　多数）

栀子花　重瓣栀子；白蟾

Gardenia jasminoides var. *fortuniana* (Lindl.) H. Hara 茜草科栀子属

形态特征　常绿灌木，高1～2米。叶对生，有时3叶轮生，叶片长椭圆形或倒卵状披针形。花常单生，花瓣多数，白色，芳香。花期5～7月份。

地理分布　分布于我国华东、华中、华南、西南等地区，各地广泛栽培。

习性　喜光照充足、温暖和湿润的环境，稍耐阴，宜疏松、湿润和排水良好的偏酸性土壤，较耐寒。

狭叶栀子 *Gardenia stenophylla* Merr. 茜草科栀子属

地理分布　分布于我国安徽、浙江、广东、广西、海南，江苏等地有栽培。越南也有分布。

形态特征　常绿灌木，高50～100厘米。小枝纤弱。叶对生，叶片狭披针形或线状披针形，表面有光泽。花较小，单生于叶腋或小枝顶部，花瓣多数，白色，芳香。果长圆形，有纵棱或有时棱不明显，成熟时黄色或橙红色。花期5～8月份，果期6月份至翌年1月份。

习性　喜光照充足、温暖和湿润的环境，稍耐阴，宜疏松、湿润和排水良好的偏酸性土壤，较耐寒。

　（辐射　多数）

黄金菊 *Euryops chrysanthemoides* × *speciosissimus* 菊科常绿千里光属

地理分布 原产南非等。我国上海、香港、福建、浙江、江苏等地有栽培。

形态特征 常绿灌木，高65～100厘米。叶片深裂似篦齿状，小裂片条形。头状花序单生，舌状花10～15枚，狭长圆形或狭卵状长圆形，亮黄色，管状花多数，金黄色。花期8～10月份。

习性 喜光照充足、温暖的环境，宜疏松和排水良好的砂质壤土，稍耐寒，在长江流域以南地区能露地越冬。

（辐射 菊花形）

木茼蒿 *Argyranthemum frutescens* (L.) Sch. Bip. 菊科木茼蒿属

地理分布 原产北非加那利群岛。我国各地园林常见栽培。

形态特征 小灌木，高60～100厘米。叶片二回羽状分裂，一回为深裂，二回为浅裂，小裂片线形。头状花序在枝端组成不规则的伞房花序，周边的舌状花1轮，粉红色、深粉红色或粉白色等，中部的管状花多数，黄色。花果期3～10月份。

习性 喜光照充足、凉爽而温暖的气候，稍耐阴，较耐旱，宜排水良好但肥力不可过强的土壤，稍耐霜冻。

（辐射 菊花形）

'重瓣粉花' 木茼蒿

Argyranthemum 'Bonmadcink' 菊科木茼蒿属

来源 马德拉系列（Made-ira Series）园艺品种。我国各地园林常见栽培。

习性 喜光照充足、凉爽而温暖的气候，稍耐阴，较耐旱，宜排水良好但肥力不可过强的土壤，稍耐霜冻。

形态特征 小灌木，高60～100厘米。叶片二回羽状分裂，一回为深裂，二回为浅裂，小裂片线形。头状花序在枝端组成不规则的伞房花序，周边的舌状花数轮，粉红色，中部的管状花黄色。花果期3～10月份。

（辐射 菊花形）

老鸦柿 *Diospyros rhombifolia* Hemsl. 柿科柿属

形态特征 落叶灌木或小乔木，高2～7米。枝干有硬刺。单叶互生，叶片卵状菱形至倒卵状菱形，聚伞花序腋生，花的萼片较大，绿色，花较小，坛状，花冠淡黄色，常具褐色细密斑点，顶端4裂，小裂片淡绿白色。浆果成熟时橙红色。花期4～5月份，果期9～12月份。

地理分布 分布于我国江苏、安徽、浙江、江西、福建，华东地区常有栽培。是中国特有种。

习性 喜光照充足，较耐阴，耐旱，耐瘠薄，不择土壤，但以肥沃、湿润和排水良好的微酸性土壤为佳，较耐寒。

（辐射 坛形）

长隔木 希茉莉 *Hamelia patens* Jacq.
茜草科长隔木属

（辐射　管形）

地理分布　原产于热带美洲。我国福建、广东、广西、台湾、云南等地有栽培。

习性　喜光照充足、温暖和湿润的环境，较耐阴，耐高温和高湿，宜疏松、肥沃、富含腐殖质的土壤，不耐寒。

形态特征　常绿灌木，高2～4米。分枝多，幼枝淡紫红色。叶3～4枚轮生，叶片卵状椭圆形或长圆形。聚伞花序顶生，花冠管状，橙红色，顶端浅5裂。几乎全年开花。

朱缨花 美洲合欢；红绒球
Calliandra haematocephala Hassk. 豆科含羞草亚科朱缨花属

地理分布　原产南美洲。我国福建、广东、台湾、云南西双版纳等地有栽培。

习性　喜光照充足、温暖和湿润的环境，宜肥沃、湿润和排水良好的土壤，不耐寒。

形态特征　常绿灌木或小乔木，高1.5～3.5米。二回羽状复叶，有羽片1对，每羽片具小叶5～9对，小叶斜披针形或长圆形。头状花序有花25～40朵，花小，花丝细长，红色，密集簇生呈绒缨状，似红绒球。花期8～9月份。

（辐射　头形）　197

（辐射　头形）

银叶铁心木 *Metrosideros collina* (J.R. Forst. et G. Forst.) A. Gray 桃金娘科铁心木属

形态特征　常绿灌木，高2～3米。叶对生或近轮生，叶片椭圆形或近卵形。花小，花丝细长，密集簇生呈绒缨状，红色。花期夏季。

地理分布　原产南太平洋法属波利尼西亚、库克群岛。我国广东等地有栽培。

习性　喜光照充足、温暖的气候，需通风和凉爽的环境，宜含腐殖质和排水良好的砂质壤土，不耐寒。

细叶水团花　水杨梅 *Adina rubella* Hance 茜草科水团花属

地理分布　分布于福建、广东、广西、江苏、浙江、江西、湖南等，南京、杭州等地有栽培。

习性　喜光照充足、温暖的气候，稍耐阴，耐水湿，宜肥沃、湿润的砂质壤土。

形态特征　落叶灌木，高2～3米。叶对生，叶片卵状椭圆形或宽卵状披针形，全缘。头状花序多为顶生，花小，花冠裂片5枚，三角形，淡紫红色，花柱细长，白色，半透明状，伸出小花外。花果期5～11月份。

　（辐射　头形）

（二）花两侧对称

'华丽' 银桦 *Grevillea* 'Superb'
山龙眼科银桦属

来源 银桦属的园艺品种。我国华南地区有栽培。

习性 喜光照充足、温暖的环境，耐干旱，较耐贫瘠，宜疏松、含腐殖质和排水良好的微酸性土壤，不耐寒。

形态特征 灌木，高约2米。叶互生，二回羽状深裂，小裂片披针形。总状花序排成圆锥状，长约15厘米，花橙红色，花被管顶部下弯，花被片小，4枚，外卷，花柱红色，细长，常弯曲，伸出小花外。华南地区可全年开花，盛花期11月至翌年5月份。

（两侧 4）

马缨丹 五色梅
Lantana camara L. 马鞭草科马缨丹属

地理分布 原产美洲热带地区。我国各地有栽培，福建、广东、台湾等地区有逸为野生。

习性 喜光照充足、温暖和湿润的环境，耐热，宜疏松、富含腐殖质、湿润和排水良好的土壤，耐寒性不强。

形态特征 直立或蔓性的小灌木，高50～100厘米或更高。茎四棱形。单叶对生，叶片卵形至卵状长圆形，边缘具钝齿，叶片揉烂后有强烈的气味。花密集成头状，花冠4～5浅裂，裂片稍不等大，两侧对称，橙黄色或橙红色，后常转为深红色。花期春、秋季。

（两侧 4～5）

199

'黄花'马缨丹 *Lantana camara* 'Flava Mold' 马鞭草科马缨丹属

来源 马缨丹的园艺品种。我国各地有栽培。

形态特征 直立或蔓性的小灌木,高50～100厘米或更高。茎四棱形,有短柔毛。单叶对生,叶片卵形至卵状长圆形,边缘具钝齿,叶片揉烂后有气味。花密集成头状,花冠4～5浅裂,裂片不等大,两侧对称,纯黄色。一年多次开花。

习性 喜光照充足、温暖和湿润的环境,耐热,宜疏松、富含腐殖质、湿润和排水良好的土壤,耐寒性不强。

（两侧 4~5）

蔓马缨丹 蔓五色梅

Lantana montevidensis (Spreng.) Briq. 马鞭草科马缨丹属

形态特征 常绿小灌木,蔓生状。茎四棱形,有短柔毛。单叶对生,叶片卵形至卵状长圆形,边缘具锯齿,叶片揉烂后有气味。花密集成头状,花冠4～5浅裂,裂片不等大,两侧对称,粉紫色。全年陆续开花,夏季开花最多。

地理分布 原产热带美洲。我国各地有栽培。

习性 喜光照充足、温暖和湿润的环境,耐热,宜疏松、富含腐殖质、湿润和排水良好的土壤,耐寒性不强。

（两侧 4~5）

黄花羊蹄甲 *Bauhinia tomentosa* L. 豆科云实亚科羊蹄甲属

地理分布 原产印度。我国福建、广东、云南西双版纳等地有栽培。

形态特征 直立灌木，高1～4米，幼嫩部分被锈色柔毛。叶互生，叶片近圆形，基部浅心形，先端2裂，似羊蹄状。花两侧对称，花瓣5枚，近相等或2枚稍小，淡黄色，上部1枚具暗紫色斑块。在原产地全年开花。

习性 喜光照充足、温暖和湿润的环境，对土壤要求不严，以富含腐殖质和排水良好的砂质壤土为佳，不耐寒。

（两侧 5）

金凤花 *Caesalpinia pulcherrima* (L.) Sw. 豆科云实亚科云实属

地理分布 原产南美洲。我国福建、广东、广西、海南、台湾、云南西双版纳常见栽培。

形态特征 灌木或小乔木，高2～3米。枝条疏生皮刺。二回羽状复叶，有羽片8～20枚，每羽片有小叶5～12对，小叶片矩圆形。伞房状总状花序顶生或腋生，花梗细长，花两侧对称，花瓣5枚，橙红色，常具黄色边缘，花丝红色，细长。在南方地区几乎全年开花。

习性 喜光照充足、温暖湿润的环境，不耐荫蔽，较耐旱，亦较耐水湿，对土壤要求不严，不耐寒。

（两侧 5）

翅荚决明

Senna alata (L.) Roxb.
豆科云实亚科番泻决明属

地理分布 原产美洲热带。我国南方地区有栽培。

形态特征 常绿灌木，高1.5～3米。羽状复叶互生，小叶6～12（20）对，小叶片倒卵状长圆形或长圆形。总状花序顶生或腋生，花两侧对称，花瓣5枚，亮黄色。荚果长条形，具翅。花期7月份至翌年1月份，果期10月份至翌年3月份。

习性 喜光照充足、温暖和湿润的环境，稍耐阴，宜疏松、肥沃和排水良好的土壤，不耐寒。

附注 异名 *Cassia alata* L.

（两侧 5）

双荚决明

Senna bicapsularis (L.) Roxb.
豆科云实亚科番泻决明属

形态特征 常绿灌木，高2～4米。羽状复叶互生，小叶3～4对，小叶片倒卵形或倒卵状长圆形。伞房状总状花序着生于枝条顶端或叶腋，花两侧对称，花瓣5枚，2枚稍大，3枚稍小，金黄色。荚果圆柱状，长13～17厘米。秋季为盛花期。

附注 异名 *Cassia bicapsularis* L.

地理分布 原产热带美洲。我国福建、广东、广西、海南、云南西双版纳等地有栽培。

习性 喜光照充足、高温和湿润的环境，宜疏松、肥沃和排水良好的土壤，不耐寒。

槐叶决明 *Senna sophera* (L.) Roxb.
豆科云实亚科番泻决明属

地理分布 原产亚洲热带地区。我国长江以南地区有栽培。

形态特征 落叶灌木，高1～2米。偶数羽状复叶互生，小叶5～10对，小叶片长椭圆形或椭圆状披针形。伞房状总状花序着顶生或腋生，花两侧对称，花瓣5枚，近相等或下面2枚稍大，金黄色。荚果圆筒形，长5～10厘米。花期8～9月份，果期9～11月份。

习性 喜光照充足、温暖和湿润的环境，宜疏松、肥沃和排水良好的土壤，稍耐寒。

附注 异名*Cassia sophera* L.

（两侧 5）

黄槐决明 *Senna surattensis* (Burm. f.) H.S. Irwin et Barneby 豆科云实亚科番泻决明属

地理分布 原产印度。我国福建、浙江、广东、海南、云南西双版纳等地有栽培。

形态特征 灌木或小乔木，高5～7米。羽状复叶互生，小叶7～9对，小叶片长椭圆形或卵形。总状花序着生于枝条上部的叶腋内，花两侧对称，花瓣5枚，近相等或下面2枚稍大，鲜黄色。荚果扁平，近宽带状。盛花期秋季。

习性 喜光照充足、温暖和湿润的环境，宜疏松、肥沃和排水良好的土壤，耐寒性不强。

附注 异名*Cassia surattensis* Burm.

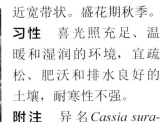

（两侧 5） 203

（两侧 5）

臭牡丹 *Clerodendrum bungei* Steud. 马鞭草科大青属

形态特征 落叶灌木，高1～2米，植株有气味。叶对生，叶片宽卵形或卵形，边缘具锯齿。伞房状圆锥花序密集成头状，花粉紫红色，近两侧对称，花冠裂片5枚，上方3枚稍大，下方2枚稍窄小。花果期5～11月份。

地理分布 分布于我国华北、华东、华中、西北和西南等地区。印度、马来西亚、越南也有分布。

习性 喜光照充足，较耐阴，耐旱，耐水湿，不择土壤，但以疏松、富含腐殖质、湿润的土壤为佳，耐寒。

赪桐 *Clerodendrum japonicum* (Thunb.) Sweet 马鞭草科大青属

形态特征 落叶灌木，高1.5～4米。小枝四棱形。叶对生，叶片大，宽卵形或心形，边缘具锯齿。大型聚伞圆锥花序顶生，花冠鲜红色，花冠顶端5裂，花丝细长。花果期5～11月份。

地理分布 分布于我国长江以南各地区。印度、孟加拉、不丹、马来西亚、日本等也有分布。

习性 喜光照充足、温暖和湿润的环境，稍耐阴，宜疏松、富含腐殖质、湿润和排水良好的砂质壤土，耐寒性不强。

海州常山 *Clerodendrum trichotomum* Thunb.
马鞭草科大青属

地理分布　分布于我国华东、华中、西南及西北等地区，野生或栽培。朝鲜、马来西亚、菲律宾也有分布。

习性　喜光照充足，稍耐阴，不择土壤，但以疏松、湿润和排水良好的微酸性或中性土壤为佳，较耐寒。

（两侧　5）

形态特征　灌木或小乔木，高3～8米。树冠广卵圆形。叶对生，叶片卵形或卵状椭圆形，全缘或具波状齿。伞房状聚伞花序顶生或腋生，花近两侧对称，花的萼片淡紫红色，花冠裂片5枚，稍不等大，白色或粉色，花丝和花柱细长，伸出花冠外。核果近球形，蓝紫色。花果期6～11月份。

假连翘 *Duranta erecta* L. 马鞭草科假连翘属

地理分布　原产热带美洲。我国福建、台湾、广东、云南等地有栽培。

习性　喜光照充足、温暖和湿润的环境，稍耐阴，宜疏松、肥沃和排水良好的砂质壤土，不耐寒。

形态特征　常绿灌木，高2～3米。枝条细长下垂。叶对生，叶片卵状椭圆形或倒卵形，中上部有锯齿。总状花序顶生或腋生，花近两侧对称，花冠裂片5枚，稍不等大，深蓝紫色，边缘淡紫色。花果期5～12月份。

附注　异名 *Duranta repens* L.

（两侧　5）

假茉莉　苦郎树

Clerodendrum inerme (L.) Gaertn. 马鞭草科大青属

形态特征　灌木，高1.5～2米。幼枝四棱形。叶对生，叶片卵形、椭圆形或卵状披针形，全缘。聚伞圆锥花序顶生，花芳香，两侧对称，白色，花冠裂片5枚，上面3枚与下面2枚略不等大，花丝细长，紫红色。花果期2～12月份。

地理分布　分布于我国福建、台湾、广东、广西，栽培供观赏或作药用。印度、东南亚至大洋洲北部也有分布。

习性　喜光照充足、温暖和湿润的环境，性强健，常生于海岸潮汐能至处，不择土壤，但以疏松和排水良好的土壤为佳，不耐寒。

蓝蝴蝶　乌干达桢桐

Clerodendrum ugandense Prain 马鞭草科大青属

形态特征　常绿小灌木，高50～120厘米。幼枝四棱形。叶对生，叶片长卵形或倒卵状披针形，叶上半部边缘具疏锯齿。圆锥花序顶生，花两侧对称，花被片5枚，4枚淡紫色，下方1枚稍长，蓝紫色，花丝细长，花似落在枝上的蓝蝴蝶，故此得名。花期春至秋季。

地理分布　原产非洲热带地区。我国南方园林有栽培。

习性　喜光照充足柔和、高温的环境，宜疏松和排水良好的砂质壤土，不耐寒。

垂茉莉

Clerodendrum wallichii Merr. 马鞭草科大青属

地理分布 分布于我国广西西南部、西藏、云南东南部，福建、广东等地有栽培。印度、孟加拉、缅甸、越南也有分布。

形态特征 灌木或小乔木，高2～4米。小枝四棱形或呈翅状。单叶对生，叶片长圆形至长圆状披针形，全缘。圆锥状聚伞圆锥花序下垂，长20～30厘米，花两侧对称，花冠白色，花冠裂片5枚，花丝细长，花姿似蝴蝶状。花期10～11月份。

习性 喜光照柔和充足、温暖的环境，宜疏松、富含腐殖质、湿润和排水良好的土壤，耐寒性不强。

附注 异名 *Clerodendrum nutans* Wall. ex D. Don

（两侧 5）

黄钟花

Tecoma stans (L.) Juss. ex Kunth 紫葳科黄钟花属

地理分布 原产热带美洲南部，热带和亚热带地区广泛栽培。我国南方园林有栽培。

习性 喜光照充足、温暖和湿润的环境，不耐水涝，宜肥沃、富含有机质和排水良好的砂质壤土，不耐寒。

形态特征 常绿灌木，高2～3米。叶对生，奇数羽状复叶，小叶3～7枚，椭圆形、长椭圆形或卵状椭圆形，边缘疏生粗锯齿。圆锥花序顶生，花两侧对称，鲜黄色，芳香，花冠裂片5枚，喉部具暗红色细条纹。花期几乎全年。

（两侧 5）

黄花胡麻 *Uncarina grandidieri* (Baill.) Stapf 胡麻科钩刺麻属

（两侧 5）

地理分布 原产马达加斯加。我国厦门、广州、北京、南京等地植物园有栽培。

形态特征 灌木或小乔木，高3～5米。茎基干肉质，多分枝。叶片宽卵圆形具3～5浅裂，基部近心形，全缘。花数朵簇生于枝端，花两侧对称，亮黄色，花冠裂片5枚，喉部具深红色斑。花期夏、秋季。

习性 喜光照充足、温暖的环境，耐干旱，不耐积水，宜疏松和排水良好的砂质壤土，不耐寒，越冬温度10℃以上。

大花芦莉 红花芦莉

Ruellia elegans Poir. 爵床科芦莉草属

形态特征 常绿小灌木，高65～120厘米。茎略呈方形。单叶对生，叶片长圆形或椭圆状披针形，边缘具疏浅齿或略波状。总状花序顶生或腋生，花两侧对称，红色，花冠筒较细长，花冠漏斗形，花冠裂片5枚。花期春季至秋季。

地理分布 原产巴西。我国南方园林有栽培。

习性 喜光照充足、温暖的气候，宜富含有机质、湿润和排水良好的砂质壤土，不耐寒。

蝟实 *Kolkwitzia amabilis* Graebn. 北极花科蝟实属

（两侧 5）

地理分布　分布于山西、陕西、甘肃、河南、湖北、安徽等省，南京、上海、武汉等城市有栽培。是中国特有种。

习性　喜光照充足、温暖和湿润的环境，稍耐阴，宜疏松、肥沃和排水良好的砂质壤土，耐寒。

形态特征　落叶灌木，高2～3米。叶对生，叶片卵状椭圆形，全缘。伞房状聚伞花序顶生或腋生，花两侧对称，淡红色，花冠裂片5枚，裂片稍不等，其中2枚较宽短，内面具黄色斑纹。瘦果密被刺状刚毛。花期5～6月份。果熟期8～9月份。

'粉红云'蝟实

Kolkwitzia amabilis 'Pink Cloud' 北极花科蝟实属

来源　蝟实的园艺品种。国内较少栽培。

习性　喜光照充足、温暖和夏季较凉爽的环境，稍耐阴，宜疏松、肥沃和排水良好的土壤，耐寒。

形态特征　落叶灌木，高2～3米，多分枝，枝条拱形。叶对生，叶片卵形，全缘。伞房状聚伞花序的花密集，花两侧对称，花蕾深粉红色，花冠裂片5枚，裂片稍不等，其中2枚较宽短，粉红色，内面具黄色斑纹。花期春末至初夏。

（两侧 6）

细叶萼距花 *Cuphea hyssopifolia* Kunth
千屈菜科萼距花属

形态特征 小灌木，高30～70厘米。枝条伸展，分枝细。叶对生，叶片披针形或卵状披针形。花两侧对称，花萼基部上方具短距，花瓣6枚，上方2枚略大，紫色或紫红色。花期春季。

地理分布 原产墨西哥。我国福建、广东、云南、湖南、江苏、浙江等多地有栽培。

习性 喜光照充足、温暖和湿润的环境，稍耐阴，耐热，耐瘠薄，一般土壤均能生长，稍耐寒。

杭子梢 *Campylotropis macrocarpa* (Bge.) Rehd.
豆科蝶形花亚科杭子梢属

形态特征 落叶小灌木，高1～2.5米。幼枝密被短柔毛。三出复叶，小叶片椭圆形，先端有时微凹。总状花序腋生和顶生，花梗细长，花两侧对称，蝶形，淡紫红色。荚果斜椭圆形，先端具短喙。花期8～9月份，果熟期10～11月份。

地理分布 分布于我国华东、华中、华南、华北、西南及辽宁等地。朝鲜也有分布。

习性 喜光照充足，稍耐阴，耐旱，对土壤要求不严，酸性、中性和微碱性土壤均能生长，耐寒。

（两侧 蝶形）

锦鸡儿 *Caragana sinica* (Buc'hoz) Rehder
豆科蝶形花亚科锦鸡儿属

地理分布 分布于我国陕西、江苏、江西、浙江、福建、河南、湖北、湖南、广西北部、四川、贵州、云南。朝鲜也有分布，日本有栽培。

习性 喜光照充足、温暖和湿润的环境，稍耐阴，耐旱，耐瘠薄，不耐水湿，对土壤要求不严，酸性、中性和石灰质土壤均能生长，较耐寒。

（两侧 蝶形）

形态特征 落叶灌木，高1～2.5米。小枝有棘刺。偶数羽状复叶，小叶4枚，长倒卵形，全缘。花单生，下垂，两侧对称，蝶形，橙黄色，常带红色晕。花期4～5月份。

欧洲金雀儿 变黑金雀儿 *Cytisus nigricans* L. 豆科蝶形花亚科金雀儿属

地理分布 原产欧洲中部和东南部至俄罗斯中部。我国城市园林有栽培，也可盆栽。

形态特征 落叶小灌木，高30～100厘米。茎直立。三出复叶，小叶片椭圆形或倒卵状椭圆形。花梗被银白色短柔毛，花两侧对称，蝶形，金黄色。荚果线状披针形。花期6～8月份。

习性 喜光照充足，耐干旱，耐瘠薄，在肥沃和排水良好的微酸性土壤中生长旺盛，耐寒性较强。

（两侧 蝶形）

鸡冠刺桐

Erythrina crista-galli L.
豆科蝶形花亚科刺桐属

地理分布 原产巴西、阿根廷、玻利维亚等。我国云南西双版纳、台湾等地有栽培。

形态特征 落叶灌木或小乔木，高2～4米。茎和叶柄稍具皮刺。三出复叶，小叶片卵形、长卵形或长椭圆状披针形。总状花序腋生，花两侧对称，蝶形，深橙红色或深红色。花期4～7月份。

习性 喜光照充足、高温和湿润的环境，稍耐阴，对土壤要求不严，但以肥沃、湿润和排水良好的砂质壤土为佳，不耐寒。

（两侧 蝶形）

龙牙花 象牙红 *Erythrina corallodendron* L. 豆科蝶形花亚科刺桐属

地理分布 原产南美洲。我国福建、广东、云南、台湾及上海、杭州等地有栽培。

形态特征 灌木或小乔木，高3～5米。树干和分枝散生皮刺。三出复叶，小叶片菱状卵形，全缘。总状花序腋生，长可达30厘米，花两侧对称，蝶形，深红色。荚果的种子深红色并具一黑斑。花期6～11月份。

习性 喜光照充足、高温和湿润的环境，稍耐阴，对土壤要求不严，但以肥沃、湿润和排水良好的砂质壤土为佳，稍耐寒。

（两侧 蝶形）

胡枝子 *Lespedeza bicolor* Turcz.
豆科蝶形花亚科胡枝子属

地理分布 分布于我国黑龙江、吉林、辽宁、河北、内蒙古、陕西、甘肃、河南、山东、江苏、安徽、浙江、福建、台湾、湖南、广东等。朝鲜、日本等也有分布。

习性 喜光照充足，稍耐阴，耐旱，耐水湿，对土壤要求不严，酸性、中性和石灰质土壤均能生长，耐寒。

（两侧 蝶形）

形态特征 落叶灌木，高1～3米。三出复叶，小叶片卵形、倒卵形或卵状长圆形，全缘。总状花序腋生，花两侧对称，蝶形，紫红色。荚果斜倒卵形，稍扁。花期7～9月份，果熟期9～10月份。

尖叶铁扫帚 *Lespedeza juncea* (L. f.) Pers. 豆科蝶形花亚科胡枝子属

地理分布 分布于我国甘肃、河北、黑龙江、吉林、辽宁、内蒙古、山东、山西。朝鲜、日本、蒙古等也有分布。

形态特征 小灌木，高达1米，全株被伏毛。羽状复叶具3小叶，小叶狭长圆形，先端稍尖，叶背面密被伏毛。总状花序腋生，花两侧对称，蝶形，白色并具紫色斑。荚果宽卵形。花期7～9月份，果期9～10月份。

习性 喜光照充足，稍耐阴，对土壤要求不严，酸性、中性和石灰质土壤均能生长，耐寒。

（两侧 蝶形）

（两侧　蝶形）

苏木蓝 *Indigofera carlesii* Craib
豆科蝶形花亚科木蓝属

地理分布　分布于江苏、安徽、浙江、江西、湖北、河南、陕西、山西、福建、广东、广西、云南有栽培。是中国特有种。

形态特征　小灌木，高1～1.5米。奇数羽状复叶，小叶2～4（6）对，对生，椭圆形或卵状椭圆形，两面被毛，全缘。总状花序长10～20厘米，小花两侧对称，蝶形，粉红色或玫红色。荚果线状圆柱形。花期5～7月份，果期8～10月份。

习性　喜光照充足、温暖和湿润的环境，较耐旱，对土壤要求不严，一般土壤均能生长，较耐寒。

紫荆 *Cercis chinensis* Bunge 豆科云实亚科紫荆属

形态特征　落叶灌木，高2～6米。叶互生，叶片心形，全缘。花紫红色或粉紫色，2～10余朵成束簇生于老枝和主干上，花两侧对称，近蝶形，先叶开放。荚果扁平，沿腹缝线有狭翅。花期4～5月份，果期10～11月份。

地理分布　分布于华东、华北、华南和西南等地区，各地广泛栽培。是中国特有种。

习性　喜光照充足，稍耐阴，耐旱，耐水湿，对土壤要求不严，但以疏松、湿润和排水良好的微酸性或中性土壤为佳，耐寒。

214　　（两侧　蝶形）

黄山紫荆 *Cercis chingii* Chun 豆科云实亚科紫荆属

地理分布 分布于安徽、浙江、广东北部，南京、上海、杭州等地有栽培。是中国特有种。

习性 喜光照充足，稍耐阴，耐旱，耐水湿，对土壤要求不严，但以疏松、湿润和排水良好的微酸性或中性土壤为佳，较耐寒。

（两侧 蝶形）

形态特征 落叶灌木，高2～4米。枝干常披散状。叶互生，叶片近圆形，全缘。花淡紫红色，数朵簇生于老枝干上，花两侧对称，近蝶形，先叶开放。荚果扁平，沿腹缝线无翅。花期4～5月份，果期8～9月份。

冬红 *Holmskioldia sanguinea* Retz. 马鞭草科冬红属

地理分布 原产喜马拉雅。我国广东、广西、台湾等地有栽培。

形态特征 常绿灌木，高3～7米。小枝四棱形。叶对生，叶片卵形。聚伞花序常2～6个组成圆锥状，花萼朱红色或橙红色，阔圆锥状盘形，花两侧对称，朱红色，花冠管弯曲，花冠顶端浅5裂，近二唇形。花期冬末春初。

习性 喜光照充足、温暖和湿润的环境，冬季忌潮湿，干旱有利开花，宜疏松、肥沃、湿润和排水良好的土壤，不耐寒。

（两侧 唇形） 215

黄荆 *Vitex negundo* L. 马鞭草科牡荆属

地理分布 主要分布于我国长江以南各地区，北达秦岭、淮河，野生或栽培。

形态特征 落叶灌木或小乔木，高 2～5 米。小枝四棱形。叶对生，掌状复叶，小叶 3～5 枚，长圆状披针形至披针形，叶背面密被灰白色绒毛，全缘或具少数锯齿。圆锥状聚伞花序顶生，花两侧对称，淡紫色，花冠顶端 5 裂，二唇形。花期 6～7 月份。

习性 喜光照充足，稍耐阴，耐旱，耐水湿，耐瘠薄，不择土壤，但以疏松、湿润的砂质壤土为佳，耐寒。

（两侧　唇形）

牡荆 *Vitex negundo* var. *cannabifolia* (Sieb. et Zucc.) Hand.-Mazz. 马鞭草科牡荆属

形态特征 落叶灌木或小乔木，高 2～5 米。小枝四棱形。叶对生，掌状复叶，小叶 5 枚，披针形或椭圆状披针形，叶背面疏被短柔毛，边缘具粗锯齿。圆锥花序顶生，花两侧对称，淡紫色，花冠顶端 5 裂，二唇形。花期 6～7 月份。

地理分布 分布于我国华东地区及河北、湖南、湖北、广东、广西、四川、贵州、云南。日本也有分布。

习性 喜光照充足，稍耐阴，耐旱，耐水湿，耐瘠薄，不择土壤，但以疏松、湿润的砂质壤土为佳，耐寒。

（两侧　唇形）

单叶蔓荆 *Vitex rotundifolia* L. f. 马鞭草科牡荆属

地理分布　分布于我国安徽、福建、广东、台湾、江西、浙江、江苏、山东、河北、辽宁，野生或栽培。日本、亚洲东南部和太平洋岛屿也有分布。

形态特征　落叶小灌木，具地面匍匐茎。单叶对生，叶片倒卵形，叶上表面浅绿色，下表面密被灰白色绒毛，全缘。花两侧对称，淡紫色或蓝紫色，花冠顶端5裂，近二唇形，下唇中间裂片较大。花期7～9月份。

习性　喜充足光照，性强健，根系发达，耐寒、耐寒、耐瘠薄、耐盐碱，气候条件适宜下能很快生长覆盖砂质裸地。

附注　异名 *Vitex trifolia* var. *simplicifolia* Cham.

（两侧　唇形）

薰衣草 *Lavandula angustifolia* Mill. 唇形科薰衣草属

地理分布　原产地中海地区，为提取芳香油的原料植物，常成片栽培。

习性　喜光照充足、温暖、通风和干燥的环境，耐干旱，不耐积水，宜疏松和排水良好的土壤，耐寒。

形态特征　亚灌木或矮小灌木，茎四棱形。叶片线形至披针形，或羽状分裂。轮伞花序具6～10朵花，常在枝顶聚集成穗状花序，花两侧对称，花冠淡蓝紫色，冠檐二唇形，上唇2裂，较大，直伸，下唇3裂，较小，开展。花期6月份。

（两侧　唇形）　　217

（两侧　唇形）

西班牙薰衣草　法国薰衣草

Lavandula stoechas L. 唇形科薰衣草属

形态特征　常绿小灌木，高30～100厘米。叶片披针形，淡灰绿色，被毛。轮伞花序扁压，在枝顶聚成短穗状花序，花序顶端数枚大苞片，花瓣状，淡玫红色，下面每枚绿褐色小苞片中有1朵小花，小花两侧对称，花冠暗紫色，冠檐二唇形。花期6月份。

地理分布　原产地中海地区。我国广东等地有栽培。

习性　喜光照充足、温暖和干燥的环境，耐干旱，不耐积水，宜疏松和排水良好的土壤。

蓝金花　巴西金鱼草　*Achetaria azurea* (Linden) V.C. Souza 车前科蓝金花属

地理分布　原产巴西。我国华南地区有栽培。

形态特征　常绿矮小灌木，高50～100厘米。叶对生。叶片长椭圆形，边缘具细齿。花两侧对称，蓝紫色，花冠筒管状，檐部二唇形，唇瓣近阔卵圆形，下唇基部具白色斑块。花期长，春季至秋季。

习性　喜光照充足和气候温暖，耐半阴，耐热，在肥沃和排水良好的砂质土壤中生长旺盛。

附注　异名 *Otacanthus caeruleus* Lindl.

　（两侧　唇形）

美丽赫柏木 *Hebe speciosa* (R. Cunn. ex A. Cunn.) Andersen 车前科赫柏木属

地理分布 原产新西兰南岛。国内少见栽培。

形态特征 常绿灌木，高约1米，树冠圆球形。叶长椭圆形或卵状椭圆形，光泽，中脉和边缘淡红色。总状花序密集成穗状，小花两侧对称，二唇形，艳紫红色，开花繁盛。花期夏秋季。

习性 喜光照充足、温暖的气候，宜疏松、肥沃、湿润和排水良好的土壤，耐寒性不强。

（两侧　唇形）

枪木 *Duvernoia adhatodoides* E. Mey. ex Nees 爵床科枪木属

地理分布 原产南非，澳大利亚等有栽培。国内稀见栽培。

习性 喜光照柔和充足、温暖和湿润的环境，耐半阴，生长季节需充足水分，宜肥沃、湿润和排水良好的土壤，不耐寒。

形态特征 常绿灌木或小乔木，高3～9米。叶对生，叶片大，长椭圆形或卵状披针形，叶脉明显，边缘波状。穗状花序大而花密集，花两侧对称，芳香，白色，二唇形，下唇伸展并具紫色条纹和斑点。花期夏末至秋季。

（两侧　唇形）

219

珊瑚花 *Cyrtanthera carnea* (Lindl.) Bremek. 爵床科珊瑚花属

地理分布 原产美洲热带地区。我国南方园林有栽培，北方有室内栽培。

形态特征 常绿亚灌木，高约1米。茎四棱形。叶片卵形或卵状披针形，全缘或边缘微波状。穗状花序组成的圆锥花序顶生，花密集，粉紫红色，花两侧对称，二唇形，上唇顶端微凹，下唇反转。花期6～8月份。

习性 喜光照充足、温暖和湿润的气候，耐半阴，宜富含腐殖质、湿润和排水良好的砂质壤土，不耐寒。

（两侧　唇形）

红苞花 *Odontonema strictum* (Nees) Kuntze 爵床科鸡冠爵床属

地理分布 原产中美洲。我国华南地区及福建、台湾等地有栽培。

形态特征 常绿灌木，高1～2米。叶对生，叶片卵状披针形或椭圆状卵形。穗状花序长15～30厘米，有时花序轴顶端呈扁平鸡冠状，小花两侧对称，鲜红色，花冠细长管状，顶端5裂，二唇形，上唇2裂，下唇3裂。花期9～12月份。

习性 喜光照充足、温暖的气候，宜富含有机质、湿润和排水良好的土壤，不耐寒。

（两侧　唇形）

火焰花

Phlogacanthus curviflorus (Wall.) Nees
爵床科火焰花属

地理分布 分布于我国云南南部，南方园林有栽培。

形态特征 灌木，高达3米。叶对生，叶片椭圆形至长圆形。聚伞圆锥花序穗状，顶生，花两侧对称，花冠紫红色，花冠管略向下弯，冠檐二唇形，上唇2裂，下唇3深裂。花期10月份至翌年2月份。

习性 喜光照充足、温暖和湿润的气候，宜富含腐殖质、湿润和排水良好的土壤，不耐寒。

（两侧　唇形）

郁香忍冬

Lonicera fragrantissima Lindl. et Paxton
忍冬科忍冬属

地理分布 分布于安徽、浙江、湖北、河南西南部、河北南部等，上海、南京、杭州、武汉等地有栽培。是中国特有种。

习性 喜光照充足、温暖和湿润的环境，稍耐阴，耐旱，宜疏松、肥沃和排水良好的微酸性或中性土壤，较耐寒。

形态特征 半常绿或落叶灌木，高1.5～3米。叶对生，叶片卵状椭圆形或卵圆形。花通常成对着生于腋生的总花梗顶端，花冠唇形，白色至粉红色，花先于叶或与叶同时开放，芳香。浆果近球形，红色。花期2月份中旬至4月份。果期4～5月份。

（两侧　唇形）　　221

'玫瑰' 新疆忍冬

红花鞑靼忍冬

Lonicera tatarica 'Rosea' 忍冬科忍冬属

来源 鞑靼忍冬的园艺品种。我国北京、南京、西安、沈阳等地有栽培。

习性 喜光照充足、凉爽和湿润的环境，较耐干旱，宜肥沃、湿润和排水良好的土壤，耐寒。

形态特征 落叶灌木，高1.5～3米。叶对生，叶片卵形至卵状椭圆形，全缘。花通常成对腋生，两侧对称，唇形，花冠玫红色或艳紫红色。花期4～5月份。

（两侧　唇形）

金银忍冬　金银木

Lonicera maackii (Rupr.) Maxim. 忍冬科忍冬属

形态特征 落叶灌木，高可达6米。叶对生，叶片卵状椭圆形至卵状披针形。花成对腋生，芳香，花冠唇形，花色先白后转黄色，在同一枝条上具黄色和白色两种花，故称"金银木"。花期5～6月份。

地理分布 分布于我国辽宁、黑龙江、河北、河南、山西南部、陕西、甘肃东南部、山东、湖北、江苏、安徽、浙江北部等。朝鲜、日本和俄罗斯远东地区也有分布。

习性 喜光照充足，稍耐阴，耐旱，耐水湿，耐瘠薄，对土壤要求不严，但以肥沃、湿润的砂质壤土为佳，耐寒。

　（两侧　唇形）

二、花不对称型

'艳粉'虎刺梅 *Euphorbia milii* 'New Year' 大戟科大戟属

来源 虎刺梅的园艺品种。我国南方露地栽培，北方温室栽培。

习性 喜光照充足、温暖的环境，宜疏松、肥沃和排水良好的砂质壤土，不耐寒。

（不对称 2）

形态特征 灌木，高0.6～1.3米，密生硬而尖的锥状刺。叶互生，叶片倒卵形或长圆状匙形，全缘。花序由2～4（8）个小花序组成，花的苞叶2枚，肾圆形，似小花瓣状，鲜红色、粉红色或肉红色等，不对称，无花被。花果期全年。

一品红 圣诞花 *Euphorbia pulcherrima* Willd. et Klotzsch 大戟科大戟属

地理分布 原产中美洲。我国各地广泛栽培，南方常露地栽培，北方多盆栽。

形态特征 灌木，高1～3米，矮化栽培后约50厘米。叶互生，卵状椭圆形或长椭圆形，全缘或波状浅裂。花的苞叶5～7枚，狭椭圆形，似花瓣状，不对称，朱红色，花序小，数个排列于枝顶，总苞黄色，无花瓣。花果期10月份至翌年4月份。

习性 喜光照充足柔和、温暖的环境，宜疏松、肥沃、湿润和排水良好的砂质壤土。

（不对称 5～7） 223

藤本花卉

叶子花 三角梅 *Bougainvillea spectabilis* Willd. 紫茉莉科叶子花属

地理分布 原产热带美洲。我国南方常露地栽培，北方盆栽观赏。

形态特征 藤状灌木或灌木，高2～3米。叶腋有刺。叶互生，叶片椭圆形或卵形，被毛，全缘。花序顶生或腋生，小花3朵着生，基部具有3枚鲜红或紫红色叶状苞片。花期3～10月份。园艺品种多。

习性 喜光照充足、温暖和湿润的环境，不耐阴，较耐水湿，宜土层深厚、肥沃和湿润的偏酸性土壤，不耐寒。

（辐射 3）

光叶子花

Bougainvillea glabra Choisy
紫茉莉科叶子花属

地理分布 原产巴西。我国福建、台湾、广东、云南等地多有栽培。

形态特征 藤状灌木或灌木，高2～3米。叶互生，叶片卵形或卵圆形，无毛或疏生柔毛，全缘。花序顶生或腋生，小花3朵着生，基部具有3枚紫色或洋红色叶状苞片。花期3～10月份。园艺品种多。

习性 喜光照充足、温暖和湿润的环境，不耐阴，较耐水湿，宜土层深厚、肥沃和湿润的偏酸性土壤，不耐寒。

（辐射 3）

225

'粉红' 光叶子花

'伊娃夫人' 光叶子花

Bougainvillea glabra 'Mrs Eva' 紫茉莉科叶子花属

来源 光叶子花的园艺品种。我国南方露地栽培，北方盆栽观赏。

形态特征 藤状灌木或灌木，高2～3米。叶互生，叶片卵形，无毛，全缘。花序密集，顶生或腋生，小花3朵着生，基部具有3枚粉红色叶状苞片。花期3～10月份。

习性 喜光照充足、温暖和湿润的环境，不耐阴，较耐水湿，宜土层深厚、肥沃、湿润的偏酸性土壤，不耐寒。

（辐射 3）

'白苞' 光叶子花 *Bougainvillea glabra* 'Snow White' 紫茉莉科叶子花属

来源 光叶子花的园艺品种。我国福建、台湾、广东、云南等地有栽培。

形态特征 藤状灌木，高2～3米。叶互生，叶片卵形，无毛，全缘。花序密集，顶生或腋生，小花3朵着生，基部具有3枚白色叶状苞片。花期3～10月份。

习性 喜光照充足、温暖和湿润的环境，不耐阴，较耐水湿，宜土层深厚、肥沃和湿润的偏酸性土壤，不耐寒。

（辐射 3）

'斑叶' 光叶子花

Bougainvillea glabra 'Variegata' 紫茉莉科叶子花属

来源　光叶子花的园艺品种。我国南方多露地栽培，北方常盆栽观赏。

习性　喜光照充足、温暖和湿润的环境，不耐阴，较耐水湿，宜土层深厚、肥沃和湿润的偏酸性土壤，不耐寒。

（辐射　3）

形态特征　藤状灌木，高2～3米。叶互生，叶片卵形，无毛或近无毛，绿色具淡黄色的斑块，全缘。花序顶生或腋生，小花3朵着生，基部具有3枚红色或紫红色叶状苞片。花期3～10月份。

'深红斑叶' 叶子花

Bougainvillea × buttiana 'Scarlet Queen Variegated' 紫茉莉科叶子花属

来源　叶子花属的园艺品种。我国福建、台湾、广东、云南等地有栽培。

形态特征　藤状灌木，高2～3米。叶互生，叶片卵形，灰绿色，叶缘不规则淡黄色，边缘常皱卷或波状。花序顶生或腋生，小花3朵着生，基部具有3枚深红色叶状苞片。花期3～10月份。

习性　喜光照充足、温暖和湿润的环境，不耐阴，较耐水湿，宜土层深厚、肥沃和湿润的偏酸性土壤，不耐寒。

（辐射　3）

'柠檬黄苞' 叶子花 *Bougainvillea × buttiana* 'Mrs Mc Lean'
紫茉莉科叶子花属

（辐射 3）

来源 叶子花属的园艺品种。我国福建、台湾、广东、云南等地有栽培。

形态特征 藤状灌木，高2～3米。叶互生，叶片椭圆形或卵圆形，全缘。花序顶生或腋生，小花3朵着生，基部具有3枚黄色叶状苞片。花期9月份至翌年5月份，秋季为盛花期。

习性 喜光照充足、温暖和湿润的环境，不耐阴，较耐水湿，宜土层深厚、肥沃和湿润的偏酸性土壤，不耐寒。

'深玫红' 叶子花 *Bougainvillea × buttiana* 'San Diego Red'
紫茉莉科叶子花属

来源 叶子花属的园艺品种。我国南方多露地栽培，北方常盆栽观赏。

形态特征 藤状灌木，高2～3米。叶互生，叶片卵形，无毛或近无毛，全缘。花序顶生或腋生，小花3朵着生，白色，基部具有3枚艳玫红色叶状苞片。花期3～10月份。

习性 喜光照充足、温暖和湿润的环境，不耐阴，较耐水湿，宜土层深厚、肥沃和湿润的偏酸性土壤，不耐寒。

（辐射 3）

'间色'叶子花 *Bougainvillea × spectoglabra* 'Mary Palmer'
紫茉莉科叶子花属

来源　叶子花属的园艺品种。我国福建、广东、云南有栽培。

形态特征　藤状灌木或灌木，高2～3米。叶互生，叶片卵形或卵圆形，无毛或近无毛，绿色，中部有金黄色斑块。花序顶生或腋生，小花3朵着生，基部叶状苞片为红白间色。花期3～10月份。

习性　喜光照充足、温暖和湿润的环境，不耐阴，较耐水湿，宜土层深厚、肥沃和湿润的偏酸性土壤，不耐寒。

（辐射　3）

'喜悦'叶子花　'帝国喜悦'三角梅
Bougainvillea × spectoglabra 'Imperial Delight'　紫茉莉科叶子花属

来源　叶子花属的园艺品种。我国福建、广东、云南有栽培。

形态特征　藤状灌木或灌木，高2～3米。叶互生，叶片卵形或卵圆形。花序顶生或腋生，小花3朵着生，基部叶状苞片基部粉白色，中上部粉红色，且由浅渐变深。花期3～10月份。

习性　喜光照充足、温暖和湿润的环境，不耐阴，较耐水湿，宜土层深厚、肥沃和湿润的偏酸性土壤，不耐寒。

（辐射　3）

木通 *Akebia quinata* (Houtt.) Decne.
木通科木通属

地理分布 分布于我国华东各地及河南、湖北、四川等。朝鲜、日本也有分布。

形态特征 落叶或半常绿藤本，掌状5出复叶，小叶片倒卵形或长倒卵形，全缘。总状花序腋生，花的萼片通常3枚，花瓣状，紫红色，花瓣缺。肉质蓇葖果椭圆形或长椭圆形，沿腹缝开裂。花期4月份，果熟期7～8月份。

习性 喜光照良好、温暖和湿润的气候，稍耐阴，较耐干旱，不耐水湿，宜疏松、富含腐殖质和排水良好的砂质壤土。

（辐射　3）

威灵仙 *Clematis chinensis* Osbeck 毛茛科铁线莲属

形态特征 木质藤本。叶对生，一回羽状复叶具5小叶，有时3枚或7枚，小叶卵形。圆锥花序具多数花，花的萼片4～5枚，花瓣状，白色，花瓣缺。花期6～9月份。

地理分布 分布于我国华东及陕西南部、湖北、四川、广东、云南南部等，野生或栽培，供药用和观赏。越南也有分布。

习性 喜全光照或半阴、凉爽和湿润的环境，不耐水涝，对土壤要求不严，但在富含腐殖质的砂质壤土上生长良好。

　（辐射　4～5）

多花蔷薇　野蔷薇

Rosa multiflora Thunb. 蔷薇科蔷薇属

地理分布　分布于我国江苏、山东、河南，各地常见栽培。日本、朝鲜也有分布。

习性　喜光照充足，稍耐阴，耐旱，不耐水湿，对土壤适应性强，一般土壤均能生长，耐寒。

（辐射　5）

形态特征　攀援灌木。羽状复叶，有小叶5～9枚，近花序的小叶有时3枚，小叶片倒卵形、长圆形或卵形，边缘有尖锐单锯齿，稀混有重锯齿。圆锥状花序具多朵花，花瓣5枚，前端微凹，白色。花期4～6月份。

艳花飘香藤

Mandevilla splendens (Hook.) Woodson
夹竹桃科飘香藤属

地理分布　原产巴西等。我国南方园林有露地栽培，北方多为盆栽。

形态特征　常绿藤本，高3米。单叶对生，叶片椭圆形或卵状椭圆形，光泽，全缘。花芳香，花冠漏斗状，艳粉红色或玫红色，花冠裂片5枚，喉部黄色，螺旋状排列。主花期春、秋季。

习性　喜光照充足、温暖和湿润的环境，耐半阴，不耐暴晒，宜疏松、肥沃、富含腐殖质、湿润和排水良好的土壤，不耐寒。

附注　异名*Dipladenia splendens* (Hook.) A. DC.

（辐射　5）

（辐射 5）

'小红帽' 飘香藤

Mandevilla 'Red Riding Hood' 夹竹桃科飘香藤属

形态特征　常绿藤本或攀援灌木。单叶对生，叶片卵状椭圆形，亮泽，全缘。花鲜红色，花冠漏斗状，花冠裂片 5枚，顶端尖角状，螺旋状排列。主花期夏、秋季。

附注　异名 *Dipladenia* 'Red Riding Hood'

来源　飘香藤属的园艺品种。我国上海、江苏等地有盆栽。

习性　喜光照充足、温暖和湿润的环境，耐半阴，不耐暴晒，宜疏松、肥沃、富含腐殖质、湿润和排水良好的土壤，不耐寒。

'粉花' 飘香藤

Mandevilla 'Cosmos Pink' 夹竹桃科飘香藤属

形态特征　常绿藤本或攀援灌木。单叶对生，叶片卵状椭圆形，亮泽，全缘。花大，粉红色且中心部分粉白色，喉部黄色，花冠漏斗状，花冠裂片 5枚，顶端较圆钝，螺旋状排列。主花期夏、秋季。

附注　异名 *Dipladenia* 'Cosmos Pink'

来源　飘香藤属的园艺品种。我国上海、江苏等地有盆栽。

习性　喜光照充足、温暖和湿润的环境，耐半阴，不耐暴晒，宜疏松、肥沃、富含腐殖质、湿润和排水良好的土壤，不耐寒。

'红玫' 飘香藤

Mandevilla 'Grand Rose' 夹竹桃科飘香藤属

来源 飘香藤属的园艺品种。我国上海、江苏等地有盆栽。

形态特征 常绿藤本。单叶对生,叶片椭圆形或卵状椭圆形,亮泽。花大,艳红色或深玫红色,花冠漏斗状,花冠裂片5枚,顶端较圆钝,螺旋状排列。主花期夏、秋季。

习性 喜光照充足、温暖和湿润的环境,耐半阴,不耐暴晒,宜疏松、肥沃、富含腐殖质、湿润和排水良好的土壤,不耐寒。

(辐射 5)

'艾丽斯' 愉悦飘香藤

Mandevilla × *amabilis* 'Alice Du Pon'
夹竹桃科飘香藤属

来源 愉悦飘香藤的园艺品种,常为盆栽观赏。

形态特征 常绿藤本,枝条柔软。单叶对生,叶片卵状长椭圆形,叶面皱褶。花大,花冠漏斗状,粉红色,花冠裂片5枚,顶端圆钝,螺旋状排列。主花期夏、秋季。

习性 喜光照充足、温暖和湿润的环境,耐半阴,不耐暴晒,宜疏松、肥沃,富含腐殖质、湿润和排水良好的土壤,不耐寒。

附注 异名 *Dipladenia* × *amabilis* 'Alice Du Pon'

蔓长春花 *Vinca major* L.
夹竹桃科蔓长春花属

地理分布　原产欧洲。我国江苏、浙江、山东、湖南、四川、广东、台湾、云南等地常见栽培。

形态特征　蔓性亚灌木或草本。茎偃卧，花茎直立。叶对生，叶片椭圆形、卵形或宽卵状披针形。花单生于叶腋，花冠蓝色或蓝紫色，花冠裂片5枚。花期3～5月份。

习性　喜光照充足、温暖和湿润的环境，也耐荫蔽，不耐过于干旱，宜疏松、肥沃、湿润和排水较好的土壤。稍耐寒。

（辐射　5）

'花叶'蔓长春花 *Vinca major* 'Variegata' 夹竹桃科蔓长春花属

来源　蔓长春花的园艺品种。我国江苏、浙江、山东、湖南、四川、广东、台湾、云南等地常见栽培。

形态特征　蔓性亚灌木或草本。茎偃卧，花茎直立。叶对生，叶片椭圆形、卵形或宽卵形，绿色具亮黄色叶缘。花单生，蓝色，花冠裂片5枚。花期3～5月份。

习性　喜光照充足、温暖和湿润的环境，较耐阴，不耐过于干旱，宜疏松、肥沃、湿润和排水较好的土壤。

234　　（辐射　5）

络石 *Trachelospermum jasminoides* (Lindl.) Lem.
夹竹桃科络石属

地理分布 分布于我国华东地区及山东、河北、河南、湖北、湖南、广东、广西、云南、四川、陕西等。朝鲜、日本、越南也有分布。

习性 喜良好的散射光、温暖、湿润的环境，性强健，耐烈日酷暑，较耐干旱，不耐水湿，对土壤要求不严，较耐寒。

（辐射 5）

形态特征 常绿木质藤本，全株具乳汁。叶片椭圆形至卵状椭圆形或宽倒卵形。二歧聚伞花序腋生或顶生，花白色，芳香，花冠高脚碟状，花冠裂片5枚。花期4～7月份。

萝藦 *Metaplexis japonica* (Thunb.) Makino 萝藦科萝藦属

地理分布 分布于我国东北、华北、华东和甘肃、陕西、贵州、河南、湖北等地。日本、朝鲜、俄罗斯也有分布。

习性 喜光照充足、温暖和湿润的环境，耐半阴，性强健，耐干旱，对土壤要求不严，耐寒。

形态特征 多年生草质藤本，具乳汁。叶对生，叶片卵状心形，全缘。总状式聚伞花序具13～15朵花，花白色或带粉红色晕，花冠裂片5枚，裂片顶端反曲，内面和边缘被白色柔毛。花期7～8月份。

（辐射 5）　　235

栝楼 *Trichosanthes kirilowii* Maxim. 葫芦科栝楼属

地理分布　分布于我国江苏、浙江、江西、山东、山西、河南、河北、甘肃，各地广泛栽培，供药用和观赏。朝鲜、日本也有分布。

习性　喜光照良好、温暖和湿润的环境，不耐干旱，不耐积水，宜土层深厚、疏松、肥沃和排水良好的砂质壤土。

形态特征　攀援藤本，块根圆柱状。叶片掌状 3 ～ 5（7）浅裂至中裂，基部心形，边缘具浅齿或浅裂。总状花序具数朵花，花白色，花冠裂片 5 枚，顶端细裂成丝状流苏。花期 6 ～ 8 月份。

木鳖子 *Momordica cochinchinensis* (Lour.) Spreng. 葫芦科苦瓜属

地理分布　分布于我国江苏、安徽、江西、福建、台湾、广东、广西、湖南、四川、贵州、云南、西藏，野生或栽培。中南半岛等也有分布。

形态特征　粗壮大藤本。叶片掌状3～5分裂或深裂，边缘具波状浅齿。花单生，有1枚大型浅绿色兜状花苞片，花冠裂片5枚，淡黄色，内面基部具深褐色斑。果实成熟时红色，密生具刺尖的突起。花期6～8月份，果期8～10月份。

习性　喜光照良好、温暖和湿润的环境，宜土层深厚、疏松、肥沃、湿润和排水良好的砂质壤土。

（辐射　5）

中华猕猴桃 *Actinidia chinensis* Planch.
猕猴桃科猕猴桃属

形态特征　大型落叶藤本。叶片阔倒卵形或近圆形，顶端有时微凹，背面密被灰白色绒毛。聚伞花序1～3朵花，花瓣5枚，花初开时白色，后转为淡黄色，芳香。果实近球形，黄褐色，被柔软的茸毛。花期4～5月份，果期8～9月份。

地理分布　分布于陕西、湖北、湖南、河南、安徽、江苏、浙江、江西、福建等。是中国特有种。

习性　喜光照充足、温暖和湿润的环境，忌暴晒，不耐水涝，不耐贫瘠和黏性重，宜土层深厚、疏松、肥沃、富含腐殖质和排水良好的土壤。

大籽猕猴桃 *Actinidia macrosperma* C. F. Liang 猕猴桃科猕猴桃属

地理分布　分布于广东、湖北、江西、浙江、江苏、安徽等。是中国特有种。

形态特征　中小型落叶藤本或灌木状藤本。叶片卵形或椭圆形，近无毛，边缘具圆锯齿。花常单生，花瓣5～9枚，白色，芳香。果实成熟时橘黄色，卵圆形或球圆形。花期5月份，果熟期10月份。

习性　喜光照充足、温暖和湿润的环境，较耐热和贫瘠，不耐旱，宜疏松、肥沃和排水良好的微酸性土壤。

鸡矢藤 甜藤 *Paederia foetida* L.
茜草科鸡矢藤属

地理分布 我国大部分地区有分布，野生或栽培，供药用和观赏。朝鲜、日本、印度、缅甸、泰国、越南、马来西亚等也有分布。

形态特征 藤本。叶对生，叶形变化大，叶片卵形、卵状长圆形至披针形。圆锥花序式的聚伞花序腋生和顶生，小花白色。花冠筒管状，内面浅紫色，花冠顶端5裂。花期5～10月份。

习性 喜光照柔和充足、温暖和湿润的环境，耐半阴，适应性强，较耐干旱，较耐贫瘠，宜湿润和排水良好的土壤。

（辐射 5）

使君子 *Quisqualis indica* L. 使君子科使君子属

地理分布 分布于我国福建、江西南部、湖南南部、广东、广西、香港、海南、台湾、云南等地，我国南方地区常见栽培。

习性 喜光照充足、温暖和湿润的环境，耐半阴，不耐干旱，宜肥沃、富含腐殖质的土壤，不耐寒。

形态特征 攀援状灌木，高2～8米。叶对生，叶片卵形或椭圆形，全缘。伞房状穗状花序顶生，花瓣5枚，初开时粉色，后转淡红色至红色。花期初夏。

（辐射 5） 239

（辐射 5）

珊瑚藤 *Antigonon leptopus* Hook. et Arn. 蓼科珊瑚藤属

形态特征 常绿木质藤本。茎先端呈卷须状。单叶互生，叶片卵状心形，先端渐尖，基部心形，具叶鞘。总状花序具多数花，花粉红色或粉紫色，花被片5枚。花期4～12月份，夏季为盛花期。

地理分布 原产中美洲地区。我国广东、福建、台湾、海南、云南等地有栽培。

习性 喜光照良好、温暖和湿润的环境，宜肥沃、富含腐殖质和排水良好的土壤，越冬温度5℃以上。

茑萝松 茑萝 *Ipomoea quamoclit* L. 旋花科番薯属

地理分布 原产热带美洲。各地常见栽培。

习性 喜光照充足、温暖和湿润的环境，适应性强，对土壤要求不严，但在疏松、较为湿润和肥沃的土壤上生长旺盛。

形态特征 一年生缠绕草本。茎先端呈卷须状。叶片羽状深裂至中脉，具10～18对线形至丝状的细裂片。聚伞花序腋生，具少数花，花冠高脚碟状，鲜红色，花冠裂片5枚。蒴果卵形。花期夏、秋季。

附注 异名 *Quamoclit pennata* (Desr.) Boj.

'白花' 茑萝 *Ipomoea quamoclit* 'Alba'
旋花科番薯属

来源 茑萝的栽培品种。我国各地有栽培。

形态特征 一年生缠绕草本。茎先端呈卷须状。叶片羽状深裂至中脉，具10～18对线形至丝状的细裂片。聚伞花序腋生，具少数花，花冠高脚碟状，白色，花冠裂片5枚。蒴果卵形。花期夏秋季。

习性 喜光照良好、温暖和湿润的环境，适应性强，对土壤要求不严，但在疏松、较为湿润和肥沃的土壤中生长旺盛。

（辐射 5）

葵叶茑萝 *Ipomoea × sloteri* (House) Ooststr. 旋花科番薯属

地理分布 我国山东、江苏、浙江、江西庐山、台湾、广西、云南等地有栽培，杂交起源的园艺种。

形态特征 一年生缠绕草本。茎先端呈卷须状。叶片掌状深裂，裂片披针形，基部2裂片各2裂。聚伞花序腋生，具1～3朵花，花冠高脚碟状，鲜红色，花冠顶端近全缘或5浅裂。蒴果圆锥形或球形。花期夏、秋季。

习性 喜光照良好、温暖和湿润的环境，适应性强，对土壤要求不严，但在疏松、较为湿润和肥沃的土壤上生长旺盛。

附注 异名 *Quamoclit × sloteri* House

'泽西' 铁线莲 *Clematis* 'Jerzy Popieuszko' 毛茛科铁线莲属

来源　铁线莲属的园艺品种。我国南京等地有栽培。

形态特征　多年生草质藤本。叶对生，三出复叶，小叶片卵形至狭卵形。花单生于叶腋，花的萼片6枚或更多，花瓣状，白色，初开时具淡绿色中脉，花瓣缺。花期5～6月份和9～10月份。

习性　喜全光照或半阴、凉爽的气候，宜肥沃、排水良好的土壤。夏季温度超过35℃，落叶而进入休眠。冬季低于5℃则休眠。

　（辐射　6～多数）

'蜜蜂之恋' 铁线莲 *Clematis* 'Bees Jubilee' 毛茛科铁线莲属

来源 铁线莲属的园艺品种。我国各地有栽培。

形态特征 多年生草质藤本。叶对生，三出复叶，小叶片卵形至狭卵形。花单生于叶腋，花的萼片6枚或更多，花瓣状，粉紫色，中间具深玫红色直条纹，大而色艳，花瓣缺。花期5～6月份和9～10月份。

习性 喜全光照或半阴，光照强则花色淡，反之花色深。喜凉爽的气候，宜肥沃、排水良好的土壤。夏季温度超过35℃，落叶而进入休眠。冬季低于5℃则休眠。

'落日' 铁线莲 *Clematis* 'Sunset' 毛茛科铁线莲属

（辐射 6~多数）

来源 铁线莲属的园艺品种。我国各地有栽培。

形态特征 多年生草质藤本。叶对生，三出复叶，小叶片卵形至狭卵形。花单生于叶腋，花的萼片6枚或更多，花瓣状，蓝紫红色，中部具深紫红色直条纹，大而色艳，花瓣缺，花丝淡黄色。花期7～9月份。

习性 喜全光照或半阴，光照强则花色淡，反之花色深。喜凉爽的气候，宜肥沃、排水良好的土壤。夏季温度超过35℃，落叶而进入休眠。冬季低于5℃则休眠。

'水晶喷泉' 铁线莲 *Clematis* 'Crystal Fountain' 毛茛科铁线莲属

来源 铁线莲属的园艺品种。我国各地有栽培。

形态特征 多年生草质藤本。三出复叶，小叶片卵形，基部近心形。花单生于叶腋，花的萼片6枚或更多，花瓣状，粉紫色，花瓣缺，雄蕊多数，花丝细长管状，密集细长的花丝从花心向外伸出，似喷泉状，故有此名。花期5～6月份。

习性 全光照或半阴，光照强则花色淡，反之花色深。喜凉爽的气候，也较为强健耐热，宜肥沃、排水良好的土壤。夏季温度超过35℃，落叶而进入休眠。冬季低于5℃则休眠。

（辐射 6~多数）

'总统'铁线莲 *Clematis* 'President' 毛茛科铁线莲属

来源 铁线莲属的园艺品种。我国各地有栽培。

形态特征 多年生草质藤本。叶对生，三出复叶，小叶片卵形至狭卵形。花单生于叶腋，花的萼片6枚或更多，花瓣状，蓝紫色或紫色，大而色艳，花瓣缺，花丝宽线形。花期春、秋季。

习性 喜全光照或半阴，光照强则花色淡，反之花色深。喜凉爽的气候，宜肥沃、排水良好的土壤。夏季温度超过35℃，落叶而进入休眠。冬季低于5℃则休眠。

（辐射 6~多数）

黄木香花 *Rosa banksiae* var. *lutea* Lindl.
蔷薇科蔷薇属

地理分布 分布于我国江苏，浙江、江苏、安徽等省有栽培。

习性 喜光照充足、温暖和湿润的环境，耐半阴，不耐积水，宜土层深厚、肥沃、湿润和排水良好的土壤。

形态特征 常绿攀援灌木，高约6米，老的分枝上有硬刺。小叶3～5枚，小叶片椭圆状卵形或长圆状披针形，边缘具细锯齿。花黄色，重瓣，香味淡，花柱比花丝短很多。花期5～6月份。

（辐射 多数）

木香花 *Rosa banksiae* W. T. Aiton. 蔷薇科蔷薇属

（辐射　多数）

地理分布　分布于四川、云南，我国各地广泛栽培。

形态特征　攀援灌木，高约6米，老的分枝上有硬刺。小叶3～5枚，稀7枚，小叶片椭圆状卵形或长圆状披针形，边缘有细锯齿。花白色，多朵组成伞形花序，重瓣或半重瓣，芳香，花柱比花丝短很多。花期4～5月份。

习性　喜光照充足、温暖和湿润的环境，耐半阴，较耐瘠薄，不耐积水，宜土层深厚、肥沃、湿润和排水良好的土壤。

七姊妹 *Rosa multiflora* 'Grevillei' 蔷薇科蔷薇属

形态特征　攀援灌木。羽状复叶，小叶5～9枚，近花序的小叶有时3枚，小叶片倒卵形或卵形，边缘有尖锐单锯齿。圆锥状花序具多朵花，花芳香，重瓣，玫红色，后颜色变较淡。花期4～6月份。

来源　多花蔷薇的栽培品种。我国各地广泛栽培。

习性　喜光照充足，稍耐阴，不耐水涝，对土壤要求不严，一般土壤均能生长，耐寒。

　（辐射　多数）

白玉堂蔷薇 *Rosa multiflora* 'Alboplena'
蔷薇科蔷薇属

来源　多花蔷薇的栽培品种。我国各地多有栽培。

习性　喜光照充足，稍耐阴，耐旱，不耐水湿，对土壤适应性强，一般土壤均能生长，耐寒。

（辐射　多数）

形态特征　攀援灌木。羽状复叶，有小叶5～9枚，近花序的小叶有时3枚，小叶片倒卵形、长圆形或卵形，边缘有尖锐单锯齿。圆锥状花序具数朵花，花重瓣，白色。花期4～5月份。

荷花蔷薇 *Rosa multiflora* 'Carnea'
蔷薇科蔷薇属

来源　多花蔷薇的栽培品种。我国各地有栽培。

形态特征　攀援灌木。羽状复叶，有小叶5～9枚，近花序的小叶有时3枚，小叶片倒卵形、长圆形或卵形，边缘有尖锐单锯齿，稀混有重锯齿。圆锥状花序具多朵花，花重瓣，粉红色，花瓣大而开张，形似荷花。花期4～5月份。

习性　喜光照充足，稍耐阴，耐旱，不耐水湿，宜肥沃、湿润和排水良好的砂质壤土，耐寒。

（辐射　多数）

（辐射 多数）

来源 攀援月季类园艺品种。我国城市园林有栽培。

习性 喜光照充足，不耐水涝，对土壤要求不严，但以肥沃、富含腐殖质和排水良好的土壤为佳，耐寒。

'酒红' 蔷薇 *Rosa* 'Sympathie' 蔷薇科蔷薇属

形态特征 攀援灌木。羽状复叶，有小叶 5 ～ 7 枚，近花序的小叶有时 3 枚，小叶片倒卵形、长圆形或卵形，边缘有锐锯齿。圆锥状花序具多朵花，花重瓣，葡萄酒红色，花大而密集。花期 5 ～ 7 月份。

红花西番莲 *Passiflora coccinea* Aubl. 西番莲科西番莲属

形态特征 常绿木质藤本，高 3 ～ 4 米，腋生卷须。单叶互生，叶片椭圆形或长圆状卵形，边缘具粗锯齿。聚伞花序腋生，具 2 朵至数朵花，花亮红色，花被片向下反折，中间的花盘白色，花盘周边具副花冠，副花冠裂片细线形，深紫色。花期春、秋季。

地理分布 原产玻利维亚、巴西、哥伦比亚等。我国南方园林有栽培。

习性 喜光照良好、高温和湿润的环境，对土壤要求不严，但不宜重黏土，宜疏松、肥沃、湿润和排水良好的土壤，不耐寒。

（辐射 多数）

紫花西番莲
掌叶西番莲　*Passiflora amethystina* J.C. Mikan

西番莲科西番莲属

地理分布　原产巴西、玻利维亚等。我国厦门、广州等有栽培。

形态特征　藤本，腋生卷须。单叶互生，叶掌状3深裂，小裂片长圆形。花淡紫色，花被片向下反折，中间的花盘白色，花盘周边具副花冠，内轮副花冠裂片短线形，直立，深紫色，外轮副花冠裂片细长线形，平伸，近花盘处深紫色，中间白色，外端紫色。花期5～7月份。

习性　喜光照良好、温暖和湿润的环境，不宜重黏土，宜疏松、肥沃、湿润和排水良好的土壤，不耐寒。

（辐射　多数）

牵牛
喇叭花　*Ipomoea nil* (L.) Roth

旋花科番薯属

地理分布　原产美洲热带。我国大部分地区都有分布，野生或栽培。

习性　喜阳光充足、温暖而凉爽的气候，耐半阴，耐暑热，较耐盐碱，适应性强，在肥沃、疏松土壤中生长旺盛，不耐霜冻。

形态特征　一年生缠绕草本。叶片深3裂或浅3裂，偶5裂，中裂片长圆形，两侧裂片近三角形。花1～2朵生于花梗顶部，花冠喇叭状，蓝紫色或淡紫红色。花期春季至秋季，以夏季开花最盛。

附注　异名*Pharbitis nil* (L.) Choisy

（辐射　喇叭形）　**249**

（辐射　喇叭形）

圆叶牵牛 *Ipomoea purpurea* (L.) Roth
旋花科番薯属

形态特征　一年生缠绕草本。叶片圆心形或宽卵状心形。花单生或 2 ～ 5 朵生于花梗顶部，花冠喇叭状，蓝紫色、紫红色或白色，内面具暗紫色的瓣中带。花期夏秋季。
附注　异名 *Pharbitis purpurea* (L.) Voisgt

地理分布　原产美洲。我国大部分地区都有分布，野生或栽培。
习性　喜阳光充足、温暖而凉爽的气候，耐半阴，耐暑热，较耐盐碱，适应性强，在肥沃疏松土壤中生长旺盛，不耐霜冻。

大花牵牛 *Ipomoea hybridy*
旋花科番薯属

来源　牵牛花的园艺品种。我国各地有栽培。
形态特征　一年生缠绕草本，茎上被毛。叶片深 3 裂或浅 3 裂，偶 5 裂，中裂片长圆形，两侧裂片近三角形。花大而多，花冠喇叭状，紫红色或蓝紫色，边缘白色。花期夏季。
习性　喜光照充足、温暖和湿润的环境，较耐干旱和瘠薄，宜肥沃、湿润和排水良好的土壤。

　（辐射　喇叭形）

五爪金龙 *Ipomoea cairica* (L.) Sweet 旋花科番薯属

地理分布　分布于我国福建、广东、广西、海南、台湾、云南。印度、马来西亚、缅甸、泰国、斯里兰卡等及非洲、亚洲西南部、南美洲也有分布。

习性　喜光照充足、温暖和湿润的气候，适应性强，不择土壤，在疏松、肥沃的土壤上生长旺盛，不耐寒。

（辐射　喇叭形）

形态特征　多年生缠绕草本。叶掌状5深裂或全裂，裂片卵形或椭圆形，中裂片较大，两侧裂片稍小，全缘或不规则微波状，基部1对裂片通常再2裂。聚伞花序腋生，花冠近喇叭形，紫红色或淡紫色，偶有白色。常一年多次开花。

头花银背藤 *Argyreia capitiformis* (Poir.) Ooststr. 旋花科银背藤属

地理分布　分布于我国广西、贵州、海南、云南。马来西亚、柬埔寨、印度尼西亚、泰国、越南、缅甸等也有分布。

习性　喜光照充足、温暖和湿润的环境，对土壤要求不严，宜疏松、富含腐殖质、湿润和排水良好的土壤，不耐寒。

附注　异名 *Argyreia capitata* (Vahl) Arn. ex Choisy

形态特征　藤状攀援灌木，茎被褐色或暗黄色硬毛。叶片卵形或近圆形，基部心形，叶脉13～15对，背面密被银色毛，全缘。聚伞花序腋生，花冠漏斗状，外面乳白色，内面紫红色或粉红色，冠檐5浅裂。果实球形，橙红色。花期9～12月份，果期翌年2月份。

（辐射　漏斗形）　　251

巨花马兜铃 *Aristolochia gigantea* Mart. 马兜铃科马兜铃属

地理分布　原产巴西、巴拿马、哥斯达黎加等。我国南方植物园有栽培。

形态特征　多年生草质藤本。叶互生，叶片近心形。花巨大而奇特，有腐肉味，花被1轮，下部分裂，紫褐红色，具细的白色网纹，有柔毛，花被管基部膨大成囊，雌蕊和雄蕊着生于此。盛花期4～6月份。

习性　喜光照柔和充足、温暖和湿润的环境，耐半阴，宜疏松、湿润和排水良好的土壤，不耐寒。

云实 *Caesalpinia decapetala* (Roth) Alston
豆科云实亚科云实属

地理分布 分布于我国广东、广西、云南、四川、湖南、湖北、江西、福建、浙江、江苏、安徽、河南、河北、陕西、甘肃等。印度、老挝、泰国、日本等国也有分布。

习性 喜光照充足，适应性强，耐旱，耐瘠薄，宜疏松、肥沃的砂质壤土，耐寒。

（两侧 5）

形态特征 落叶木质藤本，枝、叶轴和花序均被柔毛和钩刺。二回羽状复叶，羽片3～10对，对生，长圆形。总状花序顶生，花两侧对称，花瓣5枚，亮黄色，其中4枚近圆形，最上方1枚较小。荚果长圆状舌形。花果期4～10月份。

凌霄 *Campsis grandiflora* (Thunb.) Schum. 紫葳科凌霄属

地理分布 分布于长江流域各地及河北、山东、河南、福建、广东、广西、陕西，我国各地常见栽培。

习性 喜光照充足、温暖的环境，耐半阴，较耐旱，不耐水涝，宜土层深厚、有肥力和排水良好的土壤，较耐寒。

形态特征 落叶木质藤本。叶对生，奇数羽状复叶，小叶7～15枚，卵形至卵状披针形，叶背面无毛，边缘具粗锯齿。圆锥花序顶生，花近两侧对称，花萼5裂至中部，萼齿卵状披针形，花冠裂片5枚，檐部微呈二唇形，鲜橙红色。花期6～9月份。

厚萼凌霄

美国凌霄 *Campsis radicans* (L.) Bureau 紫葳科凌霄属

地理分布 原产美洲。我国大部分地区有栽培。

形态特征 落叶木质藤本。叶对生，奇数羽状复叶，小叶5～13枚，椭圆形至卵状椭圆形，叶背面有毛，边缘疏生粗锯齿。圆锥花序顶生，花两侧对称，花萼5浅裂，萼齿三角形，花冠裂片5枚，檐部微呈二唇形，橙红色。花期6～9月份。果熟期10～11月份。

习性 喜光照充足、温暖和凉爽的环境，稍耐阴，较耐旱，不耐湿热和积水，宜土层深厚、有肥力和排水良好的土壤，较耐寒。

黄花厚萼凌霄 黄花美国凌霄

Campsis radicans 'Flava' 紫葳科凌霄属

来源 厚萼凌霄的栽培品种。我国南京等地有栽培。

形态特征 落叶木质藤本。叶对生，奇数羽状复叶，小叶5～11枚，椭圆形至卵状椭圆形，边缘疏生粗锯齿。圆锥花序顶生，花两侧对称，花萼5浅裂，萼齿三角形，花冠裂片5枚，檐部微呈二唇形，淡黄色。花期6～9月份。

习性 喜光照充足、温暖和凉爽的环境，稍耐阴，较耐旱，不耐湿热和积水，宜土层深厚、有肥力和排水良好的土壤，较耐寒。

硬骨凌霄

Tecomaria capensis (Thunb.) Spach 紫葳科硬骨凌霄属

地理分布　原产南美洲。我国南方地区常见栽培。

形态特征　常绿攀援灌木，枝条披散蔓生。叶对生，奇数羽状复叶，小叶5～9枚，椭圆形或卵状椭圆形，边缘疏生粗锯齿。总状花序顶生，花两侧对称，鲜橙红色，花冠筒朝外弯，花冠裂片

5枚，檐部二唇形，上面2枚相连并直立。在云南西双版纳可全年开花，其他地区温度适宜时，花期常为夏秋季。

习性　喜光照充足、温暖湿润的环境，不耐阴，不耐积水，宜富含腐殖质和排水良好的砂壤土，不耐寒。

（两侧 5）

非洲凌霄

Podranea ricasoliana (Tanfani) Sprague 紫葳科非洲凌霄属

形态特征　半常绿攀援灌木，枝条铺散。叶对生，奇数羽状复叶，小叶7～11枚，卵形至卵状披针形，边缘疏生浅齿。聚伞花序具数朵至多数花，花两侧对称，芳香，花冠裂片5枚，檐部微呈二唇形，淡玫红色或粉紫色，具深紫红色条纹。花期夏秋季。

地理分布　原产南非等。我国厦门、深圳、广州、南宁、云南西双版纳等地有栽培。

习性　喜光照充足、温暖和湿润的环境，耐热，宜富含腐殖质、肥沃、湿润和排水良好的土壤，不耐寒。

蒜香藤 *Mansoa alliacea* (Lam.) A.H. Gentry
紫葳科蒜香藤属

地理分布　原产南美洲。我国广东、云南等地有栽培。

习性　喜光照充足、温暖和湿润的环境，耐高温，性强健，对土壤要求不严，不耐寒，越冬温度5℃以上。

（两侧　5）

形态特征　常绿藤本。叶片椭圆形。聚伞花序的花多而密集，花近两侧对称，花冠裂片5枚，花初开时粉紫色，后转为粉红色，最后变粉白色而脱落，因花、叶搓揉后有大蒜气味，故名"蒜香藤"。花期春季至秋季。

炮仗花 *Pyrostegia venusta* (Ker-Gawl.) Miers
紫葳科炮仗藤属

地理分布　原产南美洲。我国福建、台湾、广东、云南等地有栽培。

习性　喜光照充足、温暖和湿润的环境，宜土层深厚、肥沃、富含腐殖质和排水良好的土壤，不耐寒。

形态特征　常绿藤本。叶对生，小叶2～3枚，卵形。圆锥花序着生于侧枝顶端，花冠狭钟状至筒状，橘红色，花冠裂片5枚，花开后反折，花柱与花丝均伸出花冠筒外。花期1～6月份。

（两侧　5）

（两侧 5）

紫铃藤 美丽二月藤

Saritaea magnifica (W. Bull) Dugand 紫葳科紫铃藤属

形态特征 常绿藤本。叶对生，叶片倒卵形或近椭圆形，全缘。花大而美丽，近两侧对称，花冠高脚碟状，花冠裂片5枚，淡红色或玫红色，喉部淡黄白色。热带地区全年开花，主花期春、秋季。

地理分布 原产哥伦比亚、厄瓜多尔等。我国广东、云南等地有栽培。

习性 喜光照充足、温暖和湿润的环境，耐高温，宜疏松、有肥力、湿润和排水良好的土壤，不耐寒。

红萼龙吐珠 *Clerodendrum × speciosa* 马鞭草科大青属

形态特征 攀援灌木，高2～5米。幼枝四棱形。单叶对生，叶片狭卵形，全缘。聚伞花序具多数花，花两侧对称，花的萼片粉玫红色，基部合生，中间膨大，花冠筒细长，伸出萼片外，花冠裂片5枚，红色，花丝细长，红色。花期3～5月份。

来源 杂交园艺品种。我国南方地区有露地栽培，其他地区温室有栽培。

习性 喜光照良好、温暖和湿润的环境，不耐夏季暴晒，宜富含腐殖质、湿润和排水良好的土壤，不耐寒。

龙吐珠 *Clerodendrum thomsonae* Balf.
马鞭草科大青属

地理分布 原产非洲西部。我国南方地区有露地栽培，其他地区温室栽培或盆栽。

习性 喜光照良好、温暖和湿润的环境，耐半阴，不耐夏季烈日暴晒，宜富含腐殖质、湿润和排水良好的土壤，不耐寒。

（两侧 5）

形态特征 攀援灌木，高2～5米。幼枝四棱形。单叶对生，叶片狭卵形，全缘。聚伞花序腋生或假顶生，花两侧对称，花的萼片大，白色，基部合生，中间膨大，花冠筒细长，伸出萼片外，花冠裂片5枚，鲜红色，花丝细长。花期3～5月份。

桂叶山牵牛 樟叶老鸦嘴 *Thunbergia laurifolia* Lindl. 爵床科山牵牛属

地理分布 原产中南半岛和马来半岛。我国广东、福建、台湾、云南等地有栽培。

形态特征 大藤本，茎枝近四棱形。单叶对生，叶片长圆形至长圆状披针形，全缘或边缘具浅波状齿。总状花序顶生或腋生，花近两侧对称，花冠裂片5枚，淡蓝色，喉部淡黄白色并具细条纹。花期夏、秋季。

习性 喜光照柔和充足、高温和多湿的环境，宜肥沃、富含腐殖质、湿润和排水良好的砂质壤土，不耐寒。

（两侧 5）

香花鸡血藤　香花崖豆藤

Callerya dielsiana (Harms) P.K. Lôc ex Z. Wei et Pedley 豆科蝶形花亚科鸡血藤属

地理分布　分布于陕西南部、甘肃南部、安徽、浙江、江西、广东、福建、湖北、湖南、四川等，南京等市有栽培。是中国特有种。

形态特征　常绿攀援灌木。羽状复叶具小叶5枚，小叶片长圆状披针形，全缘。圆锥花序长而下垂，花两侧对称，蝶形，紫红色。花期5～9月份。

习性　喜光照良好、温暖和湿润的环境，较耐阴，对土壤要求不严，但以疏松、湿润的微酸性或中性砂质壤土为佳，较耐寒。

附注　异名 *Millettia dielsiana* Harms

　（两侧　蝶形）

葛麻姆 葛；葛藤 *Pueraria montana* var. *lobata* (Willd.) Maesen et S.M. Almeida ex Sanjappa et Predeep 豆科蝶形花亚科葛属

地理分布 除新疆、青海、西藏外，分布于全国。东南亚至澳大利亚也有分布。

形态特征 粗壮藤本，具粗厚块根。羽状复叶大，具3小叶，小叶3裂或全缘。总状花序长15～39厘米，花两侧对称，蝶形，紫红色或紫色，旗瓣淡紫色，基部具黄色斑块。荚果长圆形。花期8～10月份，果期11～12月份。

习性 喜光照充足、温暖和湿润的环境，耐旱，不择土壤，但在肥沃、湿润和排水良好的土壤中生长旺盛。

附注 异名 *Pueraria lobata* (Willd.) Ohwi

（两侧　蝶形）　261

蝶豆 蓝蝴蝶

Clitoria ternatea L.
豆科蝶形花亚科蝶豆属

地理分布 原产地不详，在热带地区广泛分布。我国福建、广东、海南、广西、云南西双版纳、台湾、浙江等地有栽培。

形态特征 草质缠绕藤本。茎、小枝细弱。奇数羽状复叶，小叶5～7枚，小叶片宽椭圆形或近卵形。花大，单朵腋生，花两侧对称，蝶形，深蓝紫色、粉红色或白色。荚果扁平，具长喙。花果期7～11月份。

习性 喜光照良好、温暖和湿润的环境，耐半阴，宜疏松、肥沃和排水良好的土壤，不耐寒。

（两侧 蝶形）

紫藤 *Wisteria sinensis* (Sims) DC.
豆科蝶形花亚科紫藤属

地理分布 分布于我国河北以南、黄河长江流域及陕西、河南、广西、贵州和云南，各地常见栽培。日本也有分布。

习性 喜光照充足、温暖和湿润的环境，稍耐阴，较耐干旱，较耐水湿，宜肥沃、湿润和排水良好的砂质壤土，较耐寒。

形态特征 落叶灌木，茎左旋。奇数羽状复叶，小叶3～6对，小叶片卵状椭圆形至卵状披针形。总状花序下垂，花两侧对称，蝶形，紫色。荚果倒披针形。花期4月份中旬至5月份上旬，果期5～8月份。

（两侧 蝶形）

毛萼口红花 *Aeschynanthus radicans* Jack
苦苣苔科芒毛苣苔属

地理分布 原产马来半岛南部至爪哇。我国广东、福建、台湾、云南等地有栽培，北方地区多为盆栽。

习性 喜光照良好、温暖和湿润的环境，耐半阴，宜湿润、有肥力、通气性和排水性好的微酸性土壤，不耐寒。

（两侧　唇形）

形态特征 藤状多年生植物，茎枝蔓生下垂。叶片卵形，亮泽，全缘。花两侧对称，花萼暗紫色，花冠艳红色或橙红色，管状，花冠先端浅5裂，檐部呈二唇形，上唇浅2裂，下唇3裂，花萼和花冠均被毛。盛花期夏季。

美丽口红花 *Aeschynanthus speciosus* Hook.
苦苣苔科芒毛苣苔属

地理分布 原产东南亚爪哇等地。我国广东、台湾等地有栽培，北京、上海、南京等市有温室栽培或盆栽。

习性 喜光照良好、温暖和湿润的环境，耐半阴，宜湿润、有肥力、通气性和排水性好的土壤，不耐寒。

形态特征 常绿附生植物，茎枝蔓生。单叶对生，叶片卵状披针形，全缘。聚伞花序具数朵或更多朵花，花两侧对称，花冠管状，橙红色，花冠先端浅5裂，檐部略呈二唇形，上唇2裂，下唇3裂。花期全年。

（两侧　唇形）　　263

（两侧　唇形）

忍冬　金银花；金银藤

Lonicera japonica Thunb. 忍冬科忍冬属

形态特征　半常绿藤本。叶对生，叶片卵形至矩圆状卵形，有时卵状披针形。花通常成对着生于腋生的总花梗顶端，花冠唇形，花色先白后转黄色，在同一枝条上可见黄色和白色两种花，故也称"金银花"。花期4～6月份，秋季有时也开花。

地理分布　除黑龙江、内蒙古、宁夏、青海、新疆、海南和西藏无自然生长外，全国各省均有分布，常见栽培。朝鲜、日本也有分布。

习性　喜光照充足、温暖的环境，稍耐阴，较耐干旱，较耐水湿，宜肥沃、湿润的砂质壤土。

红白忍冬　*Lonicera japonica* var. *chinensis* (P. Watson) Baker 忍冬科忍冬属

形态特征　半常绿藤本。小枝、嫩叶和叶脉带紫红色。叶对生，叶片卵形至矩圆状卵形。花通常成对着生于腋生的总花梗顶端，花冠唇形，花冠外面浅紫红色，后变黄色，内面白色。花期4～6月份。

地理分布　分布于安徽，浙江、江苏、江西、贵州等地有栽培。是中国特有种。

习性　喜光照充足、温暖的环境，稍耐阴，较耐水湿，宜肥沃、湿润的砂质壤土。

　（两侧　唇形）

草本花卉

紫花铁兰 空气草 *Tillandsia cyanea* Linden ex K. Koch 凤梨科铁兰属

（辐射 3）

地理分布 原产厄瓜多尔、秘鲁等。我国各地常见栽培。

形态特征 多年生附生常绿草本。叶片长条状披针形。穗状花序直立，扁平，花的苞片对称二列排列，紧密互叠状，浅玫红色或粉紫红色，小花紫色，花瓣3枚。花期春、秋季，粉红色花苞片观赏期长达4个月份。

习性 喜温暖，空气潮湿、光线明亮有利于花的苞片颜色鲜艳，宜排水良好、疏松透气的生长基质，越冬温度10℃以上。

珊瑚光萼荷 珊瑚凤梨

Aechmea fulgens Brongn. 凤梨科光萼荷属

地理分布 原产巴西等。我国各地有栽培。

形态特征 多年生附生常绿草本。基生莲座叶丛卷合成筒状，叶片带状，边缘具小锐齿。复穗状花序直立，花梗红色，小苞片浆果状，珊瑚红色，花小，粉蓝色，花被片3枚。花期冬春季或秋季。

习性 喜温暖、湿润环境和充足的散射光，宜肥沃、疏松透气和排水良好的中性或微酸性土壤，叶筒中需保持清洁的水，越冬温度10℃以上。

（辐射 3）

'蓝雨' 光萼荷

Aechmea 'Blue Rain' 凤梨科光萼荷属

来源 光萼荷属的园艺品种。我国各地有栽培。

形态特征 多年生附生常绿草本。基生莲座叶丛卷合成筒状，叶片带状，边缘具小锐齿。复穗状花序直立，花梗红色，小苞片蓝紫色，花小，白色，花被片3枚。花期冬、春季。

习性 喜温暖、湿润环境和充足的散射光，宜肥沃、疏松透气和排水良好的中性或微酸性土壤，叶筒中需保持清洁的水，越冬温度10℃以上。

（辐射 3）

水塔花 *Billbergia pyramidalis* (Sims) Lindl.
凤梨科水塔花属

地理分布 原产巴西热带雨林地区。我国各地有栽培。

习性 喜温暖、湿润的环境，宜散射光，土壤需肥沃、疏松透气，生长旺期需充足水分，越冬温度10℃以上。

形态特征 多年生附生常绿草本。莲座叶丛卷合成筒状，可储水，故名"水塔花"，叶片宽带状，边缘具疏齿。花序密集成头状，花的苞片红色或鲜橘红色，小花的花瓣3枚，鲜红色，具丝般光泽。花期春季，红色花苞片观赏期长。

（辐射　3）

黄苞果子蔓　黄星果子蔓

Guzmania 'Diana' 凤梨科果子蔓属

形态特征　多年生附生常绿草本。基生莲座叶丛成筒状或稍开展，叶片宽带状。花的苞片亮黄色，花小，生于花苞片内，花瓣3枚，黄色。花期春季，亮黄色花苞片观赏期长。

来源　果子蔓属的园艺品种。我国各地有栽培。

习性　喜温暖、湿润的环境，宜散射光，在疏松透气、肥沃的酸性土壤中生长良好，夏季需增加空气湿度，越冬温度10℃以上，冬季需充足阳光。

'艳粉' 果子蔓

Guzmania 'Gwendolyn' 凤梨科果子蔓属

来源　果子蔓属的园艺品种。我国各地有栽培。

形态特征　多年生附生常绿草本。基生莲座叶丛成筒状或稍开展，叶片带状。花的苞片艳粉红色，花小，生于花苞片内，花瓣3枚，白色。花期春季，色彩鲜艳的艳粉红色花苞片观赏期长。

习性　喜温暖、湿润的环境，宜散射光，在疏松透气、肥沃的酸性土壤中生长良好，夏季需增加空气湿度，越冬温度10℃以上，冬季需充足阳光。

'红星' 果子蔓

Guzmania 'Red Star' 凤梨科果子蔓属

来源 果子蔓属的园艺品种。我国各地有栽培。

形态特征 多年生附生常绿草本。基生莲座叶丛成筒状或稍开展，叶片宽带状。花的苞片鲜红色，花小，生于花苞片内，花瓣3枚，黄色。花期春季，色彩鲜艳的红色花苞片观赏期长。

习性 喜温暖、湿润的环境，宜散射光，在疏松透气、肥沃的酸性土壤中生长良好，夏季需增加空气湿度，越冬温度10℃以上，冬季需充足阳光。

（辐射 3）

'棒糖' 果子蔓 *Guzmania* 'Lollipop' 凤梨科果子蔓属

来源 果子蔓属的园艺品种。我国各地有栽培。

形态特征 多年生附生常绿草本。基生莲座叶丛成筒状或稍开展，叶片带状。花序近头状或半圆形，花的苞片鲜红色，顶端白色，花小，生于花苞片内，花瓣3枚，白色。花期春季，色彩鲜艳的花苞片观赏期长。

习性 喜温暖、湿润的环境，宜散射光，在疏松透气、肥沃的酸性土壤中生长良好，夏季需增加空气湿度，越冬温度10℃以上，冬季需充足阳光。

（辐射 3）

'火炬' 果子蔓

Guzmania 'Torch' 凤梨科果子蔓属

来源 果子蔓属的园艺品种。我国各地有栽培。

形态特征 多年生附生常绿草本。基生莲座叶丛成筒状或稍开展，叶片带状。花序近圆锥形，花的苞片鲜红色，顶端亮黄色，似火炬状，小花生于花苞片内，花瓣3枚。花期春季，色彩鲜艳的花苞片观赏期长。

习性 喜温暖、湿润的环境，宜散射光，在疏松透气、肥沃的酸性土壤中生长良好，夏季需增加空气湿度，越冬温度10℃以上，冬季需充足阳光。

（辐射 3）

'水红' 丽穗凤梨

'水红' 莺歌凤梨

Vriesea carinata 'Stream' 凤梨科丽穗凤梨属

来源 莺歌丽穗凤梨的园艺品种。我国各地有栽培。

形态特征 多年生附生常绿草本。叶片宽带状。穗状花序较扁平，直立，花的苞片两列，互叠，鲜红色，小花的花被片下部合生成管状，黄色，顶端3裂，小裂片淡绿色，开放时伸出花苞片外。花期冬、春季，色彩鲜艳的红色花苞片观赏期长。

习性 喜温暖、湿润的环境，宜散射光，在疏松透气、肥沃的酸性土壤中生长良好，夏季需增加空气湿度，越冬温度10℃以上。

（辐射 3）

白绢草

Tradescantia sillamontana Matuda
鸭跖草科紫露草属

地理分布 原产危地马拉、墨西哥等。我国各地有栽培。

习性 喜光照充足柔和的、温暖和湿润的环境，耐半阴，耐干旱，不耐土壤积水，宜疏松透气、排水良好的土壤，不耐严寒。

（辐射 3）

形态特征 多年生丛生草本，全株被白色柔毛。叶互生，具叶鞘，叶片长圆形、卵形或阔卵形。花瓣3枚，近圆形或阔卵形，顶端或边缘略波状，粉紫色，花药黄色。花期夏、秋季。

紫露草

Tradescantia ohiensis Raf.
鸭跖草科紫露草属

地理分布 原产美洲。我国各地常见栽培。

形态特征 多年生草本，高30～60厘米。叶互生，具叶鞘，叶片带状披针形。花瓣3枚，阔卵形或三角状阔卵形，顶端或边缘略波状，紫色。花期长，春末至初秋陆续开放。

习性 喜柔和充足的光照，耐半阴，喜温暖、潮湿的环境，性强健，较耐瘠薄，对土壤要求不严，不耐严寒。

附 注 异 名 *Tradescantia reflexa* Raf.

（辐射 3）

杜若 *Pollia japonica* Thunb. 鸭跖草科杜若属

地理分布 分布于我国安徽、福建、广东、广西、贵州、湖北、湖南、江西、四川、台湾、浙江，江苏等地有栽培。朝鲜、日本也有分布。

形态特征 多年生草本，根茎长而横走。叶片长椭圆形。花序总梗长15～30厘米，远伸出

叶片之上，花的萼片3枚，椭圆形，白色，似花瓣状，花瓣3枚，倒卵状匙形，白色。花期7～9月份。

习性 喜阴或半阴、潮湿的环境，性强健，耐湿，在湿润、肥沃的土壤中生长良好，不耐严寒，长江流域以南地区能露地越冬。

（辐射 3）

大叶铁线莲

Clematis heracleifolia DC.
毛茛科铁线莲属

地理分布 分布于我国湖南、湖北、陕西、河南、安徽、浙江、江苏、山东、河北、山西、辽宁等地。日本、朝鲜也有分布。

形态特征 直立草本或亚灌木，高30～100厘米。茎粗壮，密被白色糙绒毛。三出复叶，小叶卵圆形，边缘有不整齐的粗锯齿。聚伞花序顶生或腋生，花蓝紫色，花的萼片4枚，花瓣状，顶端常反卷，花瓣缺失。花期8～9月份。

习性 喜阳光，耐半阴，适应性强，对土壤要求不严，但在肥沃、湿润和排水性好的土壤中生长旺盛，耐寒。

粗毛淫羊藿

Epimedium acuminatum Franch.
小檗科淫羊藿属

地理分布 分布于我国四川、贵州、云南、广西，是中国特有种。

形态特征 多年生草本，高30～50厘米。一回三出复叶，小叶3枚，狭卵形或披针形，侧生小叶基部裂片极度偏斜，边缘具细密刺齿。圆锥花序无总梗，花的萼片2轮，其中内萼片4枚，卵状椭圆形，白色，花瓣4枚，长角状，弯曲，深紫色。花期4～5月份。

习性 喜阴或半阴、温暖和湿润的环境，宜保持一定的空气湿度，在疏松、含腐殖质和有机质丰富的土壤中生长良好，不耐严寒，长江流域以南地区有露地越冬。

（辐射　4）

花菱草
Eschscholzia californica Cham.
罂粟科花菱草属

地理分布 原产美国、墨西哥。我国各地园林景区有栽培。

习性 喜阳光、冷凉干燥的气候，不耐炎热和潮湿，较耐瘠薄，但在肥沃、疏松、排水良好、土层深厚的砂质壤土中生长旺盛。

形态特征 多年生草本，常作一年生栽培，高30～60厘米。叶多回三出羽状细裂，小裂片形状多变，线形锐尖、长圆形锐尖或钝、匙状长圆形。花单生，花瓣4枚，黄色。花期4～8月份。

（辐射　4）　　273

油菜花 芸苔 *Brassica rapa* var. *oleifera* DC. 十字花科芸苔属

地理分布　分布于我国陕西、江苏、安徽、浙江、江西、湖北、湖南、四川，各地有栽培。为主要油料作物，现已成为特色旅游中的亮丽风景。

形态特征　二年生草本。基生叶羽状分裂，边缘有牙齿状不整齐缺刻，上部茎生叶长圆状倒卵形或长圆状披针形，全缘或有波状细齿。花瓣4枚，鲜黄色。长角果线形。花期3～4月份，果期5月份。

习性　喜阳光充足，宜肥沃、疏松和排水良好的土壤，幼苗抗寒性强，能抗−10℃的低温，4℃以上现蕾，大于10℃抽苔，据此习性，我国油菜产区分冬油菜区和春油菜区，如新疆昭苏的百万亩油菜花和内蒙古呼伦贝尔草原上的油菜花海都属春油菜区，而江西婺源、江苏兴化等为冬油菜区，冬油菜安全越冬的北界为黄淮海平原。

桂竹香 *Erysimum cheiri* (L.) Crantz 十字花科糖芥属

地理分布 原产欧洲南部。我国城市园林中常见栽培。

习性 喜阳光充足、凉爽的气候，不耐酷暑，不耐水涝，宜疏松、肥沃和排水良好的土壤，耐轻度盐碱土，稍耐寒，长江以南地区可露地越冬，华北地区在背风朝阳处需加保温措施越冬。

附注 异名 *Cheiranthus cheiri* L.

（辐射 4）

形态特征 多年生草本，全株有贴生长柔毛。基生叶莲座状，叶片倒披针形或披针形，茎生叶较小，近无柄。总状花序果期伸长，花有香味，花瓣4枚，黄色或橘黄色。花期4～5月份。

'火王'桂竹香 *Erysimum cheiri* 'Fire King' 十字花科桂竹香属

来源 桂竹香的园艺品种。我国城市园林中常见栽培。

形态特征 多年生草本，作两年生栽培。基生叶莲座状，叶片倒披针形或披针形，茎生叶较小，近无柄。总状花序果期伸长，花有香味，花瓣4枚，深橘红色。花期4～5月份。

习性 喜阳光充足、凉爽的气候，不耐酷暑，不耐水涝，宜疏松、肥沃和排水良好的土壤，耐轻度盐碱土，稍耐寒，长江以南地区可露地越冬，华北地区在背风朝阳处需加保温措施越冬。

（辐射 4） 275

紫罗兰 *Matthiola incana* (L.) W.T. Aiton 十字花科紫罗兰属

地理分布　原产欧洲南部。我国城市园林中常有栽培。

形态特征　二年生或多年生草本，被灰白色细柔毛，高可达60厘米。茎直立，多分枝，基部稍木质化。叶片匙形、长圆形至倒披针形，全缘或呈微波状。总状花序顶生和腋生，花序轴后期伸长，花多数，较大，花瓣4枚，紫红色。花期4～5月份。

习性　喜光照充足、凉爽和通风良好的环境，不耐水湿，在排水良好、中性偏碱的土壤中生长较好，较耐寒。

　（辐射　4）

二月兰　诸葛菜　*Orychophragmus violaceus* (L.) O. E. Schulz

十字花科诸葛菜属

地理分布　分布于我国辽宁、河北、山西、山东、河南、安徽、江苏、浙江、湖北、江西、陕西、甘肃、四川，各地有栽培。朝鲜也有分布。

形态特征　一年生或二年生草本。叶变化较大，初生叶近圆形，边缘有粗齿，基生叶及下部茎生叶常羽状全裂，边缘有钝齿，上部叶长圆形或窄卵形，基部耳状，抱茎，边缘有不整齐牙齿。花瓣4枚，紫色，偶见白色。花期4～5月份。

习性　喜充足光照，也耐阴，适应性强，较耐旱，对土壤要求不高，但在肥沃、湿润的土壤中生长旺盛，自播生长力强，耐寒。

（辐射 4）

红花月见草　美丽月见草

Oenothera speciosa Nutt. 柳叶菜科月见草属

形态特征　多年生草本。叶片长椭圆形，边缘浅裂或具粗齿。花瓣4枚，粉红色，具细羽状脉纹，顶端微凹。花期5～10月份。

地理分布　原产美国、墨西哥等。我国浙江、江苏、江西、贵州、云南等多地有栽培。

习性　喜阳光充足、温暖的气候，性强健，较耐旱，不耐水湿，对土壤要求不严，中性、微碱性和微酸性土壤均能生长，但宜疏松、排水良好的土壤，耐寒。

长寿花 *Kalanchoe blossfeldiana* Poelln. 景天科伽蓝菜属

地理分布　原产非洲。我国各地常见栽培。

形态特征　多年生肉质草本，高15～40厘米。叶交互对生，叶片肉质，卵形、椭圆形至阔卵形，边缘具圆齿。聚伞花序排列呈圆锥状，花瓣4枚，红色、紫红色、粉红色、黄色、白色等，因开花期长，故名"长寿花"。花期12月份至翌年4月份。

习性　喜光照充足、稍湿润的环境，耐干旱，对土壤要求不严，但在肥沃、排水良好的砂质壤土中生长旺盛，不耐寒，越冬温度10℃以上。

猪笼草 *Nepenthes mirabilis* (Lour.) Druce 猪笼草科猪笼草属

地理分布 分布于我国广东西部、南部，各地多为盆栽供观赏。亚洲中南半岛至大洋洲北部也有分布。

形态特征 草本，食虫植物。叶片披针形，瓶状体叶片长圆形或披针形，叶尖的卷须延长反卷扩大呈瓶状，瓶口可分泌蜜汁，内面下部密具腺体，昆虫落入瓶状体叶后，被瓶内液体消化吸收作养料。总状花序伸长，花被片4枚，褐红色。花期4～11月份。

习性 喜明亮的散射光、温暖和潮湿的环境，不耐强光暴晒，生长期需较高的空气湿度，宜疏松、肥沃和透气的腐叶土或泥炭土，越冬温度不低于16℃。

猪笼草的雄花（上海植物园摄）

猪笼草的雄花（上海植物园摄）

虞美人 *Papaver rhoeas* L. 罂粟科罂粟属

地理分布 原产欧洲。我国各地园林常见栽培。

形态特征 一年生草本，高30～80厘米，全株被伸展的刚毛。叶互生，叶片羽状分裂，下部叶全裂，上部叶深裂或浅裂，小裂片披针形。花单生，花瓣4～6枚，红色、粉红色或紫红色。花果期3～8月份。

习性 喜充足光照，较耐寒，不耐暑热，喜通风良好的环境，不耐积水，宜肥沃、排水良好的砂质壤土，不耐移植，能自播，寒冷地区播种后覆盖干草等以防寒。

（辐射 4～6）

长鬃蓼 *Polygonum longisetum* Bruijn 蓼科蓼属

地理分布 分布于我国东北、华北、陕西、甘肃、华东、华中、华南、四川、贵州和云南，是常见的野花。

形态特征 一年生草本，茎节部稍膨大。叶片宽披针形或狭长圆状披针形，边缘具缘毛。总状花序呈穗状，顶生或腋生，花淡红色或紫红色，花被片5枚。花期6～8月份。

习性 喜阳光充足，稍耐阴，耐寒，也耐热，不择土壤，耐干旱瘠薄，潮湿处也能生长，适应性强，可自播繁殖。

丛枝蓼 *Polygonum posumbu* Buch.-Ham. ex D. Don 蓼科蓼属

地理分布 分布于我国陕西、甘肃、东北、华东、华中、华南及西南地区，是常见的野花。朝鲜、日本、印度尼西亚、印度也有分布。

形态特征 一年生草本，茎具纵棱，下部多分枝。叶片卵状披针形或卵形，边缘具缘毛，托叶鞘筒状，薄膜质。总状花序呈长穗状，顶生或腋生，花被片5枚，椭圆形，淡红色。花期6～9月份。

习性 喜阳光充足，稍耐阴，耐寒，也耐热，耐瘠薄，不择土壤，适应性强，可自播繁殖。

（辐射 5）

千穗谷 *Amaranthus hypochondriacus* L. 苋科苋属

地理分布 原产北美洲。我国各地常见栽培。

形态特征 一年生草本，高30～80厘米。茎常紫红色。叶片菱状卵形或矩圆状披针形，全缘或波状。圆锥花序顶生，由多数穗状花序形成，小花簇在花序上排列极密，小花的花被片5枚，很小。花期7～8月份。

习性 喜光照充足，稍耐阴，适应性强，耐夏季高温，耐旱性强，不耐涝，不择土壤，但在肥沃、湿润的土壤中生长良好，不耐霜冻。

（辐射 5）

青葙 *Celosia argentea* L. 苋科青葙属

地理分布 分布于我国全国大部分地区，野生或栽培，供药用和观赏。朝鲜、日本、菲律宾、印度、缅甸、泰国等及非洲热带也有分布。

形态特征 一年生草本，高0.4～1米。叶片矩圆披针形至披针形。花多数，密生，组成塔形或圆锥形的穗状花序，粉红色，后渐变成白色，小花星状，花被片5枚。花期5～8月份。

习性 喜光照充足、温暖的环境，耐热，较耐旱，对土壤要求不严，但喜肥沃、疏松的石灰性土壤和砂壤土，在黏性土壤中生长缓慢。

（辐射 5）

'艳红' 凤尾鸡冠花 *Celosia cristata* 'Fresh Look Red' 苋科青葙属

来源 凤尾鸡冠花（Plumosa Group）园艺品种。我国各地常见栽培。

形态特征 一年生直立草本，高20～60厘米。叶片披针形、长圆状披针形或长卵状披针形。纤细的穗状花序羽毛状，聚成大的圆锥花序，花细小，多数，密生，艳红色，小花的花被片5枚。花期夏、秋季。

习性 喜光照充足、温暖和通风的环境，较耐旱，耐炎热，不耐寒，喜肥，宜排水良好的土壤。

紫茉莉 洗澡花；夜饭花 *Mirabilis jalapa* L. 紫茉莉科紫茉莉属

地理分布 原产热带美洲。我国南北各地常见栽培或逸为野生。

形态特征 一年生草本，高可达1米。茎多分枝，茎节稍膨大。叶片卵形或卵状三角形，全缘。花数朵簇生，紫红色、玫红色、黄色、白色或杂色，花冠高脚碟状，浅5裂，傍晚开放，芳香。花期6～10月份。

习性 喜温暖、湿润的气候，耐半阴，适应性强，在土层深厚、疏松、肥沃的壤土中生长旺盛，不耐寒。

（辐射 5）

大花马齿苋 松叶牡丹；太阳花
Portulaca grandiflora Hook. 马齿苋科马齿苋属

形态特征 一年生草本。茎平卧或斜升，多分枝。叶不规则互生，叶片细圆柱形，肉质。花单生或数朵簇生茎顶端，花大，花瓣5枚，顶端微凹，红色、紫色、黄色、白色等。花期6～9月份。

地理分布 原产巴西。我国各地城市园林常见栽培。

习性 喜阳光充足、温暖的环境，阴暗潮湿之处生长不良，耐瘠薄，一般土壤都能适应，在排水性好的砂质土壤中生长更好，自播能力也很强。

环翅马齿苋 *Portulaca umbraticola* Kunth 马齿苋科马齿苋属

地理分布 原产阿根廷、玻利维亚、巴西等。我国各地常见栽培。

形态特征 一年生草本。茎平卧或斜升，多分枝，伏地铺散。叶片扁平，肉质，倒卵形，绿色。花单生或数朵簇生，花瓣5枚，顶端微凹，红色、粉红色、黄色等。花期6～9月份。

习性 喜充足光照，不耐荫蔽，喜温暖，干燥环境，耐热，耐干旱，忌积水，宜肥沃、疏松和排水良好的土壤，不耐寒。

'花叶' 环翅马齿苋 *Portulaca umbraticola* 'Variegata' 马齿苋科马齿苋属

来源 环翅马齿苋的园艺品种。我国各地有栽培。

形态特征 一年生草本。茎平卧或斜升，多分枝，伏地铺散。叶片扁平，肉质，倒卵形，绿色，周边白色，具狭的淡紫红色叶缘。花单生或数朵簇生，花瓣5枚，顶端微凹，紫红色。花期6～9月份。

习性 喜充足光照，稍耐阴，喜温暖，干燥环境，耐热，耐干旱，忌积水，宜肥沃、疏松和排水良好的土壤，不耐寒。

（辐射 5）

石竹 *Dianthus chinensis* L. 石竹科石竹属

地理分布 分布于我国北方，各地园林普遍栽培。朝鲜、蒙古、俄罗斯西伯利亚地区也有分布。

习性 喜阳光充足、凉爽的气候，耐干旱，宜肥沃、疏松、排水良好及含石灰质的壤土或砂质壤土，忌水涝，不耐酷暑，耐寒。

形态特征 多年生草本，高30～50厘米。叶对生，叶片线状披针形。花单生或数朵集成聚伞花序，花瓣5枚，倒卵状三角形，红色、粉红色、紫红色或白色等，顶缘齿裂状，喉部有斑纹。花期5～6月份。园艺品种很多。

'美田' 石竹 *Dianthus* 'Meitian' 石竹科石竹属

来源 石竹的园艺品种。我国城市园林中常见栽培。

形态特征 多年生草本，全株无毛。叶对生，叶片线状披针形。花单生或数花集成聚伞花序，花瓣5枚，倒三角形，粉红色，中部深红色，顶缘细密齿裂状。花期5～6月份。

习性 喜阳光充足、凉爽的气候，耐干旱，宜肥沃、疏松、排水良好及含石灰质的壤土或砂质壤土，忌水涝，不耐酷暑，耐寒。

（辐射 5）

须苞石竹 美国石竹
Dianthus barbatus L. 石竹科石竹属

地理分布 原产欧洲。我国各地园林中有栽培。

形态特征 多年生草本，多作一、二年生栽培，全株无毛。叶对生，叶片宽披针形至披针形。花多数集成头状，有数枚叶状总苞片，花瓣5枚，粉红色、玫红色等，顶缘齿裂状。花果期5～10月份。

习性 喜光照充足、干燥、通风的环境，不耐酷暑，宜肥沃、排水良好的壤土，较耐寒。

286 （辐射 5）

瞿麦 *Dianthus superbus* L. 石竹科石竹属

地理分布 分布于我国安徽、江苏、江西、广西、湖北、湖南、河北、吉林、黑龙江、山东、陕西、陕西、宁夏、青海、四川、新疆等地。日本、朝鲜、蒙古、欧罗斯远东地区等及欧洲也有分布。

形态特征 多年生草本，高45～60厘米。叶片带状披针形。花通常1～2朵顶生，花瓣5枚，宽倒卵形，粉紫色或粉紫红色，顶端边缘细裂或丝状深裂至中部或中部以上。花期6～9月份。

习性 喜光照充足，耐半阴，对土壤要求不严，但以排水良好、肥沃的砂壤土为佳，耐寒。

（辐射　5）

剪春罗 *Lychnis coronata* Thunb. 石竹科剪秋罗属

地理分布 分布于我国安徽、福建、江苏、浙江、湖南、江西、四川（峨眉山），各地有栽培。日本也有分布。

形态特征 多年生草本，高50～90厘米，全株近无毛。叶片椭圆状倒披针形或卵状倒披针形，两面近无毛，边缘具缘毛。二歧聚伞花序具数朵花，花橙红色至粉橙红色，花瓣5枚，顶端具不整齐缺刻状齿。花期6～7月份。

习性 喜温暖、湿润的环境，耐阴，喜生长于较荫蔽处，适应性较强，宜疏松、排水良好的土壤。

（辐射　5）

剪红纱花 *Lychnis senno* Sieb. et Zucc. 石竹科剪秋罗属

（辐射 5）

地理分布 分布于我国长江流域和秦岭以南。日本也有分布。

形态特征 多年生草本，高50～100厘米，全株被毛。叶片椭圆状披针形，叶两面被柔毛，边缘具缘毛。花橙黄色或深红色，花瓣5枚，不规则深裂，裂片边缘细裂至中部或中部以上，花药暗紫色。花期7～8月份。

习性 喜光照充足、温暖和湿润的环境，稍耐阴，对土壤要求不严，多生长于疏林下或灌丛草地上。

肥皂草 *Saponaria officinalis* L. 石竹科肥皂草属

地理分布 原产地中海地区。我国城市园林有栽培，在大连、青岛等地常逸为野生。

形态特征 多年生草本，高30～70厘米。叶对生，叶片椭圆形或椭圆状披针形。聚伞圆锥花序，小聚伞花序有花3～7朵，花瓣5枚，淡红色或粉白色，具副花冠，副花冠裂片细线形。花期6～9月份。

习性 喜光照充足，也耐半阴，喜温暖、湿润气候，性强健，在干燥地及湿地均可正常生长，对土壤要求不严，较耐寒。

（辐射 5）

鹅掌草 林荫银莲花 *Anemone flaccida* F. Schmidt 毛茛科银莲花属

地理分布 分布于我国江苏、浙江、湖南、湖北、四川、陕西南部、甘肃南部等地区，是常见的林下野花。日本、俄罗斯远东地区也有分布。

形态特征 多年生草本，高20～40厘米，具根茎。基生叶五角形，3全裂，裂片具2深裂和不规则浅裂。花的萼片5枚，花瓣状，白色带粉红色晕，花瓣缺，雄蕊长约花萼片之半。花期4～5月份。

习性 喜光照充足、温暖和湿润的气候，耐半阴，在疏松、肥沃的壤土中生长良好，较耐寒。

（辐射 5）

打破碗花花 *Anemone hupehensis* (Lemoine) Lemoine 毛茛科银莲花属

地理分布 分布于我国浙江、江西、台湾、广东、广西、湖北西部、云南、四川、陕西南部等，安徽、福建、江苏等地栽培并归化。是中国特有种。

习性 喜阳光充足、温暖和较湿润的环境，不耐炎热和干燥，宜富含腐殖质和稍带黏性的土壤，较耐寒。

形态特征 多年生草本，具根茎。三出复叶，小叶片不规则浅裂。花的萼片大，5枚，花瓣状，淡紫红色至紫红色，花瓣缺，雄蕊的花药黄色。花期7～10月份。

'水晶星' 变色楼斗菜 *Aquilegia caerulea* 'Crystal Star' 毛茛科楼斗菜属

（辐射 5）

来源 变色楼斗菜的园艺品种。我国城市园林有栽培。

形态特征 多年生草本。叶为二回三出复叶，小叶圆倒卵形至扇形，边缘浅裂，浅裂片有2～3枚圆齿。花具距，萼片5枚，花瓣状，长卵状，先端渐尖，淡紫色，花瓣5枚，近圆卵形，先端圆钝，白色。花期5～7月份。

习性 喜凉爽气候，耐半阴，不耐夏季高温酷暑，宜富含腐殖质、湿润而排水良好的砂质壤土，耐寒。

来源 变色楼斗菜的园艺品种。我国城市园林有栽培。

习性 喜凉爽气候，耐半阴，不耐夏季高温酷暑，宜富含腐殖质、湿润而排水良好的砂质壤土，耐寒。

'红萼' 变色楼斗菜

Aquilegia caerulea 'Origami Red et White' 毛茛科楼斗菜属

形态特征 多年生草本。叶为二回三出复叶，小叶圆倒卵形至扇形，边缘浅裂，浅裂片有2～3枚圆齿。花辐具距，萼片5，花瓣状，长卵状，先端渐尖，酒红色，花瓣5，近圆卵形，先端圆钝，白色，基部具红色斑块。花期5～7月份。

（辐射 5）

铁筷子 *Helleborus thibetanus* Franch. 毛茛科铁筷子属

地理分布　分布于我国四川西北部、甘肃南部、陕西南部和湖北西北部，城市园林中有栽培。是中国特有种。

习性　喜半阴环境，但春季生长需充足光照，不耐酷暑烈日，需适度遮阳，在肥沃、深厚的土壤中生长良好，较耐寒。

（辐射　5）

形态特征　多年生草本，具根茎。叶片鸡足状3全裂或深裂，边缘具锯齿。花下垂，花的萼片大，花瓣状，5枚，初淡粉红色，果期变绿色，花瓣小，筒形或杯形，淡黄绿色。花期4月份。

'玫红' 铁筷子 *Helleborus* 'Lenten Rose' 毛茛科铁筷子属

来源　铁筷子属的园艺品种。我国城市园林中有栽培。

习性　喜半阴环境，但春季生长需充足光照，不耐酷暑烈日，需适度遮阳，在肥沃、深厚的土壤中生长良好，较耐寒。

形态特征　多年生草本，具根茎。叶片鸡足状全裂或深裂。花下垂，花的萼片大，花瓣状，5枚，玫红色，花瓣小，筒形或杯形，淡黄绿色。花期4月份。

（辐射　5）

'罗马红'铁筷子 *Helleborus* 'Rome in Red' 毛茛科铁筷子属

来源 铁筷子属的园艺品种。我国城市园林中有栽培。

形态特征 多年生草本，具根茎。叶片鸡足状全裂或深裂。花下垂，花的萼片大，花瓣状，5枚，深红色至红褐色，花瓣小，筒形或杯形，淡黄绿色。花期4月份。

习性 喜半阴环境，但春季生长需充足光照，不耐酷暑烈日，需适度遮阳，在肥沃、湿润、排水性好的深厚土壤中生长良好，较耐寒。

（辐射 5）

刺果毛茛 *Ranunculus muricatus* L.
毛茛科毛茛属

地理分布 原产亚洲西部、欧洲。我国安徽、江苏南部、浙江有栽培并归化。

形态特征 一年生草本，高10～30厘米。基生叶和茎生叶3中裂至3深裂，裂片边缘具缺刻状浅裂或粗齿，茎上部叶较小。花瓣5枚，黄色。花果期4～6月份。

习性 喜温暖湿润的气候，耐阴，也喜光，喜疏松、湿润的土壤，不耐旱，不宜重黏性土壤，常生于田野、湿地、河岸、沟边及阴湿的草丛中。

猫爪草 *Ranunculus ternatus* Thunb.
毛茛科毛茛属

地理分布 分布于我国河南、安徽、福建、广西、湖北、湖南、江苏、浙江、江西、台湾，是常见的树下野花，供药用和观赏。日本也有分布。

形态特征 一年生草本，茎细弱。基生叶有长柄，叶形多变，单叶或三出复叶，小叶3浅裂至3深裂，茎生叶常深裂呈线形。花瓣5（7）枚，黄色。花期春季，星星点点的成片开放于林下。

习性 喜光，也耐阴，喜温暖、湿润的环境，适应性强，对土壤要求不严，较耐水湿，在疏松、湿润、肥沃的壤土中生长旺盛。

（辐射 5）

捕蝇草 *Dionaea muscipula* J. Ellis 茅膏菜科捕蝇草属

地理分布 原产于美国。我国各地多盆栽观赏。

习性 喜生长于湿润、多雨且阳光充足的沼泽与湿地，耐贫瘠，宜泥炭土和沙土混合、偏酸性的湿润土壤，冬季气温达到10℃以下则进入休眠期。

形态特征 多年生草本，食虫植物。叶基生，叶柄扁平似叶状，绿色，叶柄顶端具有捕虫功能的叶瓣，张开的2个半圆体似夹子，边缘具齿状刺毛，内面有红色腺体，刺毛分泌蜜液，引诱小昆虫入内后立即紧紧关闭，红色腺体具消化吸收功能。花白色，花被片5枚。花期5～6月份。

（辐射 5）

长药八宝 *Hylotelephium spectabile* (Boreau) H. Ohba 景天科八宝属

形态特征　多年生草本。叶对生或3叶轮生，叶片卵形，全缘或具疏波状齿。顶生伞房花序大，花瓣5枚，淡紫红色至紫红色。花期8～9月份。

地理分布　分布于我国安徽、陕西、河南、山东、河北、辽宁、吉林、黑龙江，北京、上海、南京等地有栽培。朝鲜也有分布。

习性　喜光照充足，适应性强，较耐旱，对土壤要求不严，在疏松、肥沃和排水良好的土壤中生长旺盛，耐寒。

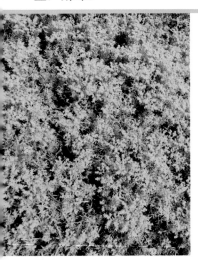

'金叶'佛甲草 *Sedum mexicanum* 'Gold Mound' 景天科景天属

形态特征　多年生草本，高30～40厘米。叶轮生，叶片亮黄色至黄绿色，宽线形。花序聚伞状，顶生，花瓣5枚，狭三角状披针形，金黄色。花期4～5月份。

来源　松叶佛甲草的园艺品种。我国各地园林有栽培。

习性　喜光照充足，也较耐阴，但荫蔽下叶色不艳丽，耐酷热烈日，耐旱性强，不择土壤，较耐寒。

厚叶岩白菜 *Bergenia crassifolia* (L.) Fritsch
虎耳草科岩白菜属

地理分布 分布于我国新疆，北京及山东等地有栽培。朝鲜、俄罗斯等也有分布。

习性 喜温暖、湿润和半阴的环境，耐阴，也可全光照下种植，不耐高温和强光，不耐干旱，夏季喜凉爽气候，宜疏松、肥沃和排水良好的腐叶土，耐寒。

（辐射 5）

形态特征 多年生草本。叶基生，叶片厚而大，倒卵形、阔倒卵形或椭圆形，边缘波齿状。圆锥状聚伞花序具多数花，花序梗深紫红色，花瓣5枚，紫红色或淡紫红色。花果期5～9月份。

红花酢浆草 *Oxalis corymbosa* DC.
酢浆草科酢浆草属

地理分布 原产南美热带地区。我国各地常见栽培，南方地区有逸为野生。

形态特征 多年生草本，具球状鳞茎。叶基生，指状复叶，小叶3枚，扁圆状倒心形。二歧聚伞花序常排列成伞形花序式，花淡紫色至紫红色，花瓣5枚。花果期4～12月份。

习性 喜光照充足、温暖、湿润的环境，耐半阴，对土壤要求不严，但以富含腐殖质的砂质壤土为佳，夏季高温时有短暂的休眠。

（辐射 5）

白花酢浆草 *Oxalis corymbosa* 'Alba' 酢浆草科酢浆草属

来源 红花酢酱草的栽培品种。我国上海、杭州、南京等地有栽培。

形态特征 多年生草本，具球状鳞茎。叶基生，指状复叶，小叶3枚，扁圆状倒心形。二歧聚伞花序常排列成伞形花序式，花白色，花瓣5枚。花期4～6月份和10月份。

习性 喜向阳和较湿润的环境，耐半阴，耐旱，较耐寒，对土壤要求不严，但以腐殖质丰富的砂质壤土生长旺盛，夏季有短期的休眠。

（辐射 5）

三角紫叶酢浆草

Oxalis triangularis A. St.-Hil. 酢浆草科酢浆草属

地理分布 原产美洲热带地区。我国南京、上海、杭州、广州等多地有栽培。

形态特征 多年生草本，具球状鳞茎。指状复叶，小叶3枚，小叶片阔倒三角形，紫红色。花淡紫色，花瓣5枚。花期4～6月份和11月份。

习性 喜光照充足，耐半阴，喜温暖、湿润的环境，在肥沃、湿润和排水良好的土壤中生长旺盛，长江以南地区可露地越冬。

（辐射 5）

大根老鹳草 *Geranium macrorrhizum* L.
牻牛儿苗科老鹳草属

地理分布　原产阿尔卑斯山脉和巴尔干半岛。国内有植物园栽培作观赏，也有药圃栽培用于提取大根老鹳草精油。

习性　全光照或半阴，适生长于乔灌木周边，宜排水良好、湿润和富含有机质的土壤，非常耐寒，在水分充足的条件下也可忍耐夏季炎热。

（辐射　5）

形态特征　多年生草本。叶对生，叶片具柔毛，掌状3～5深裂，裂片近菱形，边缘具疏粗齿或缺刻状。花瓣5枚，深粉红色或玫红色。花期5～6月份。

'施佩萨特'　大根老鹳草
Geranium macrorrhizum 'Spessart' 牻牛儿苗科老鹳草属

来源　大根老鹳草的园艺品种。

习性　全光照或半阴，适生长于乔灌木周边，宜排水良好、湿润和富含有机质的土壤，非常耐寒，在水分充足的条件下也可忍耐夏季炎热。

形态特征　多年生草本。叶对生，叶片具柔毛，掌状3～5深裂，裂片近菱形，边缘具疏粗圆齿或缺刻状。花蕾深红色，花淡粉色，花瓣5枚。花期5～6月份。

（辐射　5）

老鹳草 *Geranium wilfordii* Maxim.
牻牛儿苗科老鹳草属

地理分布 分布于我国东北、华北、华东、华中及陕西、甘肃、四川。日本、朝鲜、俄罗斯远东地区也有分布。

形态特征 多年生草本。叶对生，基生叶片圆肾形，5深裂达2/3处，裂片倒卵状楔形，茎生叶3深裂，裂片长卵形或宽楔形，上部不规则齿裂。花瓣5枚，顶端微凹，淡红色或白色。花期6～8月份。

习性 喜光照充足、温暖和湿润的气候，稍耐阴，较耐湿，在疏松、肥沃和湿润的壤土中生长良好，耐寒。

（辐射 5）

龙芽草 *Agrimonia pilosa* Ledeb.
蔷薇科龙芽草属

地理分布 分布于我国全国各地。欧洲东部、俄罗斯、朝鲜、日本、蒙古、印度北部、越南北部、缅甸等也有分布。

形态特征 多年生草本，高30～120厘米，根常呈块茎状。叶为间断奇数羽状复叶，小叶2～4对，倒卵形至倒卵状披针形，茎上部减少为3小叶。穗状总状花序顶生，花瓣5枚，黄色。花期6～9月份。

习性 喜光照充足，也耐半阴，性强健，耐寒，耐热，对土壤的适应性强，较耐旱，但喜湿润的土壤，常生于溪边、路旁、草地、灌丛、林缘及疏林下的环境中。

（辐射 5）

药葵 药蜀葵 *Althaea officinalis* L. 锦葵科药葵属

（辐射 5）

地理分布 分布于我国新疆塔城，北京、南京、上海、西安等地有栽培。阿富汗、巴基斯坦、俄罗斯及亚洲中部和西南部、欧洲也有分布。

习性 喜光照充足、干燥的气候，性强健，耐干旱和炎热，宜排水良好的砂质壤土，耐寒。

形态特征 多年生直立草本，高约1米。茎密被星状长糙毛。叶互生，叶片卵圆形或心形，3裂或不裂，两面密被星状毛，边缘具锯齿。花淡红色，花瓣5枚。花期7月份。

黄蜀葵 *Abelmoschus manihot* (L.) Medik. 锦葵科秋葵属

地理分布 分布于我国福建、广东、广西、贵州、河北、河南、湖北、陕西、山东、四川、云南，上海、江苏等地有栽培。印度、尼泊尔等也有分布。

习性 喜光照充足、温暖、湿润的环境，不耐涝，宜疏松、肥沃和排水良好的土壤。

形态特征 一年生或多年生草本，高1～2米，疏被长硬毛。掌状叶5～9分裂，小裂片长圆状披针形，边缘具粗钝锯齿。花大，单生，花瓣5枚，淡黄色，内面基部具紫色斑。花期8～10月份。

箭叶秋葵 *Abelmoschus sagittifolius* (Kurz) Merr. 锦葵科秋葵属

地理分布　分布于我国广东、广西、海南、贵州、云南，南方地区及南京、北京等地有栽培。印度、越南、老挝、泰国、马来西亚、澳大利亚等也有分布。

形态特征　多年生草本。下部的叶片卵形，中部以上的叶片卵状戟形、箭形至掌状分裂，小裂片阔卵形至阔披针形，边缘具锯齿。花瓣5枚，红色或近花心部分白色。花期5～9月份。

习性　喜光照充足和温暖的环境，稍耐阴，喜肥沃、深厚和排水良好的黏质壤土或钙质土，稍耐寒。

咖啡黄葵 *Abelmoschus esculentus* (L.) Moench 锦葵科秋葵属

地理分布 原产印度。我国广东、海南、河北、湖北、湖南、江苏、山东、浙江、云南有栽培。幼嫩果实在亚洲南部为蔬菜，亦可观花。

形态特征 一年生草本，高1～2米。茎疏生散刺。叶掌状3～7裂，裂片边缘具粗齿和凹缺。花单生叶腋，花瓣5枚，淡黄色。蒴果筒状，顶端具长喙。花期5～9月份。

习性 喜光照充足和温暖的气候，耐热、耐旱，宜土层深厚、疏松、湿润、肥沃和排水良好的土壤，不耐严寒。

红秋葵 德克萨斯星芙蓉

Hibiscus coccineus Walter 锦葵科木槿属

地理分布 原产美国东南部。我国广州、南京、杭州等地有栽培。

形态特征 多年生灌木状草本，高1～3米，茎暗红色。叶互生，叶片深5裂，裂片披针形，边缘具疏齿。花大，单生于枝端，花瓣5枚，艳红色。花期7～9月份。

习性 喜光照充足，常生长于沿海平原的沼泽或沟渠边，宜土层深厚、疏松、湿润、肥沃和排水良好的砂质壤土。

（辐射 5）

芙蓉葵 *Hibiscus moscheutos* L.

锦葵科木槿属

地理分布 原产美国东部。我国北京、青岛、上海、杭州、南京等地有栽培。

形态特征 多年生直立草本，高1～2米。叶片卵圆形、卵形至卵状披针形，有时两侧浅裂，边缘具钝齿。花大，单生于枝端叶腋，花瓣5枚，玫红色、粉红色等，喉部暗红色。花期7～9月份。

习性 喜光照充足、温暖和湿润的环境，忌干旱，较耐湿，在肥沃、湿润的砂质壤土中生长良好，较耐寒。

锦葵
Malva cathayensis M. G. Gilbert, Y. Tang et Dorr
锦葵科锦葵属

地理分布 原产印度。我国各地广泛栽培。

习性 喜阳光充足，稍耐阴，性强健，耐干旱，适应性强，不择土壤，在砂质壤土中生长良好。

附注 异名 *Malva sinensis* Cavan.

（辐射 5）

形态特征 二年生至多年生直立草本，高50～90厘米。茎分枝多。叶互生，叶片圆心形或肾形，边缘5～7波状浅裂。花3～11朵簇生，花瓣5枚，淡紫红色或白色，具深紫红色脉纹，基部深紫红色，顶端凹陷。蒴果扁圆形。花期5～10月份。

贯叶连翘 小金丝桃
Hypericum perforatum L. 藤黄科金丝桃属

地理分布 分布于我国河北、山西、陕西、甘肃、新疆、山东、江苏、江西、河南、湖北、湖南等。欧洲南部、非洲西北部、亚洲中部及俄罗斯等也有分布。

习性 喜光照充足、温暖和湿润的环境，对土壤要求不严，宜湿润、肥沃的砂质壤土，较耐寒。

形态特征 多年生草本，茎多分枝。叶对生，无柄，基部稍抱茎，叶片椭圆形。两歧状的聚伞花序多个组成顶生的圆锥花序，花瓣5枚，金黄色，花瓣边缘和花药具黑色腺点。花期7～8月份。

仙客来 兔耳花

Cyclamen persicum Mill. 报春花科仙客来属

地理分布 原产希腊、叙利亚、黎巴嫩等。现世界各地广为栽培。

形态特征 多年生草本，块茎扁球形。叶片心状卵圆形，先端稍尖，深绿色，常有浅色斑纹，边缘具细圆齿。花粉红色、红色、紫色或白色等，喉部具暗紫色斑块，花冠裂片5枚，花蕾期呈下垂状，开放后强烈反折，似兔耳朵。花期冬、春季。有许多园艺品种。

习性 喜凉爽、空气湿润和充足光照的环境，宜富含腐殖质、排水良好的砂质壤土，较耐寒，冬季保持盆土湿润，偏干为主，不耐炎热，夏季半休眠并需阴凉和通风的环境。

（辐射 5）

白花常春藤叶仙客来

Cyclamen hederifolium f. *albiflorum* (Jord.) Grey-Wilson 报春花科仙客来属

地理分布 原产地中海地区及周边岛屿。是常春藤叶仙客来的变型。

形态特征 多年生草本，具扁球状块茎。叶片似常春藤叶，深绿色，常有银色斑纹。花纯白色，花冠裂片5枚，长圆形至长圆状披针形，花蕾期呈下垂状，开放后强烈反折。花期9～11月份。

习性 喜半阴、凉爽的环境，宜富含腐殖质、排水良好的土壤，较耐寒，冬季保持盆土湿润，偏干为主，不耐热，夏季半休眠，湿度控制以块茎不干瘪为宜。

（辐射 5）

'珍珠波' 仙客来 *Cyclamen persicum* 'Pearl Wave' 报春花科仙客来属

来源 仙客来的园艺品种。我国各地有栽培。

形态特征 多年生草本，块茎扁球形。叶片心状卵圆形，深绿色，具浅色斑纹，边缘具细圆齿。花深粉红色，基部具暗红色斑块，花冠裂片5枚，边缘波状皱折，花蕾期呈下垂状，开放后强烈反折。花期冬、春季。

习性 喜凉爽、空气湿润和充足光照的环境，宜富含腐殖质、排水良好的砂质壤土，较耐寒，冬季保持盆土湿润，偏干为主，不耐炎热，夏季半休眠并需阴凉和通风的环境。

（辐射 5）

泽珍珠菜 *Lysimachia candida* Lindl. 报春花科珍珠菜属

地理分布 分布于我国陕西（南部）、河南、山东以及长江以南各省区，是常见野花，也可供药用。越南、缅甸也有分布。

形态特征 一年生或二年生草本。基生叶匙形或倒披针形，开花时存在或早凋，茎生叶倒卵形、倒披针形或线形，边缘全缘或微皱呈波状。总状花序顶生，初时因花密集而呈阔圆锥形，其后渐伸长，花冠裂片5枚，白色。花期3～6月份。

习性 喜光照充足，也耐半阴，喜温暖、湿润的环境，对土壤的适应性较强，在肥沃、湿润的土壤中生长良好。

（辐射 5）

矮桃 *Lysimachia clethroides* Duby
报春花科珍珠菜属

地理分布 分布于我国东北、华中、西南、华南、华东地区及河北、陕西等，供药用和观赏。朝鲜、日本、俄罗斯东部也有分布。

形态特征 多年生草本，高40～100厘米。茎直立。叶互生，叶片长椭圆形或阔披针形。顶生的总状花序穗状，盛花期长约6厘米，花密集，花冠裂片5枚，白色。花期5～7月份。

习性 喜阳光充足，也耐半阴，性强健，较耐旱，不择土壤，生于山坡林缘和草丛中，耐寒。

（辐射 5）

金爪儿 *Lysimachia grammica* Hance
报春花科珍珠菜属

形态特征 多年生草本，高15～35厘米，茎簇生，多分枝。叶在茎下部对生，在上部互生，卵形至三角状卵形，密被柔毛。花单生于茎上部叶腋，花冠裂片5枚。金黄色。花期4～5月份。

地理分布 分布于我国陕西南部、河南、湖北、江西、安徽、江苏、浙江，是常见的野花。

习性 喜温暖、湿润的环境，常生长于山脚路边、疏林下等阴湿处，对土壤要求不严。

马利筋 *Asclepias curassavica* L. 萝藦科马利筋属

地理分布 原产西印度群岛。我国上海、广东、广西、云南、湖南、江西、福建、台湾等地有栽培，也有逸为野生。全株有毒，尤以乳汁毒性较强。

习性 喜光照充足，稍耐阴，喜温暖、湿润的气候，宜肥沃、湿润的土壤，不耐干旱，不耐霜冻，寒冷地区常作一年生栽培。

（辐射 5）

形态特征 多年生草本，高达80厘米，全株有白色乳汁。叶对生，叶片披针形至椭圆状披针形。聚伞花序有花10～20朵，花冠裂片5枚，艳红色，反折状，具副花冠，副花冠裂片5枚，黄色。花期几乎全年。

天蓝绣球 锥花福禄考

Phlox paniculata L. 花荵科天蓝绣球属

地理分布 原产北美洲。我国各地园林有栽培。

习性 喜光照充足或半阴，喜温暖、湿润的环境，不耐夏季高温，不耐旱，忌积水，宜疏松、肥沃和排水良好的砂质壤土，耐寒。

形态特征 多年生草本，株高50～80厘米。叶交互对生，有时3枚轮生，叶片长卵状披针形，全缘。伞房状圆锥花序顶生，花冠高脚碟状，裂片5枚，玫红色、红色或紫色等。花期6～9月份。

'娜塔莎' 天蓝绣球 '娜塔莎' 穗花福禄考

Phlox maculata 'Natasha' 花葱科天蓝绣球属

来源 穗花天蓝绣球的园艺品种。我国各地园林有栽培。

形态特征 多年生草本,株高约50厘米。茎直立。叶对生或簇生,叶片披针形,全缘。花序较长,具多而密集的花,花冠高脚碟状,裂片5枚,白色具粉红色星状斑纹。花期7~8月份。

习性 喜光照充足,稍耐半阴,喜空气流通的环境,不耐干旱,在肥沃、湿润的土壤中生长良好,忌积水,耐寒。

针叶天蓝绣球 丛生福禄考

Phlox subulata L. 花荵科天蓝绣球属

地理分布　原产北美洲。我国各地园林多有栽培。

习性　喜光照充足，性强健，耐旱，耐瘠薄，对土壤要求不严，地面覆盖率高，耐夏季高温酷暑，耐寒。

（辐射　5）

形态特征　多年生矮小草本，株高10厘米左右。茎丛生，铺散。叶对生或簇生，叶片披针形，全缘。聚伞花序顶生，花冠高脚碟状，裂片5枚，粉紫色、粉红色或白色。花期春、秋两季，开花时，密集的花朵如粉紫或粉红色的花毯。

'白边'天蓝绣球 '白边'福禄考

Phlox subulata 'Marianne' 花荵科天蓝绣球属

来源　针叶天蓝绣球的园艺品种。我国各地园林有栽培。

形态特征　多年生矮小草本，株高10～20厘米。茎丛生，铺散，多分枝。叶对生或簇生，叶片披针形，全缘。聚伞花序具数朵花，生于枝顶，花冠高脚碟状，裂片5枚，粉红色具白色边缘。花期春、秋两季。

习性　喜光照充足，性强健，耐旱，耐瘠薄，对土壤要求不严，地面覆盖率高，耐夏季高温酷暑，耐寒。

（辐射　5）

（辐射 5）

长春花 *Catharanthus roseus* (L.) G. Don
夹竹桃科长春花属

形态特征　多年生草本或亚灌木状，高40～100厘米。茎近方形。叶对生，叶片倒卵状长圆形。聚伞花序腋生或顶生，有花2～3朵，花冠高脚碟状，裂片5枚，淡玫红色或红色等，花心深红色。花期5～11月份。

地理分布　原产非洲东部。我国西南、中南及华东等地区常有栽培。

习性　喜光照充足，耐半阴、耐高温、高湿，一般土壤均可生长，但盐碱土不宜，在疏松、富含腐殖质和排水性好的砂质壤土中生长良好，不耐严寒。

倒提壶　中国勿忘我

Cynoglossum amabile Stapf et Drumm. 紫草科琉璃草属

地理分布　分布于我国甘肃南部、贵州西部、四川西部、西藏东南部和西南部、云南，北京、上海等地有栽培。

形态特征　多年生草本，密生贴伏短柔毛。基生叶具叶柄，长圆状披针形或披针形，茎生叶无柄，长圆形或披针形。圆锥花序无苞片，花冠蓝色或淡蓝色，稀白色，花冠裂片5枚。花果期5～9月份。

习性　日照充足时开花频繁，也耐阴，宜肥沃、排水良好的土壤，在黏重的土壤中生长不良，不耐高温，越冬温度5℃以上，自播能力强。

红花烟草 烟草 *Nicotiana tabacum* L. 茄科烟草属

地理分布 原产南美洲。我国各地广为栽培，可作烟草工业原料，也可供药用和观赏。

习性 喜光照充足、温暖的环境，不耐寒，在肥沃、疏松、土层深厚和排水性好的土壤中生长旺盛。

（辐射 5）

形态特征 一年生或有限多年生草本，高 0.7～2 米。茎基部稍木质化。叶互生，叶片长圆状披针形。顶生圆锥状花序具多数花，花冠漏斗形，花冠裂片 5 枚，淡红色，边缘略波状。花果期夏、秋季。

毛蕊花 *Verbascum thapsus* L. 玄参科毛蕊花属

地理分布 分布于我国新疆、西藏、云南、四川、浙江、江苏、北京、西安、上海等地有栽培。亚洲其他地区、欧洲也有分布。

形态特征 二年生草本，高 1～1.5 米。全株密被浅灰黄色星状毛。基生叶和下部茎生叶倒披针状卵圆形，上部茎生叶逐渐缩小。穗状花序圆柱状，长 30 厘米或更长，花数朵簇生，黄色，花冠裂片 5 枚。花期 6～8 月份。

习性 喜夏季干燥、凉爽的气候，不耐炎热多雨，耐寒，较耐旱，生长强健，宜疏松、肥沃和排水性好的砂质壤土，忌冷湿黏重土壤。

（辐射 5）

翠芦莉　芦莉草 *Ruellia simplex* C. Wright 爵床科芦莉草属

（辐射　5）

地理分布　原产热带美洲。我国城市园林中有栽培，云南、台湾等地逸为野生。

形态特征　多年生常绿草本，高60～90厘米。茎略呈方形。单叶对生，叶片宽披针形。花冠阔漏斗形，花冠裂片5枚，淡紫色或淡蓝紫色，边缘略波状。花期4～10月份。

习性　全日照或半日照，喜温暖的环境，耐酷暑，适应性强，耐旱，也较耐水湿，耐瘠薄和轻度盐碱土，在富含腐殖质和排水性好的土壤中生长旺盛。

附注　异名*Ruellia brittoniana* Leonard

'矮生'翠芦莉 *Ruellia simplex* 'Dwarf Ruellia' 爵床科芦莉草属

来源　翠芦莉的矮生品种。我国各地园林有栽培。

形态特征　多年生常绿草本，丛生状，高20～30厘米。茎略呈方形。单叶对生，叶片披针形。花冠阔漏斗形，花冠裂片5枚，淡紫色或淡蓝紫色，边缘略波状。花期4～9月份。

习性　全日照或半日照，喜温暖的环境，耐酷暑，适应性强，耐旱，也较耐水湿，耐瘠薄和轻度盐碱土，在富含腐殖质和排水性好的土壤中生长旺盛。

'凯特粉' 翠芦莉

Ruellia simplex 'Katie Pink' 爵床科芦莉草属

来源　翠芦莉的矮生品种。我国各地园林有栽培。

形态特征　多年生常绿草本，丛生状，高20～30厘米。茎略呈方形。单叶对生，叶片披针形。花冠阔漏斗形，花冠裂片5枚，粉红色或淡粉色，边缘略波状。花期4～9月份。

习性　全日照或半日照，喜温暖的环境，耐酷暑，适应性强，耐旱，也较耐水湿，耐瘠薄和轻度盐碱土，在富含腐殖质和排水性好的土壤上生长旺盛。

（辐射　5）

攀倒甑　白花败酱

Patrinia villosa (Thunb.) Dufr. 败酱科败酱属

地理分布　分布于我国安徽、江苏、浙江、河南、湖北、湖南、广东、福建、台湾等，供药用和观赏。日本也有分布。

习性　喜阳光充足、温暖和湿润的环境，较耐干旱，对土壤要求不严，在疏松、肥沃和排水良好的土壤中生长旺盛，稍耐寒。

形态特征　多年生草本，高50～100厘米。叶片卵形，不分裂或羽状深裂。聚伞花序组成顶生圆锥花序或伞房花序，花白色，花冠裂片5枚。花期8～10月份。

（辐射　5）

鸡蛋参 *Codonopsis convolvulacea* Kurz 桔梗科党参属

（辐射 5）

地理分布　分布于我国云南东南部至中部及四川西南部。缅甸也有分布。

形态特征　多年生草本，块根卵圆形或卵形。茎缠绕或直立，少分枝。叶互生或有时对生，条形至卵圆形，全缘或具波状齿。花淡蓝色或蓝紫色，花冠裂片5枚。花果期7～10月份。

习性　喜温和、凉爽的气候，喜阳光充足；但幼时喜潮湿、荫蔽，怕强光。宜土层深厚疏松、富含腐殖质和排水良好的砂质壤土，较耐寒。

桔梗 *Platycodon grandiflorus* (Jacq.) A. DC. 桔梗科桔梗属

地理分布　分布于我国东北、华北、华东、华中地区及广东、广西、贵州、四川、陕西等地，野生或栽培。朝鲜、日本、俄罗斯远东地区等也分布。

形态特征　多年生草本，具乳汁，根胡萝卜状。叶轮生至互生，叶片卵形至披针形，边缘具细锯齿。花常单朵顶生，花蓝紫色或蓝色，花冠裂片5枚。花期7～9月份。

习性　喜光照充足和凉爽气候，稍耐半阴，以富含磷钾肥的砂质壤土生长较好，耐寒性强。

蓟罂粟 刺罂粟

Argemone mexicana L. 罂粟科蓟罂粟属

地理分布 原产中美洲和热带美洲。我国很多省区有栽培，台湾、福建、广东沿海有逸生。

习性 喜光照充足、温暖的环境，性强健，较耐高温，耐旱，耐瘠薄，但以排水良好的砂质壤土为佳。

（辐射 6）

形态特征 一年生草本，高35～100厘米。茎具分枝和多短枝，疏被黄褐色平展的刺。叶羽状分裂，裂片边缘羽状深裂，具波状齿，齿端具尖刺，沿脉散生尖刺。花单生于短枝顶，花瓣6枚，黄色。花果期3～10月份。

千屈菜

Lythrum salicaria L. 千屈菜科千屈菜属

地理分布 分布于我国全国各地，常生于水边湿地。欧洲、亚洲、北美洲和澳大利亚东南部也有分布。

形态特征 多年生湿生草本。茎常四棱形，多分枝。叶对生或3叶轮生，叶片披针形或阔披针形。小聚伞花序簇生似长穗状花序，花瓣6枚，稍皱缩状，紫红色。花期6～7月份。

习性 喜光照充足和水湿的环境，耐湿，也能在旱地生长，对土壤要求不严，但在土层深厚、富含腐殖质的土壤中生长更好，耐寒。

（辐射 6）

雨久花 *Monochoria korsakowii* Regel et Maack 雨久花科雨久花属

地理分布　分布于我国河北、黑龙江、吉林、辽宁、内蒙古、陕西、山东、湖北、安徽、江苏等。朝鲜、日本、越南、俄罗斯西伯利亚地区等也有分布。

形态特征　直立水生草本。叶片宽卵状心形，具多数弧状脉，全缘，基生叶的叶柄长达30厘米，有时膨大成囊状，茎生叶的叶柄渐短，抱茎。总状花序顶生，有时再聚成圆锥花序，花蓝色，花被片6枚。花期7～8月份。

习性　喜光照充足，稍耐荫蔽，喜温暖，性强健，对水质的适应性较强，宜富含腐殖质的土壤。

（辐射　6）

薤头 *Allium chinense* G. Don 百合科葱属

地理分布　分布于安徽、福建、广东、广西、贵州、海南、河南、湖南、湖北、江西、浙江，各地有栽培，鳞茎可食用，花可观赏。是中国特有种。

形态特征　多年生草本，鳞茎数枚聚生，植株具葱蒜味。叶片圆柱状，中空。花葶侧生，伞形花序具十几至二十余朵花，小花的花被片6枚，淡紫色或淡紫红色，花柱伸出花被片外。花期10～11月份。

习性　喜光照充足、温暖、湿润的气候，宜肥沃、湿润和排水良好的土壤，不耐涝，稍耐寒。

　（辐射　6）

大花葱 绣球葱 *Allium giganteum* Regel 百合科葱属

地理分布 原产亚洲中部和西南部。我国各地常见栽培。

形态特征 多年生草本,具鳞茎。叶近基生,叶片倒披针形。花葶自叶丛中抽出。伞形花序近头状,具多数花(50朵以上),小花的花被片6枚,狭三角状披针形,紫色或淡紫色。花期5～6月份。

习性 喜光照充足、凉爽的环境,不耐湿热多雨,不耐荫蔽,不耐积水,宜疏松、肥沃和排水良好的砂质壤土,耐寒。

(辐射 6)

嘉兰 *Gloriosa superba* L. 百合科嘉兰属

地理分布 分布于我国云南南部,南方园林有露地栽培,北方地区温室有栽培。亚洲热带地区和非洲也有分布。

形态特征 多年生攀援状草本,根茎块状。叶片披针状卵形或披针形。花大,单生,花被片6枚,宽条状披针形,向下反折并卷曲,边缘皱波状,上半部亮红色,下半部黄色,花丝较长。花期7～8月份。

习性 喜温暖、湿润的气候,不耐强光,不耐干旱,宜肥沃及透气性、排水性和保水性均好的土壤,不耐寒,南方地区可露地越冬。

(辐射 6)

（辐射 6）

萱草 *Hemerocallis fulva* (L.) L. 百合科萱草属

形态特征　多年生草本，根近肉质，中下部有时纺锤状膨大。叶片带状。花近漏斗状，橘红色具淡黄色中脉，喉部金黄色，花被裂片6枚，内轮3枚常比外轮3枚宽，边缘具细褶或略波状。花果期5～7月份。园艺品种繁多。

地理分布　分布于我国秦岭以南地区，各地常见栽培。

习性　喜光照充足，耐半阴，喜湿润也较耐旱，适应性强，对土壤要求不严，但在富含腐殖质、排水良好的湿润土壤中生长旺盛，耐寒，华北地区可露地越冬。

'伍德' 萱草 *Hemerocallis* 'Woodbury' 百合科萱草属

形态特征　多年生草本，根近肉质。叶片带状。花粉红橙色，花被裂片宽阔，6枚，内轮3枚比外轮3枚大，花瓣边缘略细浅皱褶状。花期5～7月份。

来源　萱草属的园艺品种。我国各地有栽培。

习性　喜光照充足，耐半阴，适应性强，耐旱，在疏松、肥沃和湿润的土壤中生长良好，耐寒。

'金娃娃'萱草 *Hemerocallis fulva* 'Stella de Oro' 百合科萱草属

来源 萱草的园艺品种。我国各地有栽培。

形态特征 多年生草本，根中下部有时纺锤状膨大。叶片带状。花大，金黄色，花被裂片宽大，6枚，内轮3枚比外轮3枚大，花瓣边缘略细浅皱褶状。花果期5～7月份。

习性 喜光照充足、湿润的环境，也耐半阴，适应性强，耐干旱，宜深厚、肥沃、富含腐殖质和排水良好的砂质壤土，耐寒。

（辐射 6）

'深红'萱草 *Hemerocallis* 'Crimson Icon' 百合科萱草属

来源 萱草属的园艺品种。我国各地有栽培。

习性 喜光照充足，耐半阴，适应性强，耐旱，在疏松、肥沃和湿润的土壤中生长良好，耐寒。

形态特征 多年生草本，根近肉质。叶片带状。花深红色，花被裂片较宽，6枚，内轮3枚比外轮3枚宽大，花瓣边缘略细浅皱褶状。花期5～7月份。

（辐射 6）

'大牛眼' 萱草 *Hemerocallis* 'Solano Bulls Eye' 百合科萱草属

形态特征 多年生草本，根近肉质，中下部有时纺锤状膨大。叶基生，带状。花大，漏斗状，花被裂片6枚，内轮3枚比外轮3枚宽大，内轮3枚阔卵圆形，黄色且下部具暗红色大斑块，外轮3枚长圆形，黄色。花期6～7月份。

来源 萱草的园艺品种。我国各地有栽培。

习性 喜光照充足，耐半阴，对土壤要求不严，但在富含腐殖质、疏松、透气性和排水性好的土壤中生长旺盛，耐寒。

北黄花菜
Hemerocallis lilioasphodelus L. 百合科萱草属

地理分布 分布于我国黑龙江、辽宁、河北、江苏、陕西、甘肃等，野生或栽培。

形态特征 多年生草本，根稍肉质。叶片带状。花近漏斗状，淡黄色，花被裂片6枚，内轮3枚常比外轮3枚宽，边缘具细褶或略波状。花果期6～9月份。

习性 喜光照充足，稍耐半阴，喜湿润也较耐旱，适应性强，对土壤要求不严，但在富含腐殖质、排水良好的湿润土壤中生长旺盛，耐寒，华北地区可露地越冬。

玉簪 *Hosta plantaginea* (Lam.) Aschers.
百合科玉簪属

地理分布　分布于我国湖北、湖南、江苏、安徽、浙江、福建、广东等，各地常见栽培。

形态特征　多年生草本，根茎粗壮。叶片卵状心形、卵形至卵圆形。花葶具几朵至十几朵花，花芳香，花冠白色，钟状，花冠裂片6枚。花果期7～10月份。

习性　喜阴湿环境，不耐强烈日光照射，性强健，对土壤要求不严，但在土层深厚、肥沃和排水良好的砂质壤土生长旺盛，耐寒。

（辐射　6）

'花叶' 玉簪

Hosta plantaginea 'Variegata' 百合科玉簪属

来源　玉簪的园艺品种。我国湖北、湖南、江苏、安徽、浙江、福建、广东等地常见栽培。

形态特征　多年生草本，根茎粗壮。叶片卵状心形、卵形至卵圆形，淡黄色具翠绿色条纹和边缘。花葶具几朵至十余朵花，花芳香，花冠白色，钟状，花冠裂片6枚。花果期7～10月份。

习性　喜阴湿环境，不耐强烈日光照射，性强健，对土壤要求不严，但在土层深厚、肥沃、排水良好的砂质壤土中生长旺盛，较耐寒。

（辐射　6）

风信子 *Hyacinthus orientalis* L. 百合科风信子属

（辐射 6）

地理分布 原产地中海东北部。我国各地园林有栽培。

形态特征 多年生草本，鳞茎近球形。叶片带状披针形。总状花序有小花10～20朵，密生于花葶上部，花完全开放后近辐射对称，花冠裂片6枚，向外侧下方反卷，浅紫色，芳香。花期3～4月份。园艺品种繁多。

习性 喜光照充足、冬季温暖湿润、夏季凉爽稍干燥的环境，宜肥沃、排水良好的砂质壤土，耐寒。

'粉红'风信子

Hyacinthus orientalis 'Lady Derby'
百合科风信子属

来源 风信子的园艺品种。我国各地园林有栽培。

形态特征 多年生草本，鳞茎近球形。叶片宽带状披针形。总状花序有小花10～20朵，生于花葶上部，花完全开放后近辐射对称，花冠裂片6枚，向外侧下方略反卷，粉红色，芳香。花期3～4月份。

习性 喜光照充足、冬季温暖湿润、夏季凉爽稍干燥的环境，宜肥沃、排水良好的砂质壤土，耐寒。

（辐射 6）

'蓝紫'风信子

Hyacinthus orientalis 'Blue Jacker' 百合科风信子属

来源 风信子的园艺品种。我国各地园林有栽培。

形态特征 多年生草本，鳞茎近球形。叶片带状披针形。总状花序有小花10～20朵，生于花葶上部，花完全开放后近辐射对称，花冠裂片6枚，向外侧下方反卷，蓝紫色，芳香。花期3～4月份。

习性 喜光照充足、冬季温暖湿润、夏季凉爽稍干燥的环境，宜肥沃、排水良好的砂质壤土，耐寒。

（辐射 6）

'简波斯'风信子 *Hyacinthus orientalis* 'Jan Bos' 百合科风信子属

来源 风信子的园艺品种。我国各地园林有栽培。

形态特征 多年生草本，鳞茎近球形。叶片带状披针形。总状花序有小花10～20朵，生于花葶上部，花完全开放后近辐射对称，花冠裂片6枚，向外侧下方反卷，红色，芳香。花期3～4月份。

习性 喜光照充足、冬季温暖湿润、夏季凉爽稍干燥的环境，宜肥沃、排水良好的砂质壤土，耐寒。

（辐射 6）

宝兴百合 *Lilium duchartrei* Franch.
百合科百合属

地理分布 分布于我国四川、河北、西藏、甘肃。是中国特有种。

形态特征 多年生草本，高50～85厘米，鳞茎卵圆形。叶片披针形或卵状披针形。花单生或数朵排列成总状花序、近伞形花序或伞形总状花序，花下垂，芳香，花被片6枚，反卷，白色或淡紫红色，具深色斑点。花期7月份。

习性 喜凉爽、潮湿、光照充足或略荫蔽的环境，忌硬黏土，宜富含腐殖质、排水良好的微酸性土壤。

（辐射 6）

有斑百合 *Lilium concolor* var. *pulchellum* (Fisch.) Regel 百合科百合属

地理分布 分布于我国河北、山东、山西、辽宁、吉林等。朝鲜、俄罗斯也有分布。

形态特征 多年生草本，鳞茎卵球形。叶片条形。花直立，1～5朵排列成近伞形或总状花序，花被片6枚，橙红色或橙黄色，具深色斑点。花期6～7月份。

习性 喜光照良好、温凉的环境，耐半阴，不耐高温酷热，宜疏松、富含腐殖质和排水良好的土壤，耐寒。

（辐射 6）

药百合 *Lilium speciosum* var. *gloriosoides* Baker 百合科百合属

地理分布　分布于我国安徽、江西、浙江、湖南、广西、台湾、浙江，供药用和观赏。是中国特有种。

形态特征　多年生草本，高60～100厘米，具鳞茎。叶片宽披针形或倒卵状披针形。总状花序或近伞形花序具1～5朵花，花下垂，花被片6枚，反卷，边缘波状，白色具紫红色斑块和斑点。花期7～8月份。

习性　喜温暖、湿润的气候，耐半阴，宜疏松、富含腐殖质和排水良好的土壤，长江流域以南地区可露地越冬。

（辐射　6）

'亚洲'百合 *Lilium* 'Asiatic Hybrids' 百合科百合属

来源　由卷丹、垂花百合、川百合、朝鲜百合等种和杂种群中选育出来的栽培杂种系。我国各地常见栽培。

形态特征　多年生草本，鳞茎近球形。叶片披针形。花被片6枚，花色有粉红色、橙红色、黄色、橙黄色等，花形姿态可分为花朵向上开放；花朵向外开放；花朵下垂，花瓣外卷。花期4～5月份。

习性　喜冷凉、湿润、光照充足的环境，耐半阴，宜土层深厚、富含腐殖质、疏松和排水良好的砂质壤土，抗寒性不强，冬季鳞茎需室内储藏。

（辐射　6）

（辐射 6）

'东方' 百合 *Lilium* 'Oriental Hybrids'
百合科百合属

形态特征 多年生草本，具鳞茎。叶片披针形。花芳香，花被片6枚，花色丰富，有粉红色、橙红色、橙黄色等，常具深色斑纹和斑点，花形可分为喇叭形、碗形、平展形、外弯形。花期春、夏季。

来源 由天香百合、药百合、日本百合、红花百合等种与湖北百合杂交产生的后代中选育出来的栽培杂种系。我国各地常见栽培。

习性 喜冷凉、湿润、光照较充足的环境，耐半阴，宜土层深厚、富含腐殖质、疏松和排水良好的砂质壤土，抗寒性不强，冬季鳞茎需室内储藏。

'木门' 百合 *Lilium* 'Conca D'or'
百合科百合属

形态特征 多年生草本，具鳞茎。叶片披针形。花大，芳香，花被片6枚，黄色。花期春、秋季。

来源 由东方百合与喇叭百合杂交所得的园艺品种，也称OT型百合。我国各地有栽培。

习性 喜冷凉、湿润、光照较充足的环境，宜土层深厚、富含腐殖质、疏松和排水良好的砂质壤土，抗寒性不强，冬季鳞茎需室内储藏。

阔叶山麦冬
Liriope muscari (Decne.) L. H. Bailey 百合科山麦冬属

地理分布 分布于我国广东、广西、福建、台湾、江西、浙江、江苏、山东、湖南、湖北、四川、贵州、安徽、河南，各地常见栽培。日本也有分布。

形态特征 多年生草本，具纺锤状肉质小块根。叶基生，叶片禾叶状，宽1～3.5厘米。花葶通常长于叶片，总状花序具多数花，小花的花被片6枚，紫色或淡紫红色。花期7～8月份。

习性 喜温暖、湿润和半阴的环境，耐阴性强，不耐水涝，宜富含腐殖质、湿润和排水良好的土壤，较耐寒。

附注 异名 *Liriope platyphylla* Wang et Tang

（辐射 6）

'金边'阔叶山麦冬
Liriope muscari 'Aureo-marginata' 百合科山麦冬属

来源 阔叶山麦冬的园艺品种。我国各地常见栽培。

形态特征 多年生草本，具纺锤状肉质小块根。叶基生，叶片禾叶状，宽1～3.5厘米，绿色具黄色叶缘。花葶通常长于叶片，总状花序具多数花，小花的花被片6枚，紫色或淡紫红色。花期7～8月份。

习性 喜温暖、湿润和半阴的环境，耐阴性强，不耐水涝，宜富含腐殖质、湿润和排水良好的土壤，较耐寒。

伞花虎眼万年青 *Ornithogalum umbellatum* L. 百合科虎眼万年青属

地理分布 原产欧洲中南部、非洲西北部、亚洲西南部。供观赏和药用。我国南京等地有栽培。

形态特征 多年生草本，具鳞茎。叶片线形。伞房状总状花序具数朵至十余朵花，花被裂片6枚，白色。花期春季。

习性 喜半阴、温暖和湿润的环境，冬、春季需充足水分，较耐受夏季干旱，宜疏松、含腐叶土和排水良好的土壤，较耐寒。

（辐射 6）

老鸦瓣 山慈菇 *Tulipa edulis* (Miq.) Baker 百合科郁金香属

地理分布 分布于我国东北部至长江流域各省。日本、朝鲜也有分布。

形态特征 多年生草本，具卵圆形鳞茎。叶片狭长，带状披针形。花较大，花被片6枚，白色，基部具黄色斑。花期3～4月份。

习性 喜阳光充足，稍耐阴，性强健，较耐旱，生于山坡草地或路旁，耐寒。

（辐射 6）

郁金香 *Tulipa gesneriana* L.
百合科郁金香属

地理分布　原产地中海沿岸及土耳其等地区，是世界著名花卉。我国各地园林多有栽培。

形态特征　多年生草本，具近圆锥形或卵圆形鳞茎。叶被白粉，叶片带状披针形至卵状披针形。花瓣6枚，红色、黄色或白色等，顶端圆钝。花期春季。园艺品种繁多。

习性　喜光照充足、冬季温暖湿润、夏季凉爽干燥的气候，宜富含腐殖质、疏松、肥沃、排水良好的微酸性砂质壤土，忌碱土，不耐酷暑，耐寒。

（辐射　6）

'阿波罗' 郁金香 *Tulipa* 'Apollo' 百合科郁金香属

来源　郁金香的园艺品种。我国各地园林有栽培。

形态特征　多年生草本，具近圆锥形或卵圆形鳞茎。叶被白粉，叶片带状披针形至卵状披针形。花瓣6枚，内面橙黄色，具不规则橙红色细条纹，背面橙红色，具橙黄色边缘，顶部中间具小缺刻。花期春季。

习性　喜向阳避风、冬季温暖湿润、夏季凉爽干燥的气候，宜富含腐殖质、疏松、肥沃、排水良好的微酸性砂质壤土，忌碱土，不耐酷暑，耐寒。

（辐射　6）

'阿夫可' 郁金香

Tulipa 'Aafke' 百合科郁金香属

来源 郁金香的园艺品种。我国各地园林多有栽培。

形态特征 多年生草本，具近圆锥形或卵圆形鳞茎。叶被白粉，叶片带状披针形至卵状披针形。花瓣6枚，阔卵圆形，粉紫色，边缘略波状，顶端中部具小缺刻。花期春季。

习性 喜向阳避风、冬季温暖湿润、夏季凉爽干燥的气候，宜富含腐殖质、疏松、肥沃、排水良好的微酸性砂质壤土，忌碱土，不耐酷暑，耐寒。

（辐射 6）

'白梦' 郁金香

Tulipa 'White Dream' 百合科郁金香属

来源 郁金香的园艺品种。我国各地园林有栽培。

形态特征 多年生草本，具近圆锥形或卵圆形鳞茎。叶被白粉，叶片带状披针形至卵状披针形。花瓣6枚，卵形或近椭圆形，纯白色。花期春季。

习性 喜光照充足、冬季温暖湿润、夏季凉爽干燥的气候，宜富含腐殖质、疏松、肥沃、排水良好的微酸性砂质壤土，忌碱土，不耐酷暑，耐寒。

'斑雅' 郁金香

Tulipa 'Banja Luke' 百合科郁金香属

来源　郁金香的园艺品种。我国各地园林有栽培。

形态特征　多年生草本，具近圆锥形或卵圆形鳞茎。叶被白粉，叶片带状披针形至卵状披针形。花瓣6枚，阔卵形，艳红色，上部和边缘具亮黄色不规则斑纹，顶部中间具小缺刻。花期春季。

习性　喜光照充足、冬季温暖湿润、夏季凉爽干燥的气候，宜富含腐殖质、疏松、肥沃、排水良好的微酸性砂质壤土，忌碱土，不耐酷暑，耐寒。

（辐射　6）

'黄女神' 郁金香

Tulipa 'Bellona' 百合科郁金香属

来源　郁金香的园艺品种。我国各地园林多有栽培。

形态特征　多年生草本，具近圆锥形或卵圆形鳞茎。叶背白粉，叶片带状披针形至卵状披针形。花瓣6枚，卵形，纯黄色，花期春季。

习性　喜光照充足、冬季温暖湿润、夏季凉爽干燥的气候，宜富含腐殖质、疏松、肥沃、排水良好的微酸性砂质壤土，忌碱土，不耐酷暑，耐寒。

（辐射　6）　　331

'金脆皮'郁金香

Tulipa 'Crispy Gold' 百合科郁金香属

来源 郁金香的园艺品种。我国各地园林有栽培。

形态特征 多年生草本，具近圆锥形或卵圆形鳞茎。叶被白粉，叶片带状披针形至卵状披针形。花瓣6枚，亮黄色，上部边缘不规则齿状分裂。花期春季。

习性 喜光照充足、冬季温暖湿润、夏季凉爽干燥的气候，宜富含腐殖质、疏松、肥沃、排水良好的微酸性砂质壤土，忌碱土，不耐酷暑，耐寒。

（辐射 6）

'金检阅'郁金香

Tulipa 'Golden Parade' 百合科郁金香属

来源 郁金香的园艺品种。我国各地园林有栽培。

形态特征 多年生草本，具近圆锥形或卵圆形鳞茎。叶被白粉，叶片带状披针形至卵状披针形。花大，花瓣6枚，金黄色，花瓣顶部中间稍凹陷。花期春季。

习性 喜光照充足、冬季温暖湿润、夏季凉爽干燥的气候，宜富含腐殖质、疏松、肥沃、排水良好的微酸性砂质壤土，忌碱土，不耐酷暑，耐寒。

（辐射 6）

'琳马克'郁金香

Tulipa 'Leen van der Mark' 百合科郁金香属

来源　郁金香的园艺品种。我国各地园林多有栽培。

形态特征　多年生草本，具近圆锥形或卵圆形鳞茎。叶被白粉，叶片带状披针形至卵状披针形。花瓣6枚，阔卵圆形，亮红色具白色边缘。花期春季。

习性　喜光照充足、冬季温暖湿润、夏季凉爽干燥的气候，宜富含腐殖质、疏松、肥沃、排水良好的微酸性砂质壤土，忌碱土，不耐酷暑，耐寒。

（辐射　6）

'人见人爱'郁金香

Tulipa 'World's Favourite' 百合科郁金香属

来源　郁金香的园艺品种。我国各地园林有栽培。

形态特征　多年生草本，具近圆锥形或卵圆形鳞茎。叶被白粉，叶片带状披针形至卵状披针形。花瓣6枚，长卵形，鲜红色具金黄色窄的边缘，顶端中部微凹陷。花期春季。

习性　喜光照充足、冬季温暖湿润、夏季凉爽干燥的气候，宜富含腐殖质、疏松、肥沃、排水良好的微酸性砂质壤土，忌碱土，不耐酷暑，耐寒。

（辐射　6）

'神奇颜色' 郁金香 *Tulipa* 'Colour Spectacle' 百合科郁金香属

来源 郁金香的园艺品种。我国各地园林有栽培。

形态特征 多年生草本，具近圆锥形或卵圆形鳞茎。叶被白粉，叶片带状披针形至卵状披针形。花瓣6枚，卵形，亮黄色具鲜红色不规则带状斑纹，顶端稍尖。花期春季。

习性 喜光照充足、冬季温暖湿润、夏季凉爽干燥的气候，宜富含腐殖质、疏松、肥沃、排水良好的微酸性砂质壤土，忌碱土，不耐酷暑，耐寒。

（辐射 6）

'诗韵' 郁金香 *Tulipa* 'Ballade' 百合科郁金香属

来源 郁金香的园艺品种。我国各地园林有栽培。

形态特征 多年生草本，具近圆锥形或卵圆形鳞茎。叶被白粉，叶片带状披针形至卵状披针形。花瓣6枚，卵形，艳紫红色，边缘白色，顶端较尖。花期春季。

习性 喜光照充足、冬季温暖湿润、夏季凉爽干燥的气候，宜富含腐殖质、疏松、肥沃、排水良好的微酸性砂质壤土，忌碱土，不耐酷暑，耐寒。

　　（辐射 6）

'索贝特'郁金香

Tulipa 'Sorbet' 百合科郁金香属

来源 郁金香的园艺品种。我国各地园林有栽培。

形态特征 多年生草本，具近圆锥形或卵圆形鳞茎。叶被白粉，叶片带状披针形至卵状披针形。花瓣6枚，白色具粉紫红色不规则带状斑纹。花期春季。

习性 喜光照充足、冬季温暖湿润、夏季凉爽干燥的气候，宜富含腐殖质、疏松、肥沃、排水良好的微酸性砂质壤土，忌碱土，不耐酷暑，耐寒。

（辐射 6）

'紫旗'郁金香

Tulipa 'Purple Flag' 百合科郁金香属

来源 郁金香的园艺品种。我国各地园林多有栽培。

形态特征 多年生草本，具近圆锥形或卵圆形鳞茎。叶被白粉，叶片带状披针形至卵状披针形。花瓣6枚，卵形，艳紫红色，顶端稍尖。花期春季。

习性 喜光照充足、冬季温暖湿润、夏季凉爽干燥的气候，宜富含腐殖质、疏松、肥沃、排水良好的微酸性砂质壤土，忌碱土，不耐酷暑，耐寒。

（辐射 6）

'间色' 郁金香 *Tulipa* 'Versicolor' 百合科郁金香属

来源 郁金香的园艺品种。我国各地园林有栽培。

形态特征 多年生草本，具近圆锥形或卵圆形鳞茎。叶片带状披针形至卵状披针形，被白粉。花瓣6枚，卵形至近椭圆形，白色，中间艳红色，连着两边间杂着不规则红色至淡红色条纹。花期春季。

习性 喜光照充足、冬季温暖湿润、夏季凉爽干燥的气候，宜富含腐殖质、疏松、肥沃、排水良好的微酸性砂质壤土，忌碱土，不耐酷暑，耐寒。

（辐射 6）

绵枣儿 *Barnardia japonica* (Thunb.) Schult. et Schult. f. 百合科绵枣儿属

地理分布 分布于我国东北、华北、华中及广东、江西、江苏、浙江、台湾、四川、云南。朝鲜、日本、俄罗斯也有分布。

形态特征 多年生细弱草本，鳞茎近球形。叶片狭带状。

总状花序具多数花，小花粉紫色，花被裂片6枚。花期8～10月份。

习性 喜光照柔和充足，耐半阴，适应性强，对土壤要求不严，但在富含腐殖质、排水良好的湿润土壤中生长旺盛，耐寒。

附注 异名 *Scilla scilloides* (Lindl.) Druce

凤尾丝兰 *Yucca gloriosa* L. 百合科丝兰属

地理分布　原产美国。我国华东、华中、华南等地区常见栽培。

形态特征　植株常绿，茎不分枝。叶片剑形，坚硬，具白粉，顶端尖锐。圆锥花序从叶丛抽出，花茎1.2～1.7米，花下垂，花被片6枚，白色。花期夏、秋季。

习性　喜光照充足、温暖湿润的环境，也耐阴，性强健，耐旱也较耐湿，耐瘠薄，对土壤要求不严，在瘠薄多石砾处也能适应。黄河中下游及以南地区可露地越冬。

（辐射　6）

'斑叶' 凤尾丝兰

Yucca gloriosa 'Variegata' 百合科丝兰属

来源　凤尾丝兰的园艺品种。我国西安等地有栽培。

形态特征　植株常绿，灌木状，茎不分枝。叶密集，螺旋状排列，叶片剑形，坚硬，有白粉，顶端尖锐，黄色具绿色边缘。圆锥花序从叶丛抽出，花茎1.2～1.7米，花下垂，白色，芳香，花被片6枚。花期夏、秋季。

习性　喜光照充足、温暖湿润的环境，也耐阴，性强健，耐旱也较耐湿，耐瘠薄，对土壤要求不严，在瘠薄多石砾处也能适应。黄河中下游及以南地区可露地越冬。

（辐射　6）　337

（辐射 6）

百子莲 *Agapanthus africanus* (L.) Hoffmanns.
石蒜科百子莲属

形态特征　多年生草本，具鳞茎。叶基生，叶片带形。花茎直立，高可达60厘米，聚伞花序具10～50朵花，花漏斗形，花被片6枚，淡蓝色，中间常具深蓝紫色脉纹。花期6～8月份。

地理分布　原产南非。我国各地园林地有栽培。

习性　喜冬季温暖、夏季凉爽的气候，喜光照充足和湿润的环境，宜疏松、肥沃的砂质壤土，不耐积水，越冬温度0℃以上。

‘白花’百子莲 *Agapanthus africanus* ‘Alba’ 石蒜科百子莲属

来源　百子莲的栽培品种。我国各地园林地有栽培。

形态特征　多年生草本，具鳞茎。叶基生，叶片带形。花茎直立，高可达60厘米，聚伞花序具10～50朵花，花漏斗形，花被片6枚，白色。花期6～8月份。

习性　喜冬季温暖、夏季凉爽的气候，喜光照充足和湿润的环境，宜疏松、肥沃的砂质壤土，不耐积水，越冬温度0℃以上。

　（辐射 6）

君子兰

Clivia miniata Regel 石蒜科君子兰属

地理分布　原产非洲南部。我国各地常见栽培，多为盆栽观赏。

形态特征　多年生草本。茎基部宿存的叶基呈鳞茎状。叶片宽带状，排成2列。伞形花序有花10～20朵，有时更多，花直立向上，宽漏斗状，鲜红色，内面略带黄色，花被裂片6枚。花期为春、夏季，有时冬季也可开花。

习性　喜半阴、凉爽、湿润的环境，不耐酷暑和烈日，宜富含腐殖质、疏松、湿润、透气性和排水性好的土壤，冬季低于5℃停止生长。

（辐射　6）

'淡黄' 君子兰 *Clivia miniata* 'Arturo's Yellow' 石蒜科君子兰属

来源　君子兰的栽培品种，常为盆栽观赏。

形态特征　多年生草本。茎基部宿存的叶基呈鳞茎状。叶片宽带状，排成2列。伞形花序有花10～20朵，有时更多，花直立向上，宽漏斗状，淡黄色，内面带黄色脉纹，花被裂片6枚。花期为春、夏季，有时冬季也可开花。

习性　喜半阴、凉爽、湿润的环境，不耐酷暑和烈日，宜富含腐殖质、疏松、湿润、透气性和排水性好的土壤，冬季低于5℃停止生长。

（辐射　6）

文殊兰 *Crinum asiaticum var. sinicum* (Roxb. ex Herb.) Baker 石蒜科文殊兰属

（辐射 6）

地理分布 分布于我国福建、台湾、广东、广西，南方园林常见栽培。是中国特有种。

形态特征 多年生粗壮草本，鳞茎长柱形。叶片宽带状披针形，边缘常波状。伞形花序有花10～20朵，花白色，芳香，花被裂片6枚，细长条形，花丝细长。花期夏季。

习性 喜光照充足、温暖和湿润的环境，不耐高温时烈日暴晒，宜肥沃、疏松、透气和富含腐殖质的砂质壤土，不耐寒，越冬温度不低于10℃。

西南文殊兰

Crinum latifolium L. 石蒜科文殊兰属

地理分布 分布于我国广西、贵州、云南，南方园林常见栽培。越南、印度、马来西亚等也有分布。

形态特征 多年生粗壮草本，具鳞茎。叶片带形或带状披针形。伞形花序有花数朵至10余朵，花内面白色带红色晕，外面紫红色或淡紫红色，花被裂片6枚，披针形，花丝细长，紫红色。花期6～8月份。

习性 喜光照充足、温暖和湿润的环境，不耐高温时烈日暴晒，宜肥沃、疏松、透气和富含腐殖质的砂质壤土，不耐寒，越冬温度不低于10℃。

（辐射 6）

南美水仙 亚马逊百合 *Eucharis grandiflora* Planch. et Linden

石蒜科南美水仙属

地理分布 原产哥伦比亚、危地马拉、秘鲁。我国广东、云南等地有栽培。

形态特征 多年生草本,具鳞茎。叶长椭圆形状披针形,深绿色,亮泽。花被裂片6枚,纯白色,副花冠钟状至圆筒状,与雄蕊合生,外面白色,内面淡绿色,花柱伸出副花冠外。花期冬、春季。

习性 喜温暖、湿润的环境,冬季喜充足光照,夏季需遮阳和通风良好的环境,宜疏松、透气、富含腐殖质和排水良好的土壤,不耐寒。

附注 异名*Eucharis amazonica* Linden ex Planch.

（辐射 6）

唐菖蒲 *Gladiolus* × *gandavensis*

鸢尾科唐菖蒲属

来源 为原产非洲南部唐菖蒲属植物的杂交后代。我国各地广泛栽培。

形态特征 多年生草本,球茎扁圆球形。叶片剑形。穗状花序顶生,花两侧对称,红色、粉红色、黄色、白色或杂色,花被裂片6枚,2轮排列,上面3枚略大,最上面1枚内花被裂片宽大且弯曲。花期7～9月份。

习性 喜光照充足和温暖的环境,不耐高温,宜肥沃、排水良好的砂质壤土,夏花种的球根必须在室内贮藏越冬,室温不得低于0℃。

（辐射 6）

朱顶红

Hippeastrum rutilum (Ker-Gawl.) Herb.
石蒜科朱顶红属

地理分布　原产巴西。我国各地常见栽培。

形态特征　多年生草本，鳞茎近球形。叶片宽带状。伞形花序具花2～4朵，花大，漏斗状，艳红色，常具淡黄色或白色条纹，花被片6枚，雄蕊6枚，花丝伸展。花期春季。

习性　喜温暖、湿润的气候，不耐酷热，阳光不宜过于强烈，不耐涝，宜肥沃、疏松、排水良好的砂质壤土，冬季休眠，宜冷凉和较干燥环境，华东地区可露地越冬。

（辐射　6）

'条纹'朱顶红

Hippeastrum 'Striped' 石蒜科朱顶红属

来源　朱顶红的园艺品种。我国各地有栽培，也常盆栽。

形态特征　多年生草本，鳞茎近球形。叶片宽带状，与花同出或稍晚抽出。伞形花序具花2～6朵，花大，阔漏斗状，粉色且红白色条纹相间，花被片6枚，雄蕊6枚，花丝伸展。花期冬、春季。

习性　喜温暖、湿润的气候，不耐酷热，阳光不宜过于强烈，不耐涝，宜肥沃、疏松、排水良好的砂质壤土，冬季休眠，宜冷凉和较干燥环境，华东地区可露地越冬。

'白花' 朱顶红

Hippeastrum 'White Dazzler' 石蒜科朱顶红属

来源　朱顶红的栽培品种。我国各地有栽培，也常盆栽。

形态特征　多年生草本，鳞茎近球形。叶片宽带状，与花同出或稍晚抽出。伞形花序具花2～6朵，花大，漏斗状，白色，花被片6枚，雄蕊6枚，花丝伸展。花期冬、春季。

习性　喜温暖、湿润的气候，不耐酷热，阳光不宜过于强烈，不耐涝，宜肥沃、疏松、排水良好的砂质壤土，冬季休眠，宜冷凉和较干燥环境，华东地区可露地越冬。

（辐射　6）

'红狮' 朱顶红

Hippeastrum 'Red Lion' 石蒜科朱顶红属

来源　朱顶红的园艺品种。我国各地有栽培，也常盆栽。

形态特征　多年生草本，鳞茎近球形。叶片宽带状，与花同出或稍晚抽出。伞形花序具花2～6朵，花大，漏斗状，暗红色，花被片6枚，雄蕊6枚，花丝伸展，花药黄色。花期冬、春季。

习性　喜温暖、湿润的气候，不耐酷热，阳光不宜过于强烈，不耐涝，宜肥沃、疏松、排水良好的砂质壤土，冬季休眠，宜冷凉和较干燥环境，华东地区可露地越冬。

（辐射　6）

水鬼蕉　蜘蛛兰

Hymenocallis littoralis (Jacq.) Salisb.
石蒜科水鬼蕉属

地理分布　原产美洲热带地区。我国广东、福建、台湾、云南等地有栽培，植物园温室也有栽培。

形态特征　多年生草本，鳞茎球形。叶片剑形。顶生伞形花序具花3～8朵，花白色，芳香，花被管圆柱形，上部扩大，花被片6枚，伸长，线形，基部合生成漏斗状。花期夏末秋初。

习性　喜温暖、湿润的环境，喜光，耐半阴，宜肥沃、富含腐殖质的土壤，不耐寒，越冬温度15℃以上。

（辐射　6）

水仙花 *Narcissus tazetta* var. *chinensis* M. Roem.
石蒜科水仙属

形态特征　多年生草本，鳞茎卵球形。叶片带状。伞形花序有花4～8朵，花被裂片6枚，白色，芳香，副花冠浅杯状，黄色。花期1～2月份。

地理分布　分布于福建东南部、浙江东部，为传统的春节期间重要观赏花卉。

习性　喜光照充足、温暖和湿润的环境，喜水湿，不耐寒，耐半阴，宜疏松、肥沃和土层深厚的砂质壤土，早春开花时，带鳞茎植株常置于水中栽培供观赏，夏季休眠。

喇叭水仙 黄水仙

Narcissus pusedonarcissus L. 石蒜科水仙属

地理分布　原产欧洲。我国城市园林有栽培，常为春季花展的展出花卉。

形态特征　多年生草本，鳞茎球形。叶片带状。花被裂片6枚，明黄色，副花冠大，稍短于花被裂片或近等长，喇叭状，边缘波状褶皱，明黄色。花期春季。

习性　喜光照充足、冬季温暖湿润、夏季凉爽的气候，不耐炎热，宜肥沃、疏松、富含腐殖质、排水良好的微酸性至微碱性砂质壤土，较耐寒，在华北、华东地区可露地越冬。

（辐射　6）

'千金' 喇叭水仙

Narcissus pusedonarcissus 'Kilworth'
石蒜科水仙属

来源　喇叭水仙的园艺品种。我国城市园林有栽培，常为春季花展的展出花卉。

形态特征　多年生草本，鳞茎球形。叶片带状。花被裂片6枚，白色，副花冠大，阔喇叭状，有波状褶皱，橙红色。花期春季。

习性　喜光照充足、冬季温暖湿润、夏季凉爽的气候，不耐炎热，宜肥沃、疏松、富含腐殖质、排水良好的微酸性至微碱性砂质壤土，较耐寒，在华北、华东地区可露地越冬。

'好运'喇叭水仙

Narcissus pusedonarcissus 'Fortune'
石蒜科水仙属

来源 喇叭水仙的园艺品种。我国城市园林有栽培，常为春季花展的展出花卉。

形态特征 多年生草本，鳞茎球形。叶片带状。花被裂片6枚，淡黄色，副花冠大，喇叭状，边缘波状褶皱，橙黄色。花期春季。

习性 喜光照充足、冬季温暖湿润、夏季凉爽的气候，不耐炎热，宜肥沃、疏松、富含腐殖质、排水良好的微酸性至微碱性砂质壤土，较耐寒，在华北、华东地区可露地越冬。

（辐射 6）

换锦花 *Lycoris sprengeri* Comes ex Baker 石蒜科石蒜属

地理分布 分布于安徽、江苏、浙江、湖北，南京、上海等地有栽培。是中国特有种。

形态特征 多年生草本，鳞茎卵形。早春出叶，叶片带状。伞形花序有花4～6朵，花辐射对称，淡紫红色，花被裂片6枚，狭长圆状倒披针形，边缘不皱缩，花丝与花被近等长，花柱略伸出于花被外。花期8～9月份。

习性 喜光照良好、湿润的环境，耐半阴环境，较耐干旱，宜富含腐殖质、湿润、排水良好的土壤，不耐涝，较耐寒。

（辐射 6）

长筒石蒜 *Lycoris longituba* Y. Xu et G. J. Fan 石蒜科石蒜属

地理分布 分布于江苏，上海、南京等地有栽培。是中国特有种。

形态特征 多年生草本，鳞茎卵球形。早春出叶，叶片披针形。伞形花序有花5～7朵，花辐射对称，白色，花被裂片6枚，长椭圆形，顶端稍反卷，边缘不皱缩，花丝略短于花被，花柱伸出花被外。花期7～8月份。

习性 喜半阴、温暖和湿润的环境，稍耐阳光直射，宜疏松、富含腐殖质、湿润和排水良好的砂质壤土，不耐涝，较耐寒。

（辐射 6）

黄长筒石蒜 *Lycoris longituba* var. *flava* Y. Xu et X. L. Huang 石蒜科石蒜属

地理分布 分布于江苏，南京等地有栽培。是中国特有种。

形态特征 多年生草本，鳞茎卵球形。早春出叶，叶片披针形。伞形花序有花5～6朵，花近辐射对称，黄色，花被裂片6枚，长椭圆形，顶端稍反卷，边缘不皱缩，花丝略短于花被，花柱伸出花被外。花期8月份。

习性 喜半阴、温暖和湿润的环境，稍耐阳光直射，宜疏松、富含腐殖质、湿润和排水良好的砂质壤土，不耐涝，较耐寒。

（辐射 6）

347

夏雪片莲 *Leucojum aestivum* L. 石蒜科雪片莲属

地理分布　原产欧洲中部和南部。我国城市园林中有栽培。

形态特征　多年生草本，高12～20厘米，鳞茎卵圆球形。叶基生，叶片狭带形。伞形花序有花3至数朵，花钟状，下垂，花被片6枚，白色，瓣尖绿色。花期春季。

习性　喜光照充足、温暖和凉爽的环境，喜湿，不耐夏季酷暑烈日，宜湿润、疏松的土壤，喜生于湖畔和溪流边。

（辐射　6）

紫娇花 *Tulbaghia violacea* Harv. 石蒜科紫娇花属

形态特征　多年生草本，高30～60厘米，鳞茎近球形。植株含有韭菜味。叶片狭长条形。伞形花序顶生，花粉紫色，花冠裂片6枚。花期6～8月份。

地理分布　原产南非。我国上海、南京、杭州、武汉等地有栽培。

习性　喜光照充足，半日照亦可，不耐荫蔽，喜温暖的环境，耐热、耐贫瘠，对土壤要求不严，但在肥沃、排水良好的砂质壤土中生长旺盛。

葱莲 葱兰 *Zephyranthes candida* (Lindl.) Herb. 石蒜科葱莲属

地理分布 原产南美洲。我国各地常见栽培。

形态特征 多年生草本，鳞茎卵形。叶片狭线形，亮绿色。花单生于花茎顶端，下有带褐红色的佛焰苞状总苞，花被片6枚，白色，外面常略带淡红色晕，雄蕊6枚，花药黄色。花期秋季。

习性 喜光照充足，也耐半阴，喜温暖、湿润的环境，宜肥沃、带有黏性而排水良好的土壤，在华东地区可露地越冬。

（辐射 6）

韭莲 风雨花

Zephyranthes carinata Herb. 石蒜科葱莲属

地理分布 原产南美洲。我国上海、南京、济南、北京等地有栽培。

形态特征 多年生草本，鳞茎卵球形。叶片狭线形，扁平。花单生于花茎顶端，花被片6枚，粉红色或玫红色，雄蕊6枚，花药黄色。花期夏、秋季。

习性 喜光照充足，亦耐半阴，喜温暖、湿润的环境，也较耐干旱，耐热，宜肥沃、富含腐殖质和排水良好的砂质壤土。

附注 曾用名 *Zephyranthes grandiflora* Lindl.，为不合法名。

（辐射 6）

（辐射 6）

箭根薯 *Tacca chantrieri* Andre 蒟薯蒻科蒟蒻薯属

形态特征　多年生草本，根茎粗壮。叶片长圆形或长圆状椭圆形。伞形花序有花5～7 (18) 朵，总苞片4枚，暗紫色，外轮2枚卵状披针形，内轮2枚阔卵形，小苞片细长线形，小花的花被裂片6枚，紫褐色。花果期4～11月份。

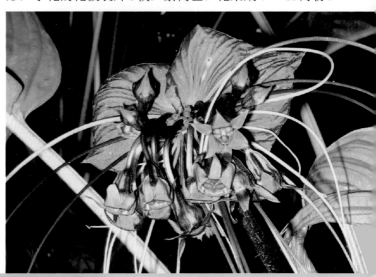

地理分布　分布于我国广东、广西、贵州、海南、湖南、西藏东南部、云南。越南、老挝、柬埔寨、泰国等也有分布。

习性　喜温暖湿润、半阴的环境，在高温、高湿条件下生长迅速，也能忍受漫长的热带旱季，不耐寒。

'黄金堆' 番红花

Crocus ancyrensis 'Golden Bunch'
鸢尾科番红花属

来源　黄番红花（*Crocus ancyrensis*）的园艺品种。我国南京等地有栽培。

形态特征　多年生草本，球茎扁圆球形。叶基生，叶片细条形。花有香味，花被片6枚，2轮排列，外轮3枚内面亮黄色，外面具宽细不一的棕色条纹和细斑点，内轮3枚亮黄色。花期12月份至翌年3月份。

习性　喜冬春季温暖、光照良好和湿润的环境，稍耐阴，宜肥沃、疏松和排水良好的微碱性土壤，较耐寒。

射干 *Belamcanda chinensis* (L.) Redouté 鸢尾科射干属

地理分布 分布于我国吉林、辽宁、河北、山西、山东、河南、安徽、江苏、浙江、福建、广东、台湾、湖北、陕西、甘肃、四川、云南、西藏等。朝鲜、日本、印度、越南也有分布。

习性 喜光照充足和温暖干燥的气候，适应性强，耐旱，对土壤要求不严，但在土层深厚、疏松、肥沃和排水良好的砂质壤土中生长旺盛，耐寒。

（辐射 6）

形态特征 多年生草本，根茎块状。叶互生，嵌叠状排列，叶片剑形。顶生伞房花序有数朵花，花橙黄色具深橙红色斑点，花被裂片6枚。花期6～8月份。

扁竹兰 *Iris confusa* Sealy 鸢尾科鸢尾属

地理分布 分布于广西、四川、云南，重庆、昆明、南京等地有栽培。

形态特征 多年生草本。叶片宽剑形，互相嵌迭，排列成扇状。花淡蓝紫色或白色，花被裂片6枚，外花被裂片椭圆形，基部黄色，外缘有深紫色斑纹和斑点，内花被裂片倒宽披针形，顶端微凹，盛开时外展，花柱3分枝，扁平呈狭花瓣状，比内花被裂片短。花期4月份。

习性 喜温凉气候，喜光照充足，耐半阴，宜富含腐殖质、湿润、排水良好的砂质壤土或轻黏土，华东地区可露地越冬。

（辐射 6） 　351

玉蝉花 *Iris ensata* Thunb. 鸢尾科鸢尾属

地理分布　分布于我国黑龙江、吉林、辽宁、山东、浙江，各地园林的湖边湿地中常见栽培。朝鲜、日本、俄罗斯也有分布。

形态特征　多年生草本。叶片条形。花紫色或紫红色，花被裂片6枚，外花被裂片倒卵形，中脉上具黄色斑，无鸡冠状或须毛状附属物，内花被裂片较小，宽披针形，花柱3分枝，扁平呈狭花瓣状。花期6～7月份。

习性　喜光照充足、水湿，性强健，对土壤要求不严，但在肥沃、疏松的土壤中生长良好，耐寒。

花菖蒲 *Iris ensata* var. *hortensis* Makino et Nemoto
鸢尾科鸢尾属

来源　玉蝉花的园艺变种。我国各地园林的湖边、池边等湿地中多有栽培。

习性　喜光照良好、湿润的环境，耐水湿，旱地也可种植，宜肥沃、湿润、富含腐殖质的酸性砂质壤土，冬季休眠。

（辐射　6）

形态特征　多年生草本。叶片宽条形。花蓝紫色，花被裂片6枚，外花被裂片具白色放射状细条纹，无鸡冠状或须毛状附属物，内花被裂片小，宽条形，花柱3分枝，扁平呈狭花瓣状。花期6～7月份。园艺品种的花色有白、粉紫、粉蓝或紫蓝色等，斑点及花纹变化也大。

德国鸢尾 *Iris germanica* L.
鸢尾科鸢尾属

地理分布　原产欧洲，著名花卉。我国各地园林常见栽培。

形态特征　多年生草本，根茎粗壮而肥厚，扁圆形。叶片剑形。花苞片草质，绿色，边缘膜质，花大，花被裂片6枚，外轮花被片椭圆形或倒卵形，深紫色，中脉上密生黄色须毛状附属物，外弯反折状，内轮花被片倒卵形或近圆形，紫色，直立，花柱分枝瓣状。花期4～5月份。园艺品种繁多。

习性　喜光照充足，适应性强，宜疏松、肥沃、湿润、排水良好的砂质壤土，不耐积水，耐寒。

（辐射　6）　353

'金舞娃' 德国鸢尾 *Iris germanica* 'Golden Dancing Girl' 鸢尾科鸢尾属

来源 德国鸢尾的园艺品种。我国城市园林有栽培。

形态特征 多年生草本，根茎粗壮。叶片剑形。花大，花被裂片6枚，外轮花被片阔椭圆形或倒卵圆形，紫色，基部具黄色细纹，中脉上密生橙黄色须毛状附属物，外弯反折状，内轮花被片阔倒卵形，亮黄色，直立，花柱分枝瓣状。花期4～5月份。

习性 喜光照充足，适应性强，宜疏松、肥沃、湿润、排水良好的砂质壤土，不耐积水，耐寒。

（辐射 6）

'日辉' 鸢尾
Iris 'Sun Miracle' 鸢尾科鸢尾属

来源 有须毛状附属物鸢尾类群的园艺品种。我国城市园林有栽培。

形态特征 多年生草本，根茎粗壮。叶片剑形。花大，花被裂片6枚，外轮花被片阔椭圆形或倒卵圆形，亮黄色，中脉上密生橙黄色须毛状附属物，外弯反折状，内轮花被片阔倒卵形或近圆形，亮黄色，直立，花柱分枝瓣状。花期4～5月份。

习性 喜光照充足，适应性强，宜疏松、肥沃、湿润、排水良好的砂质壤土，不耐积水，耐寒。

（辐射 6）

'牧羊人' 鸢尾

Iris 'Shepherd's Delight' 鸢尾科鸢尾属

来源　有须毛状附属物鸢尾类群的园艺品种。我国城市园林有栽培。

形态特征　多年生草本，根茎粗壮。叶片剑形。花被裂片6枚，外轮花被片阔椭圆形或倒卵圆形，白色，中脉上密生鲜橙红色须毛状附属物，外弯反折状，内轮花被片阔倒卵形或近圆形，白色，直立，花柱分枝瓣状。花期4～5月份。

习性　喜光照充足，适应性强，宜疏松、肥沃、湿润、排水良好的砂质壤土，耐寒。

（辐射　6）

'魔术师' 鸢尾

Iris 'Magic Man' 鸢尾科鸢尾属

来源　有须毛状附属物鸢尾类群的园艺品种。我国城市园林有栽培。

形态特征　多年生草本，根状茎粗壮而肥厚。叶剑形。花大，花被裂片6枚，外轮花被片阔椭圆形或倒卵圆形，艳紫红色，中脉上密生黄色须毛状附属物，外弯反折状，内轮花被片阔倒卵形或近圆形，粉红色，直立，花柱分枝瓣状。花期4～5月份。

习性　喜光照充足，适应性强，宜疏松、肥沃、湿润、排水良好的砂质壤土，不耐积水，耐寒。

（辐射　6）

（辐射 6）

白蝴蝶花 *Iris japonica* f. *pallescens* P. L. Chiu et Y. T. Zhao 鸢尾科鸢尾属

形态特征 多年生草本。叶片剑形。花白色，花被裂片6枚，外花被裂片倒卵形或椭圆形，中脉上有隆起的黄色鸡冠状附属物，内花被裂片狭倒卵形，盛开时外展，花柱3分枝，扁平呈狭花瓣状，比内花被裂片短，顶端繸状丝裂。花期3～4月份。

地理分布 分布于浙江，上海、南京、杭州等省市园林中有栽培。

习性 喜光，也较耐阴，喜温暖、湿润的气候，宜富含腐殖质、湿润、排水良好的沙壤土或轻黏土，有一定的耐盐碱能力，在轻度盐碱土中能正常生长。

马蔺 *Iris lactea* Pall. 鸢尾科鸢尾属

地理分布 分布于我国黑龙江、辽宁、内蒙古、河北、河南、山东、安徽、江苏、浙江、湖北、湖南、陕西、甘肃、青海、新疆、西藏等，常见栽培。朝鲜、俄罗斯、蒙古、印度等也有分布。

形态特征 多年生草本。叶片狭剑形。花淡蓝紫色或蓝紫色，花被裂片6枚，外轮花被裂片3枚，反曲，倒披针形，有条纹，无鸡冠状和须毛状附属物，内轮花被裂片3枚，直立，狭倒披针形，花柱3分枝，扁平呈狭花瓣状。花期5～6月份。

习性 喜光照充足，稍耐阴，性强健，耐热，耐干旱，也耐水涝，适应性强，耐盐碱，可在北方干旱和土壤沙化地区生长。

附注 异名 *Iris lactea* Pall. var. *chinensis* (Fisch.) Koidz.

香根鸢尾

Iris pallida Lam. 鸢尾科鸢尾属

地理分布　原产欧洲。根茎为提取香料的重要原料。我国南京、上海、北京等地有栽培。

形态特征　多年生常绿草本，根茎肥厚，扁圆形。叶片剑形。花苞片膜质，银白色，花大，花被裂片6枚，外轮花被片蓝紫色，中脉上密生黄色须毛状附属物，外弯反折状，内轮花被片淡紫色，直立，花柱分枝瓣状。花期5月份。

习性　喜光照充足，也耐半阴，喜湿润、温凉的环境，宜湿润、富含腐殖质的砂质壤土或轻黏土，耐寒。

（辐射　6）

黄菖蒲 *Iris pseudacorus* L. 鸢尾科鸢尾属

地理分布　原产欧洲。我国各地园林常见栽培，喜生于河湖沿岸的湿地或沼泽地上。

形态特征　多年生草本，根茎粗壮。基生叶宽剑形，茎生叶比基生叶短而窄，披针形。花鲜黄色，花被裂片6枚，外轮花被片较大，基部有深色细斑纹，内轮花被片较小，花柱3分枝，扁平呈狭花瓣状，黄色。花期5月份。

习性　喜光照充足，也耐半阴，喜温凉、湿润的环境，耐水湿，宜湿润、肥沃和富含腐殖质的土壤，也较耐旱，耐寒性较强，长江中下游地区可露地越冬。

（辐射　6）

溪荪 *Iris sanguinea* Donn ex Horn. 鸢尾科鸢尾属

地理分布　分布于我国黑龙江、吉林、辽宁、内蒙古，园林中常栽植于沼泽地、湿草地或向阳坡地。日本、朝鲜、俄罗斯也有分布。

形态特征　多年生草本，根茎粗壮。叶条形。花蓝紫色或蓝色，花被裂片6枚，外花被裂片倒卵形，基部有黑褐色的网纹及黄色的斑纹，无鸡冠状和须毛状附属物，内花被裂片狭倒卵形，直立，花柱3分枝，扁平呈狭花瓣状。花期5～6月份。

习性　喜光照充足，也耐半阴，喜湿，喜凉爽气候，耐轻度盐碱土，宜湿润、富含腐殖质和排水良好的砂质壤土或轻黏土，耐寒。

（辐射　6）

鸢尾 *Iris tectorum* Maxim. 鸢尾科鸢尾属

形态特征　多年生草本，根茎粗壮。叶片宽剑形，稍弯曲。花蓝紫色，花被裂片6枚，外轮花被片稍大，有深色细斑纹，中脉上有不规则的鸡冠状附属物，内轮花被片稍小，无斑纹和附属物，花柱3分枝，扁平呈狭花瓣状，蓝紫色。花期4～5月份。

地理分布　分布于我国安徽、江苏、浙江、福建、湖北、陕西、山西、甘肃、四川、云南、西藏等，各地常见栽培。日本等国也有分布。

习性　喜光照充足，耐半阴，喜气候凉爽，性强健，喜水湿，也耐旱，宜肥沃、适度湿润、排水性好和富含腐殖质的土壤，耐寒。

巴西鸢尾 *Neomarica gracilis* (Herb.) Sprague
鸢尾科巴西鸢尾属

地理分布　原产巴西等。我国广东、云南等地有栽培，也常作盆栽花卉。

习性　喜温暖、湿润的环境，适应性较强，在全日照、半日照、明亮散射光处均能生长，但半阴处叶色更青翠，宜疏松、湿润且排水良好的土壤，不耐寒，置于室内向阳处可越冬。

（辐射　6）

形态特征　多年生常绿草本。叶片带形。花茎扁平，花被裂片6枚，基部黄色具棕色斑纹，外轮花被片大，白色，平展至反折，内轮花被片较小，直立内卷，蓝紫色具白色条纹，雄蕊白色，花开完后，会长出小苗，落地生根成为新植株。花期5～7月份。

露草 *Aptenia cordifolia* (L. f.) Schwantes 番杏科露草属

地理分布　原产南非。我国各地有作室内垂悬盆花栽培，上海等地有露地栽培。

形态特征　多年生草本，具匍匐茎。叶对生，叶片稍肉质，卵形，翠绿色。花单生，花瓣多数，深玫红色，花蕊黄色。花期自春季至秋季，陆续有花开放。

习性　喜充足光照、温暖和通风的环境，不耐高温多湿，宜疏松、富含腐殖质和排水良好的砂质土壤，稍耐寒。

（辐射　多数）

刺叶露子花 *Delosperma echinatum* (Lam.) Schwantes 番杏科露子花属

地理分布 原产南非。我国各地有栽培。

形态特征 多年生草本。叶对生，叶片长椭圆形，肉质，绿色，密生白色半透明的肉质刺疣，花小，花瓣多数，白色，花心黄色。花期夏季。

习性 喜光照充足和通风良好的环境，性强健，较耐旱，不耐积水，宜疏松、肥沃的砂质壤土，越冬温度7℃以上。

（辐射　多数）

重瓣大花马齿苋

Portulaca grandiflora 'Plena' 马齿苋科马齿苋属

形态特征 一年生草本。茎平卧或斜升，多分枝。叶不规则互生，叶片细圆柱形，肉质。花单生或数朵簇生茎顶端，花大，重瓣，花瓣顶端微凹，红色、紫红色、粉红色、黄色、白色等。花期6～9月份。

来源 大花马齿苋的栽培品种。我国各地常见栽培。

习性 喜阳光充足、温暖的环境，阴暗潮湿之处生长不良，耐瘠薄，一般土壤都能适应，在排水性好的砂质土壤中生长更好。

（辐射　多数）

康乃馨 香石竹 *Dianthus caryophyllus* L. 石竹科石竹属

地理分布 分布于欧洲和亚洲温带。我国各地广泛栽培，常盆栽或作切花观赏。

形态特征 多年生草本。叶对生，叶片线状披针形。花单生或2～3朵簇生，花瓣多数，芳香，红色、粉红色、橙红色或白色等，顶端浅齿裂状。花期5～8月份，温室内可四季开花。园艺品种很多。

习性 喜光照充足、凉爽的环境，不耐炎热，不耐积水，宜肥沃、通气和排水良好的土壤，冬季低于9℃时生长缓慢甚至停止。

（辐射 多数）

'花边'康乃馨 '花边'香石竹

Dianthus 'Duchess of Westminster' 石竹科石竹属

来源 康乃馨的园艺品种，常盆栽观赏。

形态特征 多年生草本，高40～60厘米。叶对生，叶片线状披针形。花单生或2～3朵簇生，花瓣多数，芳香，红色具白色边缘，顶端浅齿裂状。花期5～8月份，可多次开花。

习性 喜光照充足、凉爽的环境，不耐炎热，不耐积水，宜肥沃、通气和排水良好的土壤，冬季低于9℃时生长缓慢甚至停止。

（辐射 多数）

361

荷花 莲 *Nelumbo nucifera* Gaertn. 睡莲科莲属

地理分布　除内蒙古、青海、西藏外，我国南北各省均有分布，各地常见栽培。

形态特征　多年生水生草本，根茎（藕）横生，肥厚，节间膨大，内有多数纵行通气孔道，节部缢缩。叶片圆形，盾状，全缘稍呈波状。花大，花瓣多数，红色、粉红色或白色。花期6～8月份。园艺品种主要有单瓣类、复瓣类、重瓣类、重台类、千瓣类和碗莲等。

习性　喜光照充足，不耐阴，喜相对稳定的平静浅水、湖沼、泽地、池塘，宜肥沃的土壤。

362　（辐射　多数）

白睡莲 *Nymphaea alba* L. 睡莲科睡莲属

地理分布　分布于河北、山东、陕西、浙江，我国各地有栽培。亚洲西南部、非洲、欧洲也有分布。

形态特征　多年生水生草本，根茎匍匐。叶片近圆形，基部深缺刻状，全缘或边缘微波状。花芳香，花瓣20～25枚，长卵状椭圆形，白色。花期6～8月份。

习性　喜光照充足、温暖潮湿、通风良好的环境，对土壤要求不要，但以富含有机质的土壤为佳，冬季水深保持在110厘米以上时可使根茎安全越冬。

（辐射　多数）

黄睡莲 *Nymphaea mexicana* Zucc. 睡莲科睡莲属

地理分布　原产墨西哥和美国南部。我国各地有栽培。

形态特征　多年生水生草本，根茎直生，粗长。叶片较大，绿色，亮泽，近圆卵形，基部深缺刻状，全缘或边缘微波状。花星状，花瓣多数，鲜黄色，白天中午开放，夜晚闭合。花期夏季。

习性　喜光照充足、温暖湿润的环境，宜肥沃的黏质土壤。华东地区冬季水深保持在110厘米以上时可使根茎安全越冬。

（辐射　多数）

蓝睡莲 延药睡莲 *Nymphaea nouchali* Burm. f. 睡莲科睡莲属

（辐射　多数）

地理分布　分布于我国安徽、湖北、广东、海南、台湾、云南。澳大利亚、印度、孟加拉、印度尼西亚、缅甸、泰国、越南、菲律宾、斯里兰卡等也有分布。

形态特征　多年生水生草本，根茎短，肥厚。叶片近圆形，基部具缺刻，叶表面绿色，有紫色斑点，叶背面带紫色，边缘波状或近全缘。花鲜蓝色或蓝紫色，花瓣多数。花果期7～12月份。

习性　喜光照充足、温暖湿润、通风良好的环境，宜富含有机质的土壤。华东地区冬季水深保持在110厘米以上时可使根茎安全越冬。

附注　异名 *Nymphaea stellata* Willd.

印度红睡莲 *Nymphaea rubra* Roxb. ex Salisb. 睡莲科睡莲属

地理分布　原产于亚洲热带地区。我国厦门、广州、上海、南京等地有栽培。

形态特征　多年生水生草本，根茎不规则球形。初生叶片剪刀形，后渐长成近圆形，基部深缺刻状，叶表面红褐色，叶背面紫红色，边缘具齿。花瓣约20枚以上，桃红色。傍晚开放，上午9时左右关闭。花期6～8月份。

习性　喜光照充足、温暖、湿润的环境，宜肥沃、黏质的土壤，不耐寒，越冬温度15℃以上。

　（辐射　多数）

睡莲 *Nymphaea tetragona* Georgi
睡莲科睡莲属

地理分布 广泛分布于我国大部分地区。朝鲜、日本、俄罗斯、印度、越南、美国及欧洲也有分布。

形态特征 多年生水生草本，根茎粗短。叶片心状卵形，基部具朝两边微弯的深缺刻，叶背面带红色或紫色，全缘。花白色，花瓣多数，宽披针形、长圆形或倒卵形。花期6～8月份。

习性 喜光照充足、温暖潮湿、通风良好的环境，对土壤要求不严，但以富含有机质的土壤为佳，长江流域地区3月份下旬至4月份上旬萌发，11月份后进入休眠期。

（辐射 多数）

'蜜桃色' 睡莲 *Nymphaea* 'Peach Glow'
睡莲科睡莲属

来源 睡莲属的园艺品种。我国各地有栽培。

形态特征 多年生水生草本，具短根茎。叶片圆形或近圆形，基部缺刻状，全缘或边缘微波状。花单生，花瓣多数，浅桃红色至肉红色。花期6～8月份。

习性 喜光照充足、温暖潮湿、通风良好的环境，对土壤要求不要，但以富含有机质的土壤为佳，华东地区冬季水深保持在110厘米以上时可使根茎安全越冬。

（辐射 多数）　　365

'魅惑' 睡莲 *Nymphaea* 'Attraction' 睡莲科睡莲属

来源 睡莲属的园艺品种。我国上海等地有栽培。

形态特征 多年生水生草本，根茎匍匐。叶片近圆形，基部深缺刻状，全缘或边缘微波状。花艳玫红色，花瓣20～25枚，卵状长圆形。花期6～8月份。

习性 喜光照充足、温暖潮湿、通风良好的环境，对土壤要求不要，但以富含有机质的土壤为佳，华东地区冬季水深保持在110厘米以上时可使根茎安全越冬。

（辐射　多数）

王莲　克鲁兹王莲

Victoria cruziana A. D. Orb. 睡莲科王莲属

地理分布 原产南美洲。我国城市公园或植物园中有栽培。

形态特征 大型多年生水生草本，根茎粗壮，直立，具刺。成年植株叶片巨大，圆形，直径1.2～1.5米，叶脉粗壮，网状，叶缘向上折起。花大，重瓣，每朵花仅开2～3天，常午后开放，初开时白色，后渐转红色。花期夏季。

习性 喜光照充足和高温，夏季高温时宜增加湿度，在富含有机质的土壤中生长良好，不耐寒，生长最低温度为20℃，故多作一年生栽培。

（辐射　多数）

芍药 *Paeonia lactiflora* Pall. 芍药科芍药属

地理分布　分布于我国甘肃南部、河北、黑龙江、辽宁、内蒙古、宁夏南部、陕西等，国内外广泛栽培。朝鲜、日本、蒙古、俄罗斯也有分布。

形态特征　多年生草本。茎下部叶二回三出复叶，茎上部叶三出复叶，小叶片狭卵形或披针形。花大，花瓣9～13枚，白色、粉红色、紫红色等。花期5～6月份。园艺品种多，按花的类型有单瓣型、千层型、菊花型、荷花型、托桂型、皇冠型、绣球型、台阁型等。

习性　喜光照充足、较为干燥和夏季凉爽的气候，也较耐热，耐干旱，不耐水涝，宜土层深厚、肥沃、疏松的砂质壤土，耐寒。

（辐射　多数）

'球花'芍药 *Paeonia lactiflora* 'Qiu Hua' 芍药科芍药属

来源　芍药的台阁型园艺品种。我国各地园林或牡丹芍药园有栽培。

形态特征　多年生草本，高50～80厘米。茎下部叶二回三出复叶，茎上部叶三出复叶，小叶片狭卵形或披针形。花大，外轮的花瓣宽卵形，桃红色，中部由多数雄蕊变瓣伸长成花瓣状，粉红色，半球状或近球状。花期5～6月份。

习性　喜光照充足、较为干燥和夏季凉爽的气候，也较耐热，耐干旱，不耐水涝，宜土层深厚、肥沃、疏松的砂质壤土，耐寒。

（辐射　多数）

'彩瓣' 芍药 *Paeonia lactiflora* 'Cai Ban' 芍药科芍药属

来源 芍药的台阁型园艺品种。我国各地园林或牡丹芍药园有栽培。

形态特征 多年生草本，高50～80厘米。茎下部叶二回三出复叶，茎上部叶三出复叶，小叶片狭卵形或披针形。花大，花瓣具两种颜色，外轮的花瓣宽卵形，艳玫红色，内轮花瓣多数，由雄蕊瓣化而来，狭条形，粉红色。花期5～6月份。

习性 喜光照充足、较为干燥和夏季凉爽的气候，也较耐热，耐干旱，不耐水涝，宜土层深厚、肥沃、疏松的砂质壤土，耐寒。

（辐射 多数）

花毛茛 *Ranunculus asiaticus* L. 毛茛科毛茛属

地理分布　原产亚洲、欧洲。我国各地常见栽培。

形态特征　多年生草本，块根数个聚生，纺锤状。基生叶阔卵形，边缘有齿，茎生叶二回三出羽状分裂。花单生或数朵顶生，花瓣多数，红色、粉红色、紫红色、黄色、橙黄色、白色等。花期5～6月份。

习性　喜气候温和、凉爽湿润、半阴的环境，不耐酷暑，不耐水湿，不耐旱，宜富含腐殖质、疏松、排水良好和肥沃的中性或偏碱性土壤，不耐严寒。

（辐射　多数）

（辐射　多数）

'波斯宝石'黑种草　黑种草

Nigella damascena 'Persian Jewels' 毛茛科黑种草属

形态特征　一年生草本，高30～50厘米。茎直立。叶片二至三回羽状复叶，末回小裂片狭线形或丝形。花单生，花的萼片花瓣状，半重瓣，蓝色或白色，花小，心皮5。花期5～6月份。

来源　黑种草的园艺品种。我国各地园林常见栽培。

习性　喜光照充足、凉爽的环境，性强健，宜疏松、透气、肥沃和排水良好的土壤，耐寒。

重瓣紫罗兰 *Matthiola*

incana 'Brompton' 十字花科紫罗兰属

来源　紫罗兰的园艺品种。我国城市园林中常有栽培。

形态特征　二年生草本常作一年生栽培，高35～45厘米。茎直立。叶片匙形、长圆形至倒披针形，全缘或呈微波状。总状花序顶生或腋生，花大，重瓣，紫红色或淡紫红色，有香味。花期4～5月份。

习性　喜光照充足、凉爽和通风良好的环境，不耐水湿，在排水良好、中性偏碱的土壤中生长较好，较耐寒。

　（辐射　多数）

重瓣长寿花 *Kalanchoe blossfeldiana* 'Plena'
景天科伽蓝菜属

来源 长寿花的园艺品种。我国各地常见栽培。

习性 喜光照充足、稍湿润的环境，耐干旱，对土壤要求不严，但在肥沃、排水良好的砂质壤土中生长旺盛，不耐寒，越冬温度10℃以上。

（辐射　多数）

形态特征 多年生肉质草本。叶交互对生，叶片肉质，卵形，椭圆形至卵圆形，边缘具圆齿。聚伞花序排列呈圆锥状，花密集，花瓣多数，红色、粉红色、黄色、橙黄色等。花期12月份至翌年4月份。

蜀葵 *Alcea rosea* L. 锦葵科蜀葵属

地理分布 原产中国西南部，后被引种到欧洲。我国各地广泛栽培。

形态特征 二年生草本，高1.2～2米。茎枝密被刺毛。叶片近圆心形，掌状3～5（7）裂，裂片近三角形，叶面疏生星状毛。花大，花瓣排列1～2轮，有红、紫、粉红、橙黄、白色等，顶端浅波状或浅缺刻状。花期5～8月份。

习性 喜光照充足，耐半阴，性强健，较耐盐碱，不耐涝，宜肥沃、疏松、富含有机质和排水良好的砂质壤土，耐寒。

附注 异名*Althaea rosea* (L.) Cav.

（辐射　多数）

371

重瓣蜀葵 *Alcea rosea* 'Plena' 锦葵科蜀葵属

来源 蜀葵的园艺品种。我国各地有栽培。

形态特征 二年生草本，高 1.2 ～ 2 米。茎枝密被刺毛。叶片近圆心形，掌状 3 ～ 5（7）裂，裂片近三角形，叶面疏生星状毛。花大，花瓣多数，密集成近球状，玫红、粉红、紫红和白色等。花期 5 ～ 8 月份。

习性 喜光照充足，耐半阴，性强健，较耐盐碱，不耐涝，宜肥沃、疏松、富含有机质和排水良好的砂质壤土，耐寒。

（辐射　多数）

'粉春庆' 蜀葵 *Alcea*
rosea 'Spring Celebrities Pink' 锦葵科蜀葵属

来源 蜀葵春庆系列（Spring Celebrities Series）园艺品种。我国各地园林有栽培。

形态特征 二年生草本，茎枝密被刺毛。叶片掌状3～5裂，裂片长条形或长卵形，叶面具星状毛。花大，花瓣多数，玫红色，具透明细脉纹，顶端缺刻状。花期5～8月份。

习性 喜阳光充足、凉爽的环境，适应性较强，对土壤要求不严，在富含有机质、排水良好的土壤中生长良好，较耐寒。

（辐射　多数）

假昙花 *Hatiora gaertneri* (Regel) Barthlott 仙人掌科假昙花属

地理分布 原产巴西南部。我国各地常见盆栽。

形态特征 多年生附生肉质植物，分枝多，茎节扁平似叶状，两侧边缘稍有缺刻，刺座有短绵毛和少数早落的细小刚毛。花顶生，辐射对称，重瓣，花瓣条状披针形，艳红色。花期5～6月份。

习性 喜光照良好、温暖、湿润的环境，耐半阴，不耐烈日暴晒，不耐积水，宜富含腐殖质、疏松、肥沃和排水良好的土壤，不耐寒，越冬温度7℃以上。

附注 异名*Rhipsalidopsis gaertneri* (Regel) Moran

（辐射　多数）　373

洋桔梗 草原龙胆 *Eustoma grandiflorum* (Raf.) Shinners 龙胆科洋桔梗属

地理分布 原产美国南部、墨西哥。我国各地常见栽培。

形态特征 多年生草本，常作一年生栽培。叶对生，叶片椭圆形至披针形，绿色或灰绿色。花重瓣或单瓣，花色丰富，白色、粉红色、蓝紫色、香槟色、绿色等。花期夏、秋季。园艺品种很多。

习性 喜阳光充足、温暖和湿润的环境，较耐旱，不耐水湿，宜疏松、肥沃、湿润和排水良好的土壤。

附注 异 名 *Eustoma russellianum* (Hook.) G. Don

（辐射　多数）

'粉红'洋桔梗

Eustoma grandiflorum 'Pink Flash'
龙胆科洋桔梗属

来源 洋桔梗的园艺品种。我国各地常见栽培。

形态特征 多年生草本，常作一年生栽培。叶对生，叶片卵状披针形至披针形。花重瓣，粉红色，花瓣边缘微波状。花期夏、秋季。

习性 喜阳光充足、温暖和湿润的环境，较耐旱，不耐水湿，宜疏松、肥沃、湿润和排水良好的土壤。

（辐射　多数）

'绿花'洋桔梗

Eustoma grandiflorum 'Green Improved'
龙胆科洋桔梗属

来源 洋桔梗的园艺品种。我国各地常见栽培。

形态特征 多年生草本，常作一年生栽培。叶对生，叶片卵状披针形至披针形。花重瓣，淡绿色，花瓣边缘略皱折且轻微波状。花期夏、秋季。

习性 喜阳光充足、温暖和湿润的环境，较耐旱，不耐水湿，宜疏松、肥沃、湿润和排水良好的土壤。

（辐射　多数）

'蓝紫'洋桔梗

Eustoma grandiflorum 'Echo Blue'
龙胆科洋桔梗属

来源 洋桔梗的园艺品种。我国各地常见栽培。

形态特征 多年生草本，常作一年生栽培。叶对生，叶片长圆状披针形至披针形，灰绿色。花重瓣，蓝紫色，花瓣边缘略皱折或波状。花期夏、秋季。

习性 喜阳光充足、温暖和湿润的环境，较耐旱，不耐水湿，宜疏松、肥沃、湿润和排水良好的土壤。

（辐射　多数）

'蓝边'洋桔梗

Eustoma grandiflorum 'Blue Picotee'
龙胆科洋桔梗属

来源 洋桔梗的园艺品种。我国各地常见栽培。

形态特征 多年生草本，常作一年生栽培。叶对生，叶片卵状披针形至披针形。花重瓣，白色具蓝色边缘，花瓣边缘略波状。花期夏、秋季。

习性 喜阳光充足、温暖和湿润的环境，较耐旱，不耐水湿，宜疏松、肥沃、湿润和排水良好的土壤。

（辐射 多数）

重瓣朱顶红 *Hippeastrum rutilum* 'Plena' 石蒜科朱顶红属

来源 朱顶红的园艺品种。我国各地偶有栽培。

形态特征 多年生草本，鳞茎近球形。叶宽带状。伞形花序具花约2朵，花硕大，花被片多数，红色，中间具白色脉纹，两旁为不规则的白色细条纹，雄蕊6枚，花丝白色。花期5～7月份。

习性 喜温暖、湿润的气候，不耐酷热，阳光不宜过于强烈，不耐涝，宜肥沃、疏松、排水良好的砂质壤土，冬季休眠，宜冷凉和较干燥环境，越冬温度5～10℃。

（辐射 多数）

'重瓣' 喇叭水仙 *Narcissus pseudonarcissus* 'Plena' 石蒜科水仙属

来源 喇叭水仙的园艺品种。我国城市园林有栽培，常为春季花展的展出花卉。

形态特征 多年生草本，鳞茎球形。叶片带状。花被裂片多数，白色，副花冠和雌蕊、雄蕊具全部瓣化，黄色。花期春季。

习性 喜光照充足、冬季温暖湿润、夏季凉爽的气候，不耐炎热，宜肥沃、疏松、富含腐殖质、排水良好的微酸性至微碱性砂质壤土，较耐寒。

（辐射 多数）

蓍 欧蓍

Achillea millefolium L. 菊科蓍属

地理分布 广泛分布于温带和北半球高山地区。我国各地常见栽培或已归化。

形态特征 多年生草本。叶片深裂似篦齿，一回裂片多数，末回小裂片披针形。头状花序多数，密集成复伞房状，周边舌状小花5枚，白色、淡黄色或淡粉色，中部管状花淡黄白色。花果期5～9月份。

习性 喜光照充足，稍耐半阴，性强健，耐干旱，较耐贫瘠，但在富含有机质、排水性好的砂质壤土中生长良好，耐寒。

（辐射 菊花形）　377

'粉葡萄柚' 蓍 *Achillea millefolium* 'Pink Grapefruit' 菊科蓍属

（辐射　菊花形）

来源　蓍的园艺品种。我国各地园林有栽培。

形态特征　多年生草本，高35～50厘米。叶片深裂似篦齿，一回裂片多数，末回小裂片披针形。头状花序多数，密集成复伞房状，周边舌状小花5枚，鲜粉红色，中部管状花淡黄白色。花期5～6月份。

习性　喜光照充足，稍耐半阴，性强健，耐干旱，较耐贫瘠，但在富含有机质、排水性好的砂质壤土中生长良好，耐寒。

'金冕' 蓍 *Achillea* 'Coronation Gold' 菊科蓍属

（辐射　菊花形）

来源　蓍属的园艺品种。我国各地园林有栽培。

形态特征　多年生草本，高35～50厘米。叶片深裂似篦齿，一回裂片多数，末回小裂片披针形。头状花序多数，密集成复伞房状，周边舌状小花5枚，亮黄色或金黄色，中部管状花黄色。花期6～7月份。

习性　喜光照充足，稍耐半阴，性强健，耐干旱，较耐贫瘠，但在富含有机质、排水性好的砂质壤土中生长良好，耐寒。

'莓红'蓍 *Achillea millefolium* 'Strawberry Seduction' 菊科蓍属

来源 蓍的园艺品种。我国各地园林有栽培。

形态特征 多年生草本，高35～50厘米。叶片深裂似篦齿，一回裂片多数，末回小裂片披针形。头状花序多数，密集成复伞房状，周边舌状小花5枚至多数，淡红色至红色，中部管状花黄色。花期5～6月份。

习性 喜光照充足，稍耐半阴，性强健，耐干旱，较耐贫瘠，但在富含有机质、排水性好的砂质壤土中生长良好，耐寒。

（辐射　菊花形）

'樱女王'蓍 *Achillea millefolium* 'Cerise Queen' 菊科蓍属

来源 蓍的园艺品种。我国各地园林有栽培。

形态特征 多年生草本，高35～50厘米。叶片深裂似篦齿，一回裂片多数，末回小裂片披针形。头状花序多数，密集成复伞房状，周边舌状小花5枚，深桃红色，中部管状花黄色。花期5～6月份。

习性 喜光照充足、干燥的环境，稍耐半阴，性强健，耐干旱，较耐贫瘠，但在富含有机质、排水性好的砂质壤土中生长良好，耐寒。

（辐射　菊花形）

三脉紫菀 *Aster trinervius* subsp. *ageratoides* (Turcz.) Grierson 菊科紫菀属

地理分布 分布于我国甘肃、河北、山东、安徽、江苏、山西、河南、陕西、黑龙江、吉林、辽宁、内蒙古、云南西北部等。朝鲜、俄罗斯西伯利亚东部也有分布。

形态特征 多年生草本。叶片椭圆形或长圆状披针形，三出脉，边缘有3～7对浅或深锯齿，上部叶渐小，有浅齿或全缘。头状花序排列成伞房或圆锥伞房状，周边的舌状花、淡紫色，中部的管状花、多数、黄色。花果期7～12月份。

习性 多生于林下、林缘、灌丛和山谷湿地，性强健，对土壤要求不严，在肥沃的砂质壤土中生长旺盛，耐寒。

（辐射 菊花形）

重瓣雏菊 *Bellis perennis* 'Plena' 菊科雏菊属

来源 雏菊的园艺品种。我国各地园林广为栽培。

形态特征 多年生草本。叶片匙形或倒卵形，边缘具疏波齿。头状花序单生，中部的管状花多数，黄色，周边的舌状花多层，红色、粉红色或白色等。花期4～5月份。

习性 喜光照充足和冷凉的气候，耐半阴，不耐夏季炎热，对土壤要求不严，但在肥沃、湿润和排水良好的土壤中生长旺盛，耐寒。

（辐射 菊花形）

'绒球'雏菊 *Bellis perennis* 'Pompon' 菊科雏菊属

来源 雏菊的园艺品种。我国各地园林广为栽培。

形态特征 多年生草本。叶片匙形或倒卵形，边缘具疏波状齿。头状花序单生，舌状花密集呈绒球状，红色、玫红色或紫红色，中间的管状花黄色，有时几乎看不见。花期4～5月份。

习性 喜光照充足和冷凉的气候，耐半阴，不耐夏季炎热，对土壤要求不严，但在肥沃、湿润和排水良好的土壤上生长旺盛，耐寒。

（辐射　菊花形）

金盏花 *Calendula officinalis* L. 菊科金盏花属

地理分布 可能原产欧洲南部。我国各地园林广为栽培。

形态特征 一年生草本。基生叶长圆状倒卵形或匙形，有柄，茎生叶长圆状披针形，无柄。头状花序单生，周边的舌状花多数，条形，金黄色或橙黄色，中部的管状花小，多数，黄色。花期4～9月份。

习性 喜光照充足、温和凉爽的气候，稍耐阴，不耐热，宜疏松、肥沃适度、排水良好的土壤，较耐寒。

（辐射　菊花形）　381

翠菊 *Callistephus chinensis* (L.) Nees 菊科翠菊属

地理分布 分布于我国辽宁、吉林、黑龙江、内蒙古、新疆、甘肃、山西、山东、江苏、四川、云南等，各地园林广泛栽培。朝鲜、日本也有分布。

形态特征 一年生或二年生草本。叶片卵形或菱状卵形，边缘不规则粗齿或深缺刻状，上部叶渐小。头状花序的舌状花淡紫红色，中部的管状花多数，黄色。花果期5～10月份。园艺品种较多。

习性 喜光照充足，耐半阴，性强健，对土壤要求不严，但在疏松、湿润和肥沃的土壤中生长旺盛，耐寒。

（辐射 菊花形）

银叶寒菀 *Celmisia semicordata* Petrie 菊科寒菀属

形态特征 多年生常绿草本，丛生状，高30～60厘米。叶片宽剑形，密被银白色柔毛。头状花序单生，花梗粗壮，被毛，周边的舌状花条形、白色，中部的管状花、黄色，开花后，干枯发黄的头状花序仍宿存于花梗上。花期10～11月份。

地理分布 原产新西兰南岛。国内较少栽培。

习性 喜光照充足，不耐炎热和干燥的气候，宜富含腐殖质、湿润和排水良好的砂质壤土。

（辐射 菊花形）

野菊 菊花脑 *Chrysanthemum indicum* L. 菊科菊属

地理分布 分布于我国安徽、福建、广东、广西、贵州、河北、黑龙江、河南、湖北、湖南、江苏、江西、山东、四川、台湾、云南。日本、朝鲜、俄罗斯等也有分布。

形态特征 多年生草本。叶片卵形或长圆状卵形，羽状半裂，边缘具浅锯齿。头状花序顶生，舌状花和管状花均黄色。花期6～11月份。

习性 喜光照充足，耐半阴，性强健，耐干旱，耐热，耐瘠薄，对土壤要求不严，在肥沃的砂质壤土中生长旺盛，耐寒，可自播繁殖。

（辐射 菊花形） 383

菊花 *Chrysanthemum × morifolium* 菊科菊属

来源　菊花为经长期人工选择培育的名花，我国栽培历史悠久，园艺品种极多。

形态特征　多年生草本。叶片卵状披针形，羽状浅裂或半裂，叶背面被柔毛。头状花序大，舌状花多轮，花色有红、紫、粉、黄、白、绿等，花形有球形、盘形、荷形、莲形、托桂形等，舌状花分为平瓣、匙瓣、管瓣、畸瓣。花期秋季。

习性　喜光照充足、凉爽的环境，不耐积涝，宜富含腐殖质、疏松、肥沃和排水良好的砂质壤土，较耐寒。

384　（辐射　菊花形）

'红十八' 菊花 *Chrysanthemum* 'Hong Shiba' 菊科菊属

来源 菊花的平瓣类园艺品种。我国各地有栽培。

形态特征 多年生草本。叶片卵状披针形，羽状浅裂或半裂，叶背面被柔毛。头状花序大，舌状花1～2轮，约18枚，瓣片较宽，平展，顶端稍圆钝，内面红色，背面淡黄色，管状花多数，黄色，露心。花期11月份。

习性 喜光照充足、凉爽的环境，不耐积涝，宜富含腐殖质、疏松、肥沃和排水良好的砂质壤土，较耐寒。

（辐射 菊花形）

'虢国夫人' 菊花 *Chrysanthemum* 'Guoguo Furen' 菊科菊属

来源 菊花的荷型园艺品种。我国各地有栽培。

形态特征 多年生草本。叶片卵状披针形，羽状浅裂或半裂，叶背面被柔毛。头状花序大，舌状花多轮，瓣片内面玫红色，背面淡粉色，外轮瓣片向外平伸，内轮瓣片内曲，向同一方向旋转抱心。花期11月份。

习性 喜光照充足、凉爽的环境，不耐积涝，宜富含腐殖质、疏松、肥沃和排水良好的砂质壤土，较耐寒。

（辐射 菊花形）

'金狮'菊花

Chrysanthemum 'Jin Shi' 菊科菊属

来源 菊花的叠球型园艺品种。我国各地有栽培。

形态特征 多年生草本。叶片卵状披针形，羽状浅裂或半裂，叶背面被柔毛。头状花序硕大，金黄色，舌状花重轮，各瓣片长短较整齐，内曲，排列紧密，层层瓣片合抱呈球状。花期11月份。

习性 喜光照充足、凉爽的环境，不耐积涝，宜富含腐殖质、疏松、肥沃和排水良好的砂质壤土，较耐寒。

（辐射 菊花形）

'杏花春雨'菊花

Chrysanthemum 'Xinghua Chunyu' 菊科菊属

来源 菊花的卷散型园艺品种。我国各地有栽培。

形态特征 多年生草本。叶片卵状披针形，羽状浅裂或半裂，叶背面被柔毛。头状花序大，粉红色，舌状花多轮，多为长、短匙瓣状，内轮向心合抱，外轮四出散垂。花期11月份。

习性 喜光照充足、凉爽的环境，不耐积涝，宜富含腐殖质、疏松、肥沃和排水良好的砂质壤土，较耐寒。

（辐射 菊花形）

'仙灵芝'菊花

Chrysanthemum 'Xian Lingzhi'
菊科菊属

来源 菊花的贯珠型园艺品种。
我国各地有栽培。

形态特征 多年生草本。叶片卵
状披针形，羽状浅裂或半裂，叶
背面被柔毛。头状花序大，舌状
花多轮，细管状，外轮中长管瓣
具钩环，向下飘垂，粉红色，顶
端小珠淡黄色，内轮管瓣向内弯
曲，淡黄色。花期11月份。

习性 喜光照充足、凉爽的环境，
不耐积涝，宜富含腐殖质、疏松、
肥沃和排水良好的砂质壤土，较
耐寒。

（辐射 菊花形）

'赤线金珠' 菊花 *Chrysanthemum* 'Chixian Jinzhu' 菊科菊属

来源 菊花的贯珠型园艺品
种。我国各地有栽培。

形态特征 多年生草本。叶
片卵状披针形，羽状浅裂或
半裂，叶背面被柔毛。头状
花序较大，舌状花多轮，细
管状，外轮中长管瓣具钩
环，伸展，紫红色，顶端小
珠金黄色，内轮管瓣向内弯
曲抱合，中心部分金黄色。
花期11月份。

习性 喜光照充足、凉爽的
环境，不耐积涝，宜富含腐
殖质、疏松、肥沃和排水良
好的砂质壤土，较耐寒。

（辐射 菊花形）

'汴梁绿翠' 菊花 *Chrysanthemum* 'Bianliang Lvcui' 菊科菊属

（辐射 菊花形）

来源 菊花的管瓣类园艺品种。我国各地有栽培。

形态特征 多年生草本。叶片卵状披针形，羽状浅裂或半裂，叶背面被柔毛。头状花序较大，淡绿色，舌状花多轮，细管状，外轮细长伸展，管瓣顶端弯曲成浅钩状，内轮管瓣向内弯曲抱合，露心。花期11月份。

习性 喜光照充足、凉爽的环境，不耐积涝，宜富含腐殖质、疏松、肥沃和排水良好的砂质壤土，较耐寒。

'新鸳鸯' 菊花

Chrysanthemum 'Xin Yuanyang'
菊科菊属

来源 菊花的平瓣类园艺品种。我国各地有栽培。

形态特征 多年生草本。叶片卵状披针形，羽状浅裂或半裂，叶背面被柔毛。头状花序大，具红黄双色，舌状花多轮，平瓣状，较窄，外轮瓣片略长，外翻不卷，内轮瓣片向内抱心，盛开时微露心。花期11月份。

习性 喜光照充足、凉爽的环境，不耐积涝，宜富含腐殖质、疏松、肥沃和排水良好的砂质壤土，较耐寒。

（辐射 菊花形）

'紫红托桂' 菊花

Chrysanthemum 'Zihong Tuogui' 菊科菊属

来源 菊花的托桂型园艺品种。我国各地有栽培。

形态特征 多年生草本。叶片卵状披针形，羽状浅裂或半裂，叶背面被柔毛。头状花序大，舌状花多轮，匙瓣状，艳紫红色，瓣片向内卷曲，管状花呈桂瓣状，金黄色。花期11月份。

习性 喜光照充足、凉爽的环境，不耐积涝，宜富含腐殖质、疏松、肥沃和排水良好的砂质壤土，较耐寒。

（辐射 菊花形）

'金龙现血爪' 菊花

Chrysanthemum 'Jinlong Xian Xuezhua'
菊科菊属

来源 菊花的畸瓣类园艺品种。我国各地有栽培。

形态特征 多年生草本。叶片卵状披针形，羽状浅裂或半裂，叶背面被柔毛。头状花序大，舌状花多轮，瓣片顶端裂成龙爪状，外轮瓣片伸展，内面金红色，背面淡黄色，内轮瓣片向内弯曲，亮黄色。花期11月份。

习性 喜光照充足、凉爽的环境，不耐积涝，宜富含腐殖质、疏松、肥沃和排水良好的砂质壤土，较耐寒。

（辐射 菊花形）

'粉毛刺' 菊花

***Chrysanthemum* 'Fen Maoci'** 菊科菊属

来源 菊花的畸瓣类毛刺型园艺品种。我国各地有栽培。

形态特征 多年生草本。叶片卵状披针形，羽状浅裂或半裂，叶背面被柔毛。头状花序大，粉白色，舌状花多轮，管状，管瓣钩环处密生毛刺。花期11月份。

习性 喜光照充足、凉爽的环境，不耐积涝，宜富含腐殖质、疏松、肥沃和排水良好的砂质壤土，较耐寒。

（辐射　菊花形）

大吴风草 *Farfugium japonicum* (L. f.) Kitam. 菊科大吴风草属

地理分布 分布于我国安徽、江苏、浙江、湖北、湖南、广西、广东、福建、台湾。日本也有分布。

形态特征 多年生草本。叶基生，莲座状，叶片圆肾形，边缘浅波状。头状花序辐射状，排列成伞房状花序，舌状花8～12枚，黄色，中部管状花多数。花果期8月份至翌年3月份。

习性 喜半阴和湿润的环境，不耐积水，对土壤要求不严，但在肥沃、疏松和排水良好的土壤中生长旺盛，在江南地区可露地越冬。

　（辐射　菊花形）

菊苣 *Cichorium intybus* L. 菊科菊苣属

地理分布　分布于我国河北、黑龙江、河南、辽宁、陕西、山西、山东、新疆等，上海、江苏、浙江等地有栽培。非洲北部、亚洲中部和西南部、欧洲也有分布。

形态特征　多年生草本。基生叶莲座状，叶片倒披针状长圆形，羽状深裂至不裂，边缘具稀疏尖锯齿，中上部茎叶小，卵状倒披针形至披针形。头状花序全部为舌状花，蓝色。花果期5～10月份。

习性　喜光照充足、温暖和湿润的气候，耐干旱，稍耐盐碱，宜疏松、肥沃、湿润和排水良好的土壤，耐寒。

（辐射　菊花形）

红花　刺红花

Carthamus tinctorius L. 菊科红花属

地理分布　原产中亚地区。我国黑龙江、辽宁、吉林、河北、山西、内蒙古、陕西、甘肃、青海、山东、浙江、贵州、四川、西藏、新疆等有栽培，为药用、色素和油料植物，也可观花。

形态特征　一年生草本。叶片质地坚硬，披针形或长椭圆状披针形，边缘具疏锯齿或重锯齿，齿顶针刺较长。头状花序多数，全部为管状花，小花红色、橘红色或橘黄色。花果期5～8月份。

习性　喜温暖、干燥的气候，耐贫瘠，耐干旱，不耐涝，宜土层深厚、排水良好和中等肥力的砂质壤土，耐寒。

（辐射　菊花形）　　391

刺儿菜 *Cirsium arvense* var. *integrifolium* Wimm. et Grab. 菊科蓟属

地理分布 除西藏、云南、广东、广西外，我国各地均有分布，是常见的野花，也作药用。朝鲜、日本，俄罗斯等及亚洲西南部、欧洲也有分布。

形态特征 多年生草本。基生叶和中部茎叶椭圆形、长椭圆形或椭圆状倒披针形，茎上部叶渐小，椭圆状披针形，叶缘有刺齿。头状花序单生茎端，全部为管状花，粉紫色。花果期5～9月份。

习性 喜光照良好，耐半阴，性强健，耐瘠薄，耐干旱，不择土壤，耐寒。

附注 异名 *Cirsium setosum* (Willd.) MB.

（辐射　菊花形）

蓟 *Cirsium japonicum* DC. 菊科蓟属

地理分布 广布于我国河北、山东、陕西、江苏、浙江、江西、湖南、湖北、四川、福建、台湾等地，是常见野花，可药用。日本、朝鲜也有分布。

形态特征 多年生草本。叶羽状深裂或几全裂，侧裂片6～12对，有稀疏大小不等尖锐锯齿，或锯齿较大而使整个叶片呈二回分裂状，小裂片顶端尖锐刺状。头状花序直立，全部为管状花，花紫红色或紫色。花期5～9月份。

习性 喜光照充足，性强健，较耐旱，耐瘠薄，宜较为疏松和排水良好的土壤。

（辐射　菊花形）

剑叶金鸡菊　大金鸡菊

Coreopsis lanceolata L. 菊科金鸡菊属

地理分布　原产北美洲。我国各地园林常见栽培。

习性　喜光照充足，也耐半阴，性强健，耐旱、耐热、耐瘠薄，宜排水良好的土壤，耐寒。

（辐射　菊花形）

形态特征　多年生草本。叶片线状倒披针形或狭长圆状披针形，全缘，上部叶无柄，较小。头状花序单生，舌状花顶端周边的舌状花和中部的管状花均为金黄色。花期5～9月份。

'阳光'金鸡菊　重瓣金鸡菊

Coreopsis 'Sunray'
菊科金鸡菊属

来源　金鸡菊属的园艺品种。我国各地园林常见栽培。

形态特征　多年生草本，常作一年生栽培，高30～50厘米。叶线状倒披针形或狭长圆状披针形，有锯齿。头状花序单生，花重瓣，周边的舌状花和中部的管状花均为金黄色。花期5～9月份。

习性　喜光照充足，也耐半阴，性强健，耐旱、耐热、耐瘠薄，宜排水良好的土壤，耐寒。

（辐射　菊花形）　**393**

波斯菊 秋英；格桑花 *Cosmos bipinnatus* Cav. 菊科秋英属

地理分布　原产墨西哥、美国南部。我国各地栽培甚广。

形态特征　一年生或多年生草本。叶二回羽状深裂，裂片线形或丝状线形。头状花序单生，周边的舌状花粉红色、紫红色或白色，中部的管状花多数，黄色。花期6～9月份。

习性　喜光照充足和温暖的气候，耐瘠薄，不耐炎热，不耐积水，宜疏松、肥沃和排水良好的土壤。

（辐射　菊花形）

黄秋英 硫磺菊 *Cosmos sulphureus* Cav. 菊科秋英属

地理分布　原产墨西哥、巴西。我国各地常见栽培。

形态特征　一年生或多年生草本。叶二至三回羽状深裂，裂片较宽，披针形至椭圆形。头状花序单生，周边的舌状花金黄色或橘黄色，中部的管状花黄色。花期7～8月份。

习性　喜光照充足、温暖的环境，性强健，不择土壤，但以肥沃、排水良好的砂质壤土为佳，可自播繁殖。

　（辐射　菊花形）

黄瓜菜 黄瓜假还阳参

Crepidiastrum denticulatum (Houtt.) Pak et Kawano 菊科假还阳参属

地理分布 分布于安徽、福建、广东、河北、黑龙江、辽宁、河南、湖北、山东、江苏、浙江等，是常见的林下野花。

形态特征 一年生或二年生草本。叶片卵形，琴状卵形、椭圆形或披针形，不分裂，基部圆耳状扩大抱茎。头状花序含约15枚舌状小花，黄色。花果期5～11月份。

习性 喜良好光照，较耐阴，喜温暖、湿润环境，性强健，耐瘠薄，耐寒。

附注 异名*Paraixeris denticulata* (Houtt.) Nakai

（辐射 菊花形） 395

矢车菊 *Cyanus segetum* Hill 菊科矢车菊属

地理分布　原产欧洲。我国各地常见栽培，在青海、新疆已归化。

形态特征　一年生或二年生草本。基生叶及下部茎叶长圆状倒披针形或披针形，中上部茎叶线形，渐小。头状花序在茎顶排成伞房花序形，似车轮状，花蓝色、蓝紫色、粉红色或白色等。花果期3～8月份。

习性　喜光照充足、凉爽的环境，不耐荫蔽，不耐炎热，不耐水湿，宜疏松、肥沃和排水良好的砂质壤土，耐寒。

附注　异名*Centaurea cyanus* L.

大丽花

Dahlia pinnata Cav.
菊科大丽花属

地理分布 原产墨西哥。
我国各地园林常见栽培。

形态特征 多年生草本，
具大型块根。叶片1～3
回羽状全裂，裂片卵形或
长圆状卵形，上部叶有时
不分裂。头状花序大，周
边的舌状花红色、橙红色、
粉红色、紫红色和杂色等，
中部的管状花黄色。花期
6～10月份。园艺品种
繁多。

习性 喜光照良好、凉爽
的气候，稍耐阴，不耐旱，
也不耐涝，宜疏松、肥沃
和排水良好的砂质壤土，
不耐霜冻。

（辐射　菊花形）　397

'庞蒂' 大丽花

Dahlia 'Pontiac' 菊科大丽花属

来源 大丽花仙人掌型系列（Cactus）的园艺品种。我国城市园林中有栽培。

形态特征 多年生草本，高60～70厘米。叶片近羽状深裂，小裂片长圆状披针形，边缘具疏锯齿。头状花序单生，舌状花窄，顶端尖，边缘反卷，鲜粉红色。花期7～9月份。

习性 喜光照良好和凉爽的气候，不耐干旱，也不耐涝，宜疏松、肥沃和排水良好的砂质壤土。

（辐射 菊花形）

'仙人掌' 大丽花

Dahlia 'Hillcrest Royal' 菊科大丽花属

来源 大丽花仙人掌型系列（Cactus）的园艺品种。我国城市园林中有栽培。

形态特征 多年生草本，具大型块根，高约70厘米。叶片近羽状深裂，小裂片长圆形，边缘具疏锯齿。头状花序单生，舌状花窄，顶端尖，边缘反卷，深紫红色。花期7～9月份。

习性 喜光照良好和凉爽的气候，不耐干旱，也不耐涝，宜疏松、肥沃和排水良好的砂质壤土。

（辐射 菊花形）

'舞者' 大丽花

'韦斯顿西班牙舞者'
大丽花

Dahlia 'Weston Spanish Dancer'
菊科大丽花属

来源 大丽花仙人掌型系列（Cactus）的园艺品种。我国城市园林中有栽培。

形态特征 多年生草本，具大型块根，高约70厘米。叶片近羽状深裂，小裂片长圆状披针形，边缘具疏锯齿。头状花序单生，舌状花窄，顶端尖，边缘反卷，艳黄色，近顶端部分红色。花期7～9月份。

习性 喜光照良好和凉爽的气候，不耐干旱，也不耐涝，宜疏松、肥沃和排水良好的砂质壤土。

（辐射 菊花形）

'球花' 大丽花 *Dahlia* 'Ball' 菊科大丽花属

来源 大丽花球型系列（Ball）的园艺品种。我国城市园林常见栽培。

习性 喜光照良好、凉爽的气候，稍耐阴，不耐干旱，也不耐涝，宜疏松、肥沃和排水良好的砂质壤土，不耐霜冻。

形态特征 多年生草本，具大型块根，高60～80厘米。叶片近羽状深裂，小裂片长圆状披针形或披针形，边缘具疏锯齿。头状花序单生，舌状花多数，密集呈球状，粉红色或玫红色等。花期6～7月份。

（辐射 菊花形）

'洒金球花' 大丽花

Dahlia 'Hy Impact' 菊科大丽花属

来源 大丽花球形系列（Ball）的园艺品种。我国城市园林有栽培。

形态特征 多年生草本，具大型块根，高60～80厘米。叶片近羽状深裂，小裂片长圆状披针形或披针形，边缘具疏锯齿。头状花序单生，舌状花多数，密集呈球状，白色具不规则深玫红色的斑点和条纹。花期6～7月份。

习性 喜光照良好、凉爽的气候，稍耐阴，不耐干旱，也不耐涝，宜疏松、肥沃和排水良好的砂质壤土，不耐霜冻。

（辐射　菊花形）

'彩瓣' 大丽花

Dahlia 'Boogie Woogie' 菊科大丽花属

来源 大丽花银莲花型系列（Anemone）的园艺品种。我国各地园林有栽培。

形态特征 多年生草本，具大型块根，高60～80厘米。叶片1～3回羽状分裂，小裂片长圆状披针形，边缘具疏锯齿。头状花序单生，舌状花多数，密集，周边深玫红色，中部亮黄色。花期6～7月份。

习性 喜光照良好、凉爽的气候，稍耐阴，不耐干旱，也不耐涝，宜疏松、肥沃和排水良好的砂质壤土，不耐霜冻。

（辐射　菊花形）

紫松果菊 松果菊

Echinacea purpurea (L.) Moench 菊科松果菊属

地理分布 原产美国、墨西哥等。我国北方常见栽培，江苏等地也有栽培。

习性 喜光照充足，性强健，耐干旱，不择土壤，但在土层深厚、肥沃、富含腐殖质的土壤中生长良好，耐寒，能自播繁殖。

（辐射 菊花形）

形态特征 多年生草本。叶片卵形至狭卵状披针形，边缘缺刻状锯齿，上部叶渐小。头状花序顶生，周边的舌状花淡紫色，中部的管状花多数，密集着生近球形，紫红棕色或紫黑色。花期6～8月份。

'红莓蛋糕'重瓣松果菊

Echinacea 'Cranberry Cupcake'
菊科松果菊属

来源 松果菊属的园艺品种。我国江苏等地有栽培。

形态特征 多年生草本。叶片卵形至狭卵状披针形。头状花序顶生，艳粉红色，舌状花顶端2裂，最下一层的舌状花长、宽披针形，上面的舌状花短，层层密集成近半球状，花形似蛋糕状。花期6～8月份。

习性 喜光照充足，较耐干旱，宜肥沃、富含腐殖质的土壤，耐寒。

（辐射 菊花形）

'深莓红' 重瓣松果菊

Echinacea 'Double Scoop Cranberry'
菊科松果菊属

来源 松果菊属的园艺品种。我国江苏等地有栽培。

形态特征 多年生草本，高50～70厘米。叶片卵形至狭卵状披针形。头状花序顶生，深红莓色，舌状花顶端2裂，最下一层的舌状花长，宽披针形，上面多轮的舌状花短，层层密集成近半球状。花期6～8月份。

习性 喜光照充足，较耐干旱，宜肥沃、富含腐殖质的土壤，耐寒。

（辐射　菊花形）

天人菊 *Gaillardia pulchella* Foug. 菊科天人菊属

地理分布 原产北美洲。我国各城市的园林绿地中常见栽培。

形态特征 一年生草本，植株被短柔毛。下部叶片匙形或倒披针形，上部叶片长椭圆形、倒披针形或匙形。头状花序生于枝顶端，周边的舌状花红色，边缘亮黄色，中部的管状花多数，外轮暗紫红色，中间黄色。花果期5～8月份。

习性 喜光照充足，性强健，耐干旱，耐炎热，在疏松、排水良好的土壤中生长旺盛。

（辐射　菊花形）

羽叶勋章菊 *Gazania pinnata* DC. 菊科勋章菊属

地理分布　原产南非。我国各地园林有栽培。

形态特征　多年生草本。叶片羽状分裂，小裂片狭卵形至披针形，叶背面密被灰白色茸毛。头状花序单生，舌状花亮黄色，管状花多数，黄色。花期4～5月份。

习性　喜光照充足、温暖的环境，喜夏季凉爽，稍耐热，不耐水涝，宜疏松、肥沃、排水良好的土壤，北方寒冷地区不能露地越冬。

（辐射　菊花形）

'黄焰'勋章菊

Gazania 'Big Kiss Yellow Flame'
菊科勋章菊属

来源　勋章菊属热吻系列（Big Kiss Series）园艺品种。我国各地园林常见栽培。

形态特征　多年生草本。叶片羽状分裂，小裂片卵形至狭卵形，叶背面密被白毛。头状花序单生，舌状花金黄色，中间具橙红色带状条纹，基部有深色斑块，舌状花多数，黄色。花期4～5月份。

习性　喜光照充足、温暖的环境，不耐水涝，宜疏松、肥沃、排水良好的土壤，稍耐寒。

（辐射　菊花形）　403

'白焰' 勋章菊 *Gazania* 'Big Kiss White Flame'
菊科勋章菊属

来源 勋章菊属热吻系列（Big Kiss Series）的园艺品种。我国各地园林有栽培。

形态特征 多年生草本。叶片羽状分裂，小裂片卵形至狭卵形，叶背面密被白毛。头状花序单生，舌状花淡黄白色，中间具深红色带状条纹，基部有深色斑块，管状花多数，橙黄色。花期4～5月份。

习性 喜光照充足、温暖的环境，不耐水涝，宜疏松、肥沃、排水良好的土壤，稍耐寒。

（辐射 菊花形）

非洲菊 扶郎花 *Gerbera jamesonii* Adlam 菊科非洲菊属

地理分布 原产非洲。我国各地多有栽培。

形态特征 多年生草本，被毛。叶基生，莲座状，叶片长椭圆形至长圆形，边缘不规则羽状浅裂或深裂。头状花序单生，外层舌状花橙红、紫红色、粉红、白色、黄色等，中部管状花多数。花期11月份至翌年4月份。园艺品种很多。

习性 喜光照充足、冬暖夏凉的气候，不耐炎热，夏季适当遮阳，加强空气流通，宜疏松、肥沃、富含腐殖质和排水良好的砂质壤土，耐寒性不强。

（辐射 菊花形）

矮向日葵 *Helianthus annuus* 'Incredible Dwarf' 菊科向日葵属

来源 向日葵的园艺品种，为矮化观赏向日葵。我国各地有栽培，也可盆栽。

形态特征 一年生草本，高50～65厘米。单叶互生，叶片大，心状卵圆形或卵圆形，边缘疏生粗锯齿，两面被短糙毛。头状花序顶生，周边的舌状花亮黄色，中部的管状花多数，黑褐色或黑紫色。花期7～9月份。

习性 喜光照充足、温暖环境，性强健，较耐旱，耐瘠薄，不耐积水，对土壤要求不严，但在肥沃、排水性好的土壤中生长旺盛。

（辐射 菊花形）

'小虎'向日葵 '矮虎向日葵'

Helianthus annuus 'Little Tiger' 菊科向日葵属

来源 向日葵的园艺品种，为矮化观赏向日葵。我国各地有栽培。

形态特征 一年生草本，高50～65厘米。叶片大，心状卵圆形或卵圆形，边缘疏生粗锯齿，被短糙毛。头状花序顶生，周边的舌状花亮黄色，中部的管状花多数，黑褐色。花期7～9月份。

习性 喜光照充足、温暖环境，性强健，较耐旱，耐瘠薄，不耐积水，对土壤要求不严，但在肥沃、排水性好的土壤中生长旺盛。

（辐射 菊花形）

405

'白玉'向日葵

Helianthus 'Jade' 菊科向日葵属

来源 向日葵属的园艺品种,也称观赏向日葵。我国各地有栽培。

形态特征 一年生草本,高90～120厘米。单叶互生,叶片大,心状卵圆形或卵圆形,边缘疏生粗锯齿,被短糙毛。头状花序顶生,周边的舌状花白色,中部的管状花多数,黄绿色。花期7～9月份。

习性 喜光照充足、温暖环境,性强健,较耐旱,耐瘠薄,不耐积水,对土壤要求不严,但在肥沃、排水性好的土壤中生长旺盛。

（辐射 菊花形）

'柠檬皇后'向日葵

Helianthus 'Lemon Queen' 菊科向日葵属

来源 向日葵属的园艺品种,也称观赏向日葵。我国各地有栽培。

形态特征 一年生草本,高1～1.5米。单叶互生,叶片大,心状卵圆形或卵圆形,边缘疏生粗锯齿,被短糙毛。头状花序顶生,周边的舌状花淡柠檬黄色,中部的管状花多数,淡黄色或黄褐色。花期7～9月份。

习性 喜光照充足、温暖环境,性强健,较耐旱,耐瘠薄,不耐积水,对土壤要求不严,但在肥沃、排水性好的土壤中生长旺盛。

（辐射 菊花形）

'草莓红' 向日葵 *Helianthus* 'Strawberry Blonde' 菊科向日葵属

来源 向日葵属的园艺品种，也称观赏向日葵。我国各地有栽培。

形态特征 一年生草本，高1～1.5米。单叶互生，叶片大，心状卵圆形或卵圆形，边缘疏生粗锯齿，被短糙毛。头状花序顶生，周边的舌状花外端粉红色，内端莓红色，基部略黄色，中部的管状花多数，棕褐色。花期7～9月份。

习性 喜光照充足、温暖环境，性强健，较耐旱，耐瘠薄，不耐积水，对土壤要求不严，但在肥沃、排水性好的土壤中生长旺盛。

（辐射　菊花形）

'红磨坊' 向日葵 *Helianthus* 'Moulin Rouge' 菊科向日葵属

来源 向日葵属的园艺品种，也称观赏向日葵。我国各地有栽培。

形态特征 一年生草本，高1.2～1.8米。单叶互生，叶片大，心状卵圆形或卵圆形，边缘疏生粗锯齿，被短糙毛。头状花序顶生，周边的舌状花酒红色，中部的管状花多数，褐红色。花期7～9月份。

习性 喜光照充足、温暖环境，性强健，较耐旱，耐瘠薄，不耐积水，对土壤要求不严，但在肥沃、排水性好的土壤中生长旺盛。

（辐射　菊花形）

'重瓣大金日' 向日葵 *Helianthus* 'Giant Double Sungold'
菊科向日葵属

（辐射 菊花形）

来源 向日葵属的园艺品种，也称观赏向日葵。我国各地有栽培。

形态特征 一年生草本，高1～1.5米。单叶互生，叶片大，心状卵圆形或卵圆形，边缘疏生粗锯齿，被短糙毛。头状花序顶生，舌状花多数，金黄色，中部的管状花几乎被遮盖。花期7～9月份。

习性 喜光照充足、温暖环境，性强健，较耐旱，耐瘠薄，不耐积水，对土壤要求不严，但在肥沃、排水性好的土壤中生长旺盛。

'泰迪熊' 向日葵 *Helianthus annuus* 'Teddy Bear' 菊科向日葵属

来源 向日葵的园艺品种，也称观赏向日葵。我国各地有栽培。

形态特征 一年生草本，高90厘米。单叶互生，叶片大，心状卵圆形或卵圆形，边缘疏生粗锯齿，被短糙毛。头状花序顶生，舌状花多数，金黄色，中部的管状花几乎被遮盖。花期7～9月份。

习性 喜光照充足、温暖环境，性强健，较耐旱，耐瘠薄，不耐积水，对土壤要求不严，但在肥沃、排水性好的土壤中生长旺盛。

（辐射 菊花形）

蒿子秆　三色菊 *Glebionis carinata* (Schousb.) Tzvelev 菊科茼蒿属

地理分布　我国吉林有野生，各地园林有栽培。

形态特征　一年生草本。茎直立多分枝。叶二回羽状深裂，小裂片线形或披针形。头状花序单生或2～8个生于枝端，周边的舌状花红色、黄色等，常二、三色呈复色环状，中部的管状花多数，暗紫色。花期6～9月份。

习性　喜光照充足，也较耐阴，喜温凉的气候，不耐酷热，不耐水涝，宜疏松、肥沃和排水良好的土壤。

附注　异名 *Chrysanthemum carinatum* Scbousb.

（辐射　菊花形）

滨菊 *Leucanthemum vulgare* Lam. 菊科滨菊属

地理分布　原产欧洲。我国各地园林广泛栽培。

形态特征　多年生草本。基生叶长椭圆形，中下部茎叶常线状长椭圆形，有时羽状浅裂，上部叶渐小，有时羽状全裂。头状花序单生，或2～5个头状花序排成疏伞房状，周边的舌状花白色，中部的管状花多数、黄色。花果期5～10月份。

习性　喜光照充足，性强健，较耐干旱，对土壤要求不严，但在疏松、湿润和肥沃的土壤中生长旺盛。

（辐射　菊花形）

蛇鞭菊 *Liatris spicata* (L.) Willd.
菊科蛇鞭菊属

地理分布 原产北美洲东部。我国各地园林常见栽培。

形态特征 多年生草本。叶片线形或狭披针形。头状花序排成总状并密集成长穗形，长可达60厘米，小花由上向下逐渐开放，花淡紫红色或紫色，管状花细而伸长。花期7～8月份。

习性 喜光照充足、凉爽的气候，稍耐阴，性强健，耐热，较耐水湿，耐贫瘠，但在疏松、肥沃和排水良好的土壤中生长旺盛，耐寒。

（辐射　菊花形）

蓝目菊 南非万寿菊 *Osteospermum ecklonis* (DC.) Norl. 菊科骨籽菊属

地理分布 原产南非。我国北京、南京等地园林多有栽培。

形态特征 多年生草本，常作一年生栽培。叶片卵圆形或长圆状披针形，边缘具疏锯齿。头状花序常簇生成伞房状，周边舌状花玫红色、淡紫红色等，中部管状花多数、暗蓝色。花期5～10月份。

习性 喜光照充足、温暖和湿润的环境，耐干旱，宜通风良好，在肥沃、疏松和排水良好的砂质壤土中生长旺盛，较耐寒。

　（辐射　菊花形）

'天蓝冰'蓝目菊 *Osteospermum* 'Sky and Ice' 菊科骨籽菊属

来源 蓝目菊的园艺品种。我国上海、北京、南京等地园林多有栽培。

形态特征 多年生草本，常作一年生栽培。叶片卵圆形或长圆状披针形，边缘具疏锯齿。头状花序常簇生成伞房状，周边舌状花白色、中部管状花多数、暗蓝色。花期5～10月份。

习性 喜光照充足、温暖和湿润的环境，耐干旱，宜通风良好，在肥沃、疏松和排水良好的砂质壤土中生长旺盛，较耐寒。

（辐射 菊花形）

瓜叶菊 *Pericallis hybrida* B. Nord.
菊科瓜叶菊属

地理分布 原产大西洋加那利群岛，为杂交起源。我国各地园林广泛栽培，也作盆栽。

形态特征 多年生草本。叶片大，肾形至宽心形，有时上部叶三角状心形，基部心形，边缘具钝锯齿。头状花序多数，在茎端排列成宽伞房状，周边的舌状花艳紫红色、蓝紫色、淡蓝色、粉红色、白色等，中部的管状花淡黄褐色。花果期3～7月份。

习性 喜光照充足、温暖和湿润的环境，不耐高温，宜通风良好，在富含腐殖质、排水良好的砂质壤土中生长旺盛，不耐霜冻。

（辐射 菊花形）

411

'春辉' 瓜叶菊 *Pericallis* 'Spring Glory' 菊科瓜叶菊属

来源　瓜叶菊春辉系列园艺品种。我国各地园林有栽培，也作盆栽。

形态特征　多年生草本，作二年生栽培。叶片大，肾形至宽心形，基部心形，边缘具钝锯齿。头状花序密集，周边的舌状花艳紫红色或蓝紫色等，近基部白色，中部的管状花暗红色或暗紫色。花期春季。

习性　喜光照充足、温暖和湿润的环境，不耐高温，宜通风良好，在富含腐殖质、排水良好的砂质壤土中生长旺盛，不耐霜冻。

412　（辐射　菊花形）

黑心金光菊 *Rudbeckia hirta* L. 菊科金光菊属

地理分布 原产北美洲。我国各地园林常见栽培。

形态特征 一年生或二年生草本，全株被粗刺毛。下部叶片长卵圆形，有柄，上部叶片长圆披针形，无柄或具短柄，通常边缘有锯齿。头状花序有长花序梗，周边的舌状花单轮，亮黄色，中部的管状花多数，深褐色或黑紫色。花期5～6月份。

习性 喜光照充足、通风良好的环境，性强健，耐干旱，不耐水湿，对土壤要求不严，在疏松、排水良好的砂质壤土中生长旺盛，耐寒。

（辐射　菊花形）

二色金光菊 *Rudbeckia hirta* var. *pulcherrima* Farw. 菊科金光菊属

地理分布 原产北美洲。我国各地园林常见栽培。

形态特征 一年生或二年生草本，全株被粗刺毛。下部叶片长卵圆形，有柄，上部叶片长圆披针形，无柄或具短柄，边缘有锯齿。头状花序有长花序梗，舌状花外端亮黄色，内端红色或暗红色，中部的管状花多数、暗褐色或黑紫色。花期5～7月份。

习性 喜光照充足、通风良好的环境，性强健，耐干旱，不耐水湿，对土壤要求不严，在疏松、排水良好的砂质壤土中生长旺盛，耐寒。

附注 异名*Rudbeckia bicolor* Nutt.

（辐射　菊花形）　413

'金前锋' 大花金光菊

Rudbeckia fulgida var. *sullivantii* 'Gold-sturm' 菊科金光菊属

来源 大花金光菊的园艺品种。我国各地园林常见栽培。

形态特征 多年生直立草本。叶面粗糙,下部叶片长卵圆形,有柄,上部叶片长圆披针形,无柄或具短柄。头状花序有长花序梗,周边的舌状花大、亮黄色,中部的管状花多数、暗褐色或黑色。花期6～7月份。

习性 喜光照充足、通风良好的环境,性强健,耐干旱,不耐水湿,对土壤要求不严,在疏松、排水良好的砂质壤土中生长旺盛,耐寒。

（辐射 菊花形）

重瓣黑心金光菊 *Rudbeckia hirta* 'Goldilocks' 菊科金光菊属

来源 黑心金光菊的园艺品种。我国各地园林有栽培。

形态特征 一年生或二年生草本,全株被粗刺毛。下部叶片长卵圆形,有柄,上部叶片长圆披针形,无柄或具短柄,边缘常具锯齿。头状花序有长花序梗,周边的舌状花多轮、亮黄色,中部的管状花多数、暗褐色或黑紫色。花期5～6月份。

习性 喜光照充足、通风良好的环境,性强健,耐干旱,不耐水湿,对土壤要求不严,在疏松、排水良好的砂质壤土中生长旺盛,耐寒。

（辐射 菊花形）

银叶菊 *Senecio cineraria* DC. 菊科千里光属

地理分布　原产巴西、洪都拉斯等。我国长江流域地区常见栽培。

形态特征　多年生草本，全株密被银白色绵毛。叶一至二回羽状分裂，小裂片披针形，叶片密被银白色绵毛。头状花序在茎枝顶端排成伞房状花序，舌状花和管状花均黄色。花期6～9月份。

习性　喜光照充足、凉爽的环境，耐干旱，不耐高温酷暑，不耐水湿，宜疏松、肥沃的砂质壤土或富含有机质的黏质壤土。较耐寒，长江流域地区能露地越冬。

（辐射　菊花形）

孔雀草 *Tagetes patula* L. 菊科万寿菊属

地理分布　原产墨西哥。我国各地园林常见栽培。

形态特征　一年生草本，高30～100厘米。叶对生，羽状分裂，小裂片披针形，边缘具锯齿。头状花序单生，舌状花橘红色或金黄色具红色斑，顶端微凹，管状花黄色。花期7～9月份。

习性　喜光照充足、温暖的环境，对土壤要求不严，但在土层深厚、疏松、排水良好的土壤中生长旺盛。

附注　现分类上已与万寿菊*Tagetes erecta* L. 合并。

（辐射　菊花形）　**415**

'安提瓜' 万寿菊

Tagetes 'Antigua' 菊科万寿菊属

来源 万寿菊属的园艺品种。我国各地有栽培。

形态特征 一年生草本，高25～30厘米，茎直立。叶对生，羽状分裂，小裂片长圆形或披针形，边缘具疏锯齿。头状花序单生，舌状花亮黄色，基部卷合，密集成头状。花期6～7月份。

习性 喜光照充足、温暖的环境，对土壤要求不严，但在土层深厚、疏松、排水良好的土壤中生长旺盛。

（辐射 菊花形）

百日菊 *Zinnia elegans* Jacq.
菊科百日菊属

地理分布 原产墨西哥。我国各地广泛栽培。

形态特征 一年生草本。茎直立，被糙毛。叶对生，叶片卵状椭圆形。头状花序单生，舌状花多数，深红色、玫瑰色、紫堇色或白色，中部的管状花黄色或橙黄色。花期6～9月份。

习性 喜光照充足和温暖的环境，不耐酷暑，性强健、耐干旱、耐瘠薄，宜肥沃、土层深厚的土壤，较不耐寒。

（辐射 菊花形）

多花百日菊 *Zinnia peruviana* (L.) L. 菊科百日菊属

地理分布 原产墨西哥。我国各地常见栽培，在河北、河南、陕西、甘肃、四川、云南等地已逸为野生。

形态特征 一年生草本，高35～70厘米。茎直立，被糙毛。叶对生，叶片披针形或狭卵状披针形，全缘。舌状花橙黄色、紫红色等，中部的管状花黄色。花期6～10月份。

习性 喜光照充足和温暖的环境，不耐酷暑，性强健、耐干旱、耐瘠薄，宜肥沃、土层深厚的土壤。

（辐射　菊花形）

打碗花 *Calystegia hederacea* Wall. 旋花科打碗花属

地理分布 我国大部分地区均有分布，是常见的野花。

形态特征 一年生草本，植物矮小。茎平卧或缠绕。叶片近戟形，3裂，中裂片长圆形或长圆状披针形，侧裂片近三角形。花冠喇叭状，淡红色或淡紫色，具5条明显的瓣中带，冠檐近截形或微裂。花期5～7月份。

习性 常生长于农田、坡地和路旁，性强健，较耐干旱，耐瘠薄，但在肥沃、湿润的土壤中长势旺盛。

（辐射　喇叭形）　417

洋金花 *Datura metel* L. 茄科曼陀罗属

地理分布 原产美洲。我国各地有栽培或逸为野生。植株有毒。栽培供药用和观赏。

形态特征 一年生半灌木状草本，茎基部稍木质化，高0.5～1.5米。植株近无毛。叶片卵形或广卵形，边缘具浅波状齿或浅裂。花单生，白色，花冠长漏斗状，向顶端渐扩大成喇叭状，花

冠檐部有小尖头。蒴果近球形，疏生粗短刺，不规则4瓣裂。花果期3～12月份。

习性 喜光照充足、温暖和湿润的环境，适应性较强，对土壤要求不严，宜肥沃、排水良好的砂质壤土。

（辐射　喇叭形）

曼陀罗 *Datura stramonium* L. 茄科曼陀罗属

形态特征 草本或亚灌木状，茎基部木质化，高0.5～1.5米。叶片广卵形，边缘具不规则波状浅裂或波状齿。花单生，白色，花冠长漏斗状，向顶端渐扩成近喇叭状，花冠檐部5浅裂并具短尖头。蒴果卵形，表面有刺或无刺，规则4瓣裂。花期6～10月份，果期7～11月份。

地理分布 原产墨西哥，现广布于世界各地。植株有毒。各地有栽培，供药用和观赏。

习性 喜光照充足、温暖和湿润的环境，适应性较强，对土壤要求不严，宜肥沃、排水良好的砂质壤土。

　（辐射　喇叭形）

紫花曼陀罗

曼陀罗 *Datura stramonium* var. *tatula* (L.) Torrey
茄科曼陀罗属

地理分布　原产墨西哥。植株有毒，栽培供药用和观赏。

形态特征　草本或亚灌木，茎基部木质化，高0.5～1.5米。叶片广卵形，边缘具不规则波状浅裂或波状齿。花单生，紫色，俯垂，花冠长漏斗状，向顶端渐扩成近喇叭状，花冠檐部有短尖头。花期6～10月份。

习性　喜光照充足、温暖和湿润的环境，适应性较强，对土壤要求不严，宜肥沃、排水良好的砂质壤土。

附注　紫花曼陀罗原为曼陀罗（白花）的亚种，现已与曼陀罗合并为一个种，紫花曼陀罗的拉丁学名现为 *Datura stramonium* L.。考虑到两者感官区别较大，本书仍作为曼陀罗的亚种介绍。

（辐射　喇叭形）　**419**

矮牵牛 碧冬茄 *Petunia hybrida* Vilm. 茄科矮牵牛属

（辐射 漏斗形）

来源 由 *Petunia violacea* Lindl. 和 *Petunia axillaris* (Lam.) Britton 杂交产生的后代。国内外广泛栽培。

形态特征 多年生草本，常作一年生栽培，植株被腺毛。茎枝匍匐蔓生。叶片卵形，全缘。花单生于叶腋，花冠阔漏斗状，顶端5浅裂，白色或紫堇色，常有各式条纹。花期长，主花期春、秋季。园艺品种繁多。

习性 喜光照充足、温暖和湿润的环境，较耐热，不耐水涝，宜疏松、肥沃和排水良好的砂质壤土，不耐霜冻。

'粉红晨光' 矮牵牛 *Petunia* 'Opera Supreme Pink Morn' 茄科矮牵牛属

来源 矮牵牛超级美声系列（Opera Supreme Series）园艺品种。常垂吊盆栽。

形态特征 多年生草本，作一年生栽培。茎蔓生。叶片卵形，全缘。花密集，花冠阔漏斗状，粉红色，往花心中部颜色渐变淡，顶端5浅裂。花期夏、秋季。

习性 喜光照充足、温暖和湿润的环境，较耐热，不耐水涝，宜疏松、肥沃和排水良好的砂质壤土。

（辐射 漏斗形）

'树莓冰' 矮牵牛 *Petunia* 'Opera Supreme Raspberry Ice' 茄科矮牵牛属

来源 矮牵牛超级美声系列（Opera Supreme Series）园艺品种。我国各地有栽培。

形态特征 多年生草本，作一年生栽培，被腺毛。茎匍匐或蔓生。叶片卵形，全缘。花单生，花冠阔漏斗状，顶端5浅裂，粉白色具玫红色放射状脉纹。花期初春至秋季。

习性 喜光照充足、温暖和湿润的环境，较耐热，不耐水涝，宜疏松、肥沃和排水良好的砂质壤土。

（辐射　漏斗形）

'双色' 矮牵牛 *Petunia* 'Sophistica Lime Bicolor' 茄科矮牵牛属

来源 矮牵牛精良系列（Sophistica Series）园艺品种。我国各地有栽培。

形态特征 多年生草本，作一年生栽培，被腺毛。茎匍匐或蔓生。叶片卵形，全缘。花淡绿黄色具不规则的红色斑块，花冠阔漏斗状，顶端5浅裂。花期初春至秋季。

习性 喜光照充足、温暖和湿润的环境，较耐热，不耐水涝，宜疏松、肥沃和排水良好的砂质壤土。

（辐射　漏斗形）

（辐射　漏斗形）

‘梦幻粉’矮牵牛 *Petunia* ‘Dreams Pink’ 茄科矮牵牛属

形态特征　多年生草本，作一年生栽培，高15～30厘米，被腺毛。茎匍匐或蔓生。叶片卵形，全缘。花单生，花冠阔漏斗状，顶端5浅裂，深粉红色。花期夏、秋季。

来源　矮牵牛梦幻系列（Dreams Series）园艺品种。我国各地有栽培。

习性　喜光照充足、温暖和湿润的环境，较耐热，不耐水涝，宜疏松、肥沃和排水良好的砂质壤土。

‘饰边红’矮牵牛 *Petunia* ‘Dreams Picotee Red’ 茄科矮牵牛属

来源　矮牵牛梦幻系列（Dreams Series）园艺品种。我国各地有栽培。

形态特征　多年生草本，作一年生栽培，高15～30厘米，被腺毛。茎匍匐或蔓生。叶片卵形，全缘。花单生，花冠阔漏斗状，顶端5浅裂，红色具白色镶边。花期夏、秋季。

习性　喜光照充足、温暖和湿润的环境，较耐热，不耐水涝，宜疏松、肥沃和排水良好的砂质壤土。

（辐射　漏斗形）

'勃艮第星' 矮牵牛 *Petunia* 'Burgundy Star' 茄科矮牵牛属

来源 矮牵牛的园艺品种。我国各地有栽培。

形态特征 多年生草本，作一年生栽培，高20～35厘米，被腺毛。茎匍匐或蔓生。叶片卵形，全缘。花单生，花冠阔漏斗状，顶端5浅裂，酒红色具白色星状条纹。花期夏、秋季。

习性 喜光照充足、温暖和湿润的环境，较耐热，不耐水涝，宜疏松、肥沃和排水良好的砂质壤土。

（辐射　漏斗形）

'丝绒红' 矮牵牛 *Petunia* 'Easy Wave Velour Berry' 茄科矮牵牛属

来源 矮牵牛轻波系列（Easy Wave Series）园艺品种。我国各地有栽培。

形态特征 多年生草本，作一年生栽培，被腺毛。茎匍匐或蔓生。叶片卵形，全缘。花单生，花冠阔漏斗状，顶端5浅裂，红色或紫色，具丝绒状质感。花期夏、秋季。

习性 喜光照充足、温暖和湿润的环境，较耐热，不耐水涝，宜疏松、肥沃和排水良好的砂质壤土。

（辐射　漏斗形）　　**423**

'深粉' 小花矮牵牛 *Calibrachoa* 'Dark Pink' 茄科小花矮牵牛属

（辐射　漏斗形）

来源　小花矮牵牛属的园艺品种。我国各地有栽培。

形态特征　多年生草本，常作一、二年生栽培，高15～25厘米。茎蔓生状。叶片长椭圆形或椭圆状披针形，全缘。花冠阔漏斗状，顶端5浅裂，深粉红色具暗紫色脉纹。花期春季。

习性　喜充足光照、温暖的环境，也耐半阴，夏季高温宜增加空气湿度，宜疏松、湿润和排水良好的土壤。

'金黄' 小花矮牵牛 *Calibrachoa* 'Gold with Red Eye' 茄科小花矮牵牛属

来源　小花矮牵牛属的园艺品种。我国各地有栽培。

形态特征　多年生草本，常作一、二年生栽培，高15～25厘米。茎蔓生状。叶片长椭圆形或椭圆状披针形，全缘。花金黄色，喉部具红色眼状细纹。并有5条放射状细脉纹，花冠阔漏斗状，顶端5浅裂。花期春季。

习性　喜充足光照、温暖的环境，也耐半阴，夏季高温宜增加空气湿度，宜疏松、湿润和排水良好的土壤。

（辐射　漏斗形）

'桃红眼斑' 小花矮牵牛 *Calibrachoa* 'Peach Eye' 茄科小花矮牵牛属

来源 小花矮牵牛属的园艺品种。我国各地有栽培。

形态特征 多年生草本，常作一、二年生栽培，高15～25厘米。茎蔓生状。叶片长椭圆形或椭圆状披针形，全缘。花桃红色，近喉部具深红色眼斑，并有5条放射状细脉纹，花冠阔漏斗状，顶端5浅裂。花期春季。

习性 喜充足光照、温暖的环境，也耐半阴，夏季高温宜增加空气湿度，宜疏松、湿润和排水良好的土壤。

（辐射　漏斗形）

重瓣小花矮牵牛 *Calibrachoa* 'Double Dark Pink' 茄科小花矮牵牛属

来源 小花矮牵牛属的园艺品种。我国各地有栽培。

形态特征 多年生草本，常作一、二年生栽培，高15～25厘米。茎蔓生状。叶片长椭圆形或椭圆状披针形，全缘。花深粉红色，重瓣，外轮花冠阔漏斗状，顶端5浅裂，内轮花冠近扭转折叠排列。花期春季。

习性 喜充足光照、温暖的环境，也耐半阴，夏季高温宜增加空气湿度，宜疏松、湿润和排水良好的土壤。

（辐射　漏斗形）

沙参 *Adenophora stricta* Miq.
桔梗科沙参属

地理分布 分布于我国江苏、安徽、浙江、江西、湖南等，供药用和观赏。日本也有分布。

形态特征 多年生草本，有白色乳汁，根胡萝卜状。基生叶心形，具长柄，茎生叶无柄，椭圆形或狭卵形，边缘有不整齐的锯齿。花序常不分枝成假总状花序，或有短分枝成极狭的圆锥花序，花蓝色或紫色，花冠宽钟状，顶端5浅裂，裂片近三角状。花期8～10月份。

习性 喜光照良好、温暖和湿润的环境，较耐旱，宜土层深厚、富含腐殖质、排水良好的砂质壤土。

（辐射 钟形）

荠苨 *Adenophora trachelioides*
Maxim. 桔梗科沙参属

地理分布 分布于辽宁、内蒙古、河北、山东、江苏、浙江、安徽。是中国特有种。

形态特征 多年生草本，有白色乳汁，根胡萝卜状。基生叶心状肾形，茎生叶心形，边缘具单锯齿或重锯齿。圆锥花序有分枝，花白色或淡蓝紫色，花冠钟状，顶端5浅裂，裂片近三角状。花期7～9月份。

习性 喜光照良好、温暖和凉爽的环境，宜土层深厚、富含腐殖质、排水良好的砂质壤土，较耐寒。

（辐射 钟形）

'日出'肾形草

'日出'矾根

Heuchera 'Alabama Sunrise'
虎耳草科肾形草属

来源 肾形草属的园艺品种。我国各地
园林有栽培。

形态特征 多年生草本。叶基生，叶片
阔心形，掌状深裂，裂片边缘具浅的波
状缺刻，叶色绿黄色，叶脉暗红色。花
小，粉红色，花冠钟状，花冠裂片5枚。
花期5～6月份。

习性 喜半阴和较为凉爽的环境，也耐
全光照，宜疏松、肥沃、富含腐殖质、
湿润和排水良好的土壤，耐寒。

（辐射　钟形）

'铜色叶'肾形草

'铜色叶'矾根

Heuchera 'Stainless Steel'
虎耳草科肾形草属

来源 肾形草属的园艺品种。我国各地
有栽培。

形态特征 多年生草本。叶片阔心形，
掌状浅裂，淡铜紫色，脉纹暗紫色，边
缘具浅的波状缺刻。花小，花冠钟状，
花冠裂片5枚，淡玫红色。花期4～5
月份。

习性 喜半阴和较为凉爽的环境，也耐
全光照，宜疏松、肥沃、富含腐殖质、
湿润和排水良好的土壤，耐寒。

（辐射　钟形）

玉吊钟 *Kalanchoe fedtschenkoi*
'Rosy Dawn' 景天科伽蓝菜属

来源 吊钟伽蓝菜的园艺品种。我国各地常见栽培。

形态特征 多年生草本。叶交互对生，叶片肉质，卵形至椭圆形，蓝灰色具粉红色晕，边缘具齿。聚伞花序具多数花，花萼筒状，小花下垂，近钟形，花冠裂片4枚，淡橙红色或淡橙黄色。花期3～5月份。

习性 喜充足的散射光、温暖和凉爽的环境，不耐高温烈日，宜肥沃、疏松和排水良好的砂质壤土，不耐寒，越冬温度5℃以上。

（辐射　钟形）

'温迪'落地生根 *Kalanchoe* 'Wendy' 景天科伽蓝菜属

来源 伽蓝菜属的园艺品种。我国各地有栽培。

形态特征 多年生草本，高35～50厘米。叶交互对生，叶片肉质，卵形或长圆形，深绿色，边缘具圆齿。聚伞花序具10余朵花，小花下垂，近钟形，紫红色，花冠顶端4裂，小裂片淡黄色。花期4～5月份。

习性 喜充足的散射光、温暖和凉爽的环境，不耐高温烈日，宜肥沃、疏松和排水良好的砂质壤土，不耐寒，越冬温度5℃以上。

（辐射　钟形）

金鱼吊兰 袋鼠花

Nematanthus gregarius D.L.Denham
苦苣苔科袋鼠花属

地理分布 原产巴西等。我国广东、福建、江苏及北京等地有栽培。

形态特征 多年生草本，基部半木质化。叶片卵形，叶背面中部具宽或窄的暗红色斑块。花单生于叶腋，近坛状，橙黄色或橙红色，花冠先端5浅裂，小裂片黄色，花姿似金鱼。花期春季。

习性 喜温暖、湿润和半阴的环境，不耐干燥，不耐过度光照，夏季高温宜遮阳，宜疏松、湿润和排水较好的土壤，不耐寒，越冬温度12℃以上。

（辐射 坛形）

葡萄风信子 *Muscari botryoides* (L.) Mill. 百合科蓝壶花属

地理分布 原产欧洲中部等地区。我国各地园林有栽培。

形态特征 多年生草本，鳞茎近圆锥形。叶片狭长带状。穗状花序密集，小花下垂，坛状，淡蓝紫色至蓝紫色，花冠顶端6浅裂，小裂片白色。花期3～5月份。

习性 喜光照充足、温暖且凉爽的气候，也耐半阴，夏季休眠，宜疏松、肥沃、富含腐殖质和排水良好的砂质壤土，耐寒，华北地区能露地越冬。

（辐射 坛形） 429

火把莲　火炬花

Kniphofia uvaria (L.) Oken **百合科火把莲属**

地理分布　原产南非。我国各地园林有栽培。

形态特征　多年生草本。叶片长剑形。密集总状花序长约30厘米，管状小花下垂，花冠橙红色、橙黄色至淡橙黄色，花丝伸出花冠外，由密集下垂小花组成的整个花序好似点燃的火把。花期5～6月份。

习性　喜光照充足、温暖的环境，在疏松、富含腐殖质和排水良好的砂质壤土中生长旺盛，不耐水涝，华北地区冬季地上部分枯萎，地下部分可露地越冬。

（辐射　管形）

聚合草　*Symphytum officinale* L.

紫草科聚合草属

地理分布　原产俄罗斯的欧洲部分及高加索。我国浙江、江苏、云南、陕西、吉林及北京等地有栽培。

形态特征　丛生型多年生草本。基生叶大，具长柄，叶片长圆状披针形或长卵状披针形，茎中部和上部叶较小，无柄。花序具多数花，花管状钟形，下垂，花冠淡紫色、紫红色或黄白色，先端浅裂，小裂片略外卷。花果期5～10月份。

习性　喜光照充足，也较耐阴，性强健，耐热，对土壤要求不严，但在土层深厚、富含有机质和排水良好的土壤中生长旺盛，耐寒。

　（辐射　管状钟形）

千日红 *Gomphrena globosa* L. 苋科千日红属

地理分布 原产美洲热带地区。我国各地常见栽培。

形态特征 一年生草本。枝略成四棱形，节部稍膨大。叶对生，叶片长椭圆形或矩圆状倒卵形。花多数，密生，组成顶生头状花序，紫红色，有时淡紫色或白色，小花的花被片5枚。花果期6～9月份。

习性 喜光照充足，性强健，耐干旱，耐酷热，不耐积水，宜疏松、肥沃和排水良好的土壤。

（辐射 头形）

含羞草 *Mimosa pudica* L. 豆科含羞草亚科含羞草属

地理分布 原产美洲热带地区。我国台湾、广东、广西、福建、浙江、江苏、云南西双版纳等地有栽培或逸为野生。

习性 喜阳光充足、温暖和湿润的气候，对土壤要求不高，但在疏松、肥沃的土壤中生长良好，不耐寒。

形态特征 多年生亚灌木状草本，高可达1米。茎具散生、下弯的钩刺及倒生刺毛。二回羽状复叶，小叶细小，多数，触之即闭合而下垂。头状花序圆球形，花小，多数，花柱细长丝状，粉紫红色，呈绒缨状。花期3～10月份。

（辐射 头形）   431

鸭跖草 *Commelina communis* L.
鸭跖草科鸭跖草属

地理分布 除青海、新疆、西藏外，全国各地均有分布。是常见野花。可供药用。越南、泰国、柬埔寨、朝鲜、日本等也有分布。

形态特征 一年生披散草本，茎匍匐生根。叶片披针形至卵状披针形。花两侧对称，花瓣3枚，上方2枚阔卵形或卵圆形，蓝色或蓝紫色，下方1枚卵状披针形，白色，半透明状。花期夏、秋季。

习性 全光照或半光照均可，耐干旱，对土壤要求不严，喜生于土壤较湿润处。

山桃草

Gaura lindheimeri Engelm. et Gray 柳叶菜科山桃草属

地理分布　原产北美洲。我国北京、南京、香港及山东、浙江、江西等地有栽培，有些地区逸为野生。

形态特征　多年生直立草本。茎枝入秋红色。叶片椭圆状披针形或倒披针形。总状花序顶生，花两侧对称，花瓣4枚，水平状排向一侧，白色，后转为淡粉红色，花丝细长。花期5～8月份。

习性　喜光照充足、凉爽和较为湿润的气候，也耐半阴，较耐干旱，宜疏松、肥沃、湿润和排水良好的砂质壤土，耐寒。

（两侧　4）

醉蝶花 *Tarenaya hassleriana* (Chodat) Iltis
白花菜科醉蝶花属

形态特征　一年生草本，高1～1.5米。掌状复叶约7枚小叶，小叶片椭圆状披针形或倒披针形。总状花序密被黏质腺毛，花两侧对称，花瓣4枚，淡玫红色或粉红色，花丝细长。花期夏季。

地理分布　原产热带美洲。我国各城市园林常有栽培。
习性　喜光照充足、温暖的环境，也耐半阴，较耐高温酷暑，较耐干旱，对土壤要求不要，但在肥沃、湿润的土壤中生长良好。
附注　异名 *Cleome spinosa* Jacq.

秋海棠 *Begonia grandis* Dry 秋海棠科秋海棠属

形态特征　多年生草本，根茎近球形。单叶互生，叶片阔卵形，两侧不相等，偏斜，边缘具不等大三角状浅齿。花两侧对称，粉红色，雄花花被片4枚，外2枚大，内2枚小，雌花花被片3枚。花期7月份开始。

地理分布　分布于河北、河南、山东、陕西、山西、四川、贵州、广西、湖南、湖北、安徽、江西、浙江、福建。是中国特有种。
习性　喜充足的散射光、温暖而湿润的环境，不耐高温暴晒，宜疏松、富含腐殖质、湿润和排水良好的土壤，稍耐寒。

'萨尔萨' 毛叶秋海棠 *Begonia rex* 'Salsa' 秋海棠科秋海棠属

来源 毛叶秋海棠，也称紫叶秋海棠的园艺品种。我国云南、北京、南京等地有栽培。

形态特征 多年生草本。叶基生，叶片长卵形或卵形，两侧不相等，偏斜，边缘具不等大三角状浅齿，银白色或绿白色，近叶柄端具暗绿色粗短脉纹，向上渐细或无。花两侧对称，粉红色，花被片4枚。花期5月份。

习性 喜温暖、潮湿和充足的散射光，宜夏季凉爽，忌高温，在疏松、排水通畅、富含腐殖质的土壤中生长良好，越冬温度8℃以上。

（两侧 4）

斑叶竹节秋海棠

竹节海棠 *Begonia maculata* Raddi

秋海棠科秋海棠属

地理分布 原产巴西、哥伦比亚等。我国各地有栽培。

形态特征 多年生草本，高60～100厘米。单叶互生，叶片斜长椭圆形或斜椭圆状卵形，基部心形，叶面具浅色斑点，叶背面暗紫红色，边缘波状或缺刻状。花两侧对称，红色或粉红色，雄花花被片4枚，外2枚大，内2枚小，雌花花被片3枚或5枚。花期夏季。

习性 喜温暖、潮湿和充足的散射光，宜夏季凉爽，忌高温，在疏松、排水通畅、富含腐殖质的土壤中生长良好，越冬温度8℃以上。

（两侧 4~5）

'红花'玻利维亚秋海棠

Begonia boliviensis 'Bossa Nova Red' 秋海棠科秋海棠属

来源 玻利维亚秋海棠的新乐系列（Bossa Nova Series）园艺品种。我国广东、浙江、江苏等地有栽培。

形态特征 常绿多年生草本，茎枝蔓生下垂。单叶互生，叶片卵状披针形，基部心形，偏斜状，边缘具锯齿。花两侧对称，红色，花被片4～5枚。花期7～10月份。

习性 全光照或半光照，喜温暖、湿润的环境，宜夏季凉爽，忌高温暴晒，在疏松、排水通畅、富含腐殖质的土壤中生长良好，越冬温度10℃以上。

（两侧 4~5）

'粉花'四季秋海棠

Begonia cucullata 'Ambassador Pink' 秋海棠科秋海棠属

来源 四季秋海棠的园艺品种。我国各地普遍栽培。

形态特征 常绿多年生矮小草本。单叶互生，叶片厚，亮泽，阔圆卵形，基部心形，边缘具锯齿。花两侧对称，粉红色，雄花花被片4枚，外面2枚大，内面2枚小，雌花稍小，花被片5枚。花期长，春、秋季为盛花期。

习性 喜温暖、湿润的气候，喜光，不耐夏季高温和烈日暴晒，土壤宜湿润，但不耐涝，冬季室内温度15℃以上可继续开花，越冬温度10℃以上。

附注 四季秋海棠的异名*Begonia semperflorens* Link et Otto

（两侧 4~5）

'紫叶'四季秋海棠 *Begonia cucullata* 'Nightlife Red' 秋海棠科秋海棠属

来源 四季秋海棠的园艺品种。我国各地常见栽培。

形态特征 常绿多年生矮小草本。单叶互生，叶片厚，光泽，阔圆卵形，基部心形，边缘具锯齿，暗紫色。花两侧对称，红色，雄花花被片4枚，外面2枚大，内面2枚小，雌花稍小，花被片5枚。花期长，春、秋季为盛花期。

习性 喜温暖、湿润的气候，喜光，但不耐夏季高温和烈日暴晒，土壤宜湿润，但不耐涝，冬季室内温度15℃以上可继续开花，越冬温度10℃以上。

附注 四季秋海棠的异名 *Begonia semperflorens* Link et Otto

（两侧 4~5）

虎耳草 *Saxifraga stolonifera* Curt. 虎耳草科虎耳草属

（两侧　5）

地理分布　分布于河北、河南、陕西、甘肃东南部、江苏、安徽、浙江、江西、福建、台湾、湖北、湖南、广东、广西、贵州等，各地园林有栽培。

形态特征　多年生草本，具匍匐枝。叶片近心形或扁圆形，叶脉明显，被腺毛，边缘浅裂且不规则齿状。聚伞花序圆锥状，花两侧对称，白色，花冠裂片5枚，3枚裂片小，三角状卵形，2枚大，长圆状披针形。花期4～6月份。

习性　喜阴凉、潮湿的环境，不耐强光暴晒，不耐干旱，宜含腐殖质和湿润的土壤，较耐寒。

香叶天竺葵 *Pelargonium graveolens* L'Hér. ex Aiton 牻牛儿苗科天竺葵属

地理分布　原产南非、津巴布韦、莫桑比克。为香叶醇产业的原料，常成片种植，也是观花植物。

形态特征　多年生草本。茎叶有香味。叶片阔三角形，掌状5～7深裂近基部或仅达中部，小裂片边缘不规则齿裂，两面被长糙毛。伞形花序与叶对生，花两侧对称，花瓣5枚，不等大，上面2瓣较宽，粉紫色具深色斑纹，下面3瓣稍窄，粉紫色。花期5～7月份。

习性　喜光照充足、温暖和湿润的环境，较耐旱，不耐高温，不耐水湿，宜疏松、含腐殖质和排水良好的土壤。

　（两侧　5）

'劳娜星光' 天竺葵

Pelargonium 'Lara Starshine' 牻牛儿苗科天竺葵属

来源 天竺葵属香叶系（Scented Leaf）园艺品种。我国北京、南京等地有栽培。

形态特征 多年生草本，常作一年生栽培。茎叶有香味，被柔毛。叶片3～5深裂，小裂片波状褶皱，边缘不规则的缺刻状。伞形花序腋生，花两侧对称，花瓣5枚，不等大，上面2枚较宽大，粉红色，中部深红色具黑色条纹，下面3枚较窄，粉红色。花期5～7月份。

习性 喜光照充足、冬暖夏凉的环境，不耐水湿，喜疏松、含腐殖质和排水良好的砂质壤土。

（两侧 5）

天竺葵

Pelargonium hortorum Bailey
牻牛儿苗科天竺葵属

地理分布 原产非洲南部。我国各地常见栽培。

形态特征 多年生草本，高30～60厘米。茎叶有鱼腥味。叶片圆形或肾形，边缘波状浅裂，具圆形齿。伞形花序腋生，花近两侧对称，花瓣5枚，稍不等大，红色、粉红色、橙红色或白色。花期5～7月份。

习性 喜光照充足、冬暖夏凉的环境，耐干燥，不耐水湿，喜疏松、含腐殖质和排水良好的砂质壤土。

（两侧 5）

（两侧　5）

马蹄纹天竺葵

Pelargonium zonale (L.) L' Hér.
牻牛儿苗科天竺葵属

地理分布　原产非洲南部。我国各地常见栽培。

形态特征　多年生草本，高30 ～ 60厘米。茎叶有气味。叶片圆形或肾形，边缘波状浅裂，绿色具紫褐色或紫红色马蹄形纹。伞形花序腋生，花近两侧对称，花瓣5枚，稍不等大，粉红色、红色或白色。花期5 ～ 7月份。

习性　喜光照充足、冬暖夏凉的环境，耐干燥，不耐水湿，喜疏松、含腐殖质和排水良好的砂质壤土。

'狂欢玫瑰' 天竺葵

Pelargonium 'Mardi Rose'
牻牛儿苗科天竺葵属

来源　天竺葵属的园艺品种。我国各地有栽培。

形态特征　多年生草本，高40 ～ 60厘米。叶片圆形或肾形，边缘波状浅裂，绿色具紫褐色马蹄纹。伞形花序具十余朵花，花两侧对称，花瓣5枚，稍不等大，艳红色。花期5 ～ 7月份。

习性　喜光照充足、冬暖夏凉的环境，耐干燥，不耐水湿，喜疏松、含腐殖质和排水良好的砂质壤土。

　（两侧　5）

'女王' 天竺葵 *Pelargonium* 'Dale Queen'

牻牛儿苗科天竺葵属

来源　天竺葵属的园艺品种。我国各地有栽培。

习性　喜光照充足、冬暖夏凉的环境，耐干燥，不耐水湿，喜疏松、含腐殖质和排水良好的砂质壤土。

（两侧　5）

形态特征　多年生草本。叶片圆形或肾形，边缘波状浅裂。伞形花序的花密集，花两侧对称，花瓣5枚，近圆形，稍不等大，粉红色，2枚稍大的花瓣玫红色斑块较大，3枚稍小的花瓣玫红色斑块较小。花期5～7月份。

'华丽' 天竺葵 *Pelargonium* 'Leslie Judd' 牻牛儿苗科天竺葵属

来源　天竺葵属华丽系（Regal）园艺品种。国内栽培较少。

形态特征　多年生草本。叶片边缘不规则缺刻状或具深锯齿。花序的花大而密集，两侧对称，花瓣5枚，稍不等大，粉红色，2枚稍大的花瓣具大的紫红色斑块和斑纹，3枚稍小的花瓣仅具紫红色细纹。花期5～7月份。

习性　喜光照充足、冬暖夏凉的环境，稍耐旱，不耐水湿，喜疏松、含腐殖质和排水良好的中性或偏碱性土壤，耐最低温度2℃。

（两侧　5）

'布瑞顿' 天竺葵 *Pelargonium* 'Bredon' 牻牛儿苗科天竺葵属

（两侧 5）

来源 天竺葵属华丽系（Regal）园艺品种。我国北京、天津等地有栽培。

形态特征 多年生草本，高约40厘米。叶片3裂至中部，边缘不规则缺刻状或具深锯齿。花序的花大而密集，近两侧对称，花瓣5枚，稍不等大，鲜红色，2枚稍大的花瓣具暗色斑纹。花期5～7月份。

习性 喜光照充足、冬暖夏凉的环境，稍耐旱，不耐水湿，喜疏松、含腐殖质和排水良好的中性或偏碱性土壤，耐最低温度2℃。

柳叶马鞭草

Verbena bonariensis L. 马鞭草科马鞭草属

地理分布 原产巴西、玻利维亚等。我国北京、上海、江苏、浙江、湖南等地有栽培。

形态特征 多年生草本，常作一年生栽培。茎四方形。叶片狭卵形至卵状披针形，边缘具齿。花密集簇生呈伞房状，花近两侧对称，花冠裂片5枚，薰衣草紫色或玫瑰紫色。花期5～9月份。

习性 喜光照充足、温暖的气候，耐干旱，对土壤要求不严，宜疏松、湿润和排水良好的土壤。

（两侧 5）

细叶美女樱 *Glandularia tenera* (Spreng.) Cabrera 马鞭草科美女樱属

地理分布　原产巴西、玻利维亚等。我国北京、辽宁、江苏、云南等多地有栽培。

形态特征　多年生草本。茎四棱。叶对生，叶片三深裂，每裂片羽状分裂，小裂片条状，全缘。伞房花序有十余朵花，花两侧对称，花冠裂片5枚，裂片大小略不相等，顶端凹陷，紫堇色、粉红色或白色等。花期5～10月份。

习性　喜光照充足、温暖和湿润的环境，也耐半阴，适应性强，对土壤要求不严，较耐盐碱，但在疏松、湿润的土壤中生长良好。

附注　异名 *Verbena tenera* Spreng.

（两侧　5）

美女樱 *Glandularia hybrida* 马鞭草科美女樱属

来源　杂交起源，有很多园艺品种。我国各地园林绿地常见栽培。

形态特征　多年生草本，全株有细柔毛。茎四棱。叶对生，叶片椭圆形、卵形或宽卵形，边缘具粗锯齿。伞房花序有十余朵花，花近两侧对称，花冠裂片5枚，裂片大小略不相等，顶端微凹，紫红色、粉红色等。花期5～10月份。

习性　喜光照充足、温暖和湿润的环境，不耐阴，不耐干旱，耐热，对土壤要求不严，在疏松、肥沃和较湿润的中性土壤中生长良好。

附注　异名 *Verbenan hybrida*

（两侧　5）

'珊迪' 美女樱 *Glandularia* 'Sandy' 马鞭草科美女樱属

来源 美女樱的园艺品种。我国各地有栽培。

形态特征 多年生草本。茎四棱，茎叶被细柔毛。叶对生，叶片长圆状披针形或阔披针形，边缘具粗锯齿，有时叶片下部深裂。伞房花序开花密集，花近两侧对称，花冠裂片5枚，裂片大小略不相等，顶端微凹，玫红色。花期5～10月份。

习性 喜光照充足、温暖和湿润的环境，不耐阴，对土壤要求不严，在疏松、肥沃和较湿润的土壤中生长良好。

少花马蓝 少花黄猄草 *Strobilanthes oligantha* Miq. 爵床科马蓝属

地理分布 分布于我国安徽、福建、江西、浙江，南京等地有栽培。朝鲜、日本也有分布。

形态特征 多年生草本。叶对生，叶片阔卵形或椭圆形，边缘具疏锯齿。花两侧对称，花冠管圆柱形，稍弯曲，向上扩大成钟形，外面疏被短柔毛，花冠紫堇色，花冠先端5裂，裂片近相等，顶端微凹。花期7～9月份。

习性 喜半阴、温暖和湿润的环境，对土壤要求不严，常生长于山坡林下或阴湿草地，耐寒性不强，华东地区能露地越冬。

附注 异名 *Championella oligantha* (Miq.) Bremek.

喜荫花 *Episcia cupreata* (Hook.) Hanst. 苦苣苔科喜荫花属

地理分布 原产中美洲至哥伦比亚、委内瑞拉等。我国广东、云南及上海等地有栽培。

形态特征 多年生常绿植物，高15～20厘米，茎匍匐。单叶对生，叶片椭圆形或阔卵形，叶面多皱并被绒毛，边缘具细锯齿。花两侧对称，艳红色或橙红色，花冠筒管状，花冠裂片5枚，花萼和花冠筒均被毛。花期春季至秋季。

习性 喜充足的散射光、阴凉和湿润的环境，宜通风良好，不耐暴晒，宜疏松、透气性和排水性好的土壤，不耐寒，越冬温度10℃以上。

（两侧 5）

柳叶香彩雀 天使花 *Angelonia salicariifolia* Bonpl. 车前科香彩雀属

地理分布 原产南美洲。我国各地有栽培。

形态特征 多年生草本。叶片披针形。总状花序顶生，花两侧对称，花冠裂片5枚，淡紫红色，下方1枚裂片先端微凹，中部白色，花冠喉部具暗紫色斑纹。花期夏、秋季。

习性 喜光照充足、温暖和湿润的环境，稍耐阴，耐热，宜疏松、含腐殖质和排水良好的土壤，不耐寒。

（两侧 5）

红花半边莲 *Lobelia cardinalis* L.
桔梗科半边莲属

地理分布 原产墨西哥、加拿大、美国等。我国南京等地有栽培。

形态特征 多年生草本，高60～120厘米。叶片披针形至椭圆形，边缘具齿。总状花序直立，花两侧对称，花冠亮红色，裂片5枚，两侧的2枚裂片向上，披针形，中间3枚裂片近椭圆形。花期7～9月份。

习性 全光照或半光照，不耐旱，喜土层深厚、肥沃和湿润的土壤，多生长于水边或溪流旁，耐寒。

附注 异名*Lobelia splendens* Humb. et Bonpl. ex Willd.

（两侧 5）

六倍利 南非山梗菜 *Lobelia erinus* L. 桔梗科半边莲属

地理分布 原产南非。我国广州、南京、上海、北京等地有栽培。

形态特征 多年生草本，茎半蔓性，伸展。叶片椭圆形或卵形，边缘具齿，茎上部叶有时无齿。花两侧对称，蓝紫色，花冠裂片5枚，近二唇形，上面2枚小，下面3枚大，喉部具白色斑块。花期5～6月份。

习性 喜光照良好、冬季温暖和夏季凉爽的环境，不耐烈日酷暑，宜疏松、富含腐殖质、湿润和排水良好的土壤，不耐霜冻。

（两侧 5）

'蓝宝石'六倍利 *Lobelia erinus* 'Sapphire' 桔梗科半边莲属

来源 六倍利的园艺品种。我国园林中偶有栽培。

形态特征 半蔓性草本。叶片椭圆形、卵形或披针形，边缘具齿，茎上部叶有时无齿。花两侧对称，花冠深蓝色，裂片5枚，近二唇形，上面2枚小，下面3枚大，喉部具白色斑块。花期夏季。

习性 喜光照良好、冬季温暖和夏季凉爽的环境，不耐烈日酷暑，宜疏松、富含腐殖质、湿润和排水良好的土壤，不耐霜冻。

（两侧 5）

凤眼蓝 水葫芦；水浮莲 *Eichhornia crassipes* (Mart.) Solms
雨久花科凤眼蓝属

地理分布 原产巴西。现我国长江、黄河流域及华南各省广泛生长，因过度繁殖，被列为入侵植物。除观赏外，可药用及净化水中汞、镉、铅等有害物质。

形态特征 浮水草本。叶基生，莲座状排列，叶片近圆形或宽卵形，叶柄中部膨大成囊状。穗状花序通常具9～12朵花，花近两侧对称，花被片6枚，淡紫色，上方1枚稍大，中部深蓝色具黄色圆斑，似眼状。花期7～10月份。

习性 喜光照充足、温暖湿润的环境，性强健，对水质的适应性强。

梭鱼草 *Pontederia cordata* L.
雨久花科梭鱼草属

地理分布　原产美洲。我国长江流域及华南地区有栽培，是园林湿地中常见的湿生花卉。

形态特征　多年生湿生草本。叶片倒卵状披针形至阔倒卵状披针形。穗状花序顶生，密集簇生多数小花，花两侧对称，花被片6枚，蓝紫色，上方1枚稍大，具2个相连的黄色斑块。花期5～10月份。

习性　喜光照充足、温暖和湿润的环境，喜土壤肥沃，静水及水流缓慢的水域中均可生长，较不耐寒，越冬温度5℃以上。

（两侧　6）

白花梭鱼草

Pontederia cordata var. *albiflora* Short
雨久花科梭鱼草属

地理分布　原产美洲。我国长江流域及华南地区有栽培，是园林湿地中常见的湿生花卉。

形态特征　多年生湿生草本。叶片倒卵状披针形至阔倒卵状披针形。穗状花序顶生，簇生多数小花，花两侧对称，花被片6枚，白色，上方1枚稍大，具2个相连的黄色斑块。花期5～10月份。

习性　喜光照充足、温暖和湿润的环境，喜土壤肥沃，静水及水流缓慢的水域中均可生长，较不耐寒，越冬温度5℃以上。

（两侧　6）

（两侧　6）

'阿波罗'六出花

Alstroemeria 'Apollo'
六出花科六出花属

来源　六出花属的园艺品种。国内园林有栽培。

形态特征　多年生草本。叶片长卵状披针形。花被片6枚，分两轮排列，外轮3枚花被片粉红色，比内轮3枚大，内轮3枚花被片具褐色条状斑点，其中上方2枚淡黄色具褐色条状斑点，下方1枚粉色具褐色条状斑点。花期夏季。

习性　喜光照充足、温暖的环境，稍半阴，喜夏季凉爽，不耐炎热，宜疏松、肥沃和排水良好的土壤，稍耐寒。

（两侧　6）

'印加月光'六出花

Alstroemeria 'Inca Moonlight' 六出花科六出花属

来源　六出花属的园艺品种。国内园林有栽培。

形态特征　多年生草本。叶片长卵状披针形。花被片6枚，分两轮排列，外轮3枚花被片内面淡黄色，外面带红色，且比内轮3枚花被片大，内轮3枚花被片亮黄色，具褐色条状斑点。花期夏季。

习性　喜光照充足、温暖和湿润的环境，耐半阴，喜夏季凉爽，不耐炎热，宜疏松、肥沃和排水良好的土壤，稍耐寒。

忽地笑 黄花石蒜 *Lycoris aurea* (L' Hér.) Herb. 石蒜科石蒜属

地理分布 分布于我国甘肃、河南、陕西、湖北、湖南、江苏、浙江、福建、台湾、广东、四川、云南等。印度、印度尼西亚、泰国、巴基斯坦、日本等也有分布。

形态特征 多年生草本，鳞茎卵形。秋季出叶，叶片剑形。伞形花序有花4～8朵，花两侧对称，亮黄色，花被片6枚，倒披针形，强度反卷和皱缩，花丝比花被片稍长。花期8～9月份。

习性 喜半阴、温暖和湿润的环境，不耐旱，不耐烈日暴晒，不耐积水，宜疏松、湿润和排水良好的土壤，冬季和夏季休眠。

石蒜 *Lycoris radiata* (L'Hér.) Herb. 石蒜科石蒜属

地理分布 分布于我国山东、陕西、河南、安徽、江苏、浙江、福建、湖北、湖南、广东、广西、陕西、四川、云南等。朝鲜、日本、尼泊尔也有分布。

形态特征 多年生草本，鳞茎近球形。秋季出叶，叶片狭带状。伞形花序有花4～7朵，花两侧对称，鲜红色，花被片6枚，狭倒披针形，强度皱缩和反卷，花丝长，显著伸出花外，花期8～9月份。

习性 喜温暖、阴湿的环境，也耐直射光，较耐干旱，不耐涝，宜疏松、富含腐殖质和排水性好的土壤，夏季休眠，较耐寒，长江流域能露地越冬。

玫瑰石蒜 *Lycoris × rosea* Traub et Moldenke 石蒜科石蒜属

地理分布 分布于江苏、浙江，可能是石蒜和换锦花杂交产生的一个自然杂种。是中国特有种。

形态特征 多年生草本，鳞茎近球形。秋季出叶，叶片带状。伞形花序有花5朵，花两侧对称，玫瑰红色，花被片6枚，倒披针形，中度反卷和皱缩，花丝伸出于花被外，比花被片稍长。花期9月份。

习性 喜温暖和阴湿的环境，宜富含腐殖质、湿润和排水良好的土壤，不耐水涝，苏南地区和杭州等地能露地越冬。

（两侧　6）

'鲜亮' 天竺葵 *Pelargonium* 'Fraiche Beaute' 牻牛儿苗科天竺葵属

来源 天竺葵的园艺品种。国内较少栽培。

形态特征 多年生草本，高30～40厘米。叶片近心形或近圆形，绿色，亮泽，中心具紫色宽带状纹，基部心形，边缘微波状或浅缺刻状。伞形花序具数朵花，花大，重瓣，粉红色。花期5～7月份。

习性 喜光照充足、冬暖夏凉的环境，稍耐旱，不耐水湿，喜疏松、含腐殖质和排水良好的中性或偏碱性土壤。

（两侧　多数）

（两侧　多数）

丽格秋海棠 *Begonia* × *hiemalis*
秋海棠科秋海棠属

形态特征　常绿多年生草本，茎肉质多汁。单叶互生，叶片心形，偏斜，边缘重锯齿或缺刻状。花形多样，两侧不相等，花被片多数，红色、粉红色、黄色、白色、橙红色、橙黄色等。主花期4～6月份和9～12月份。

来源　秋海棠属的园艺杂交种。我国各地有栽培。

习性　喜温暖、湿润的环境，冬季需充足阳光，不耐夏季高温和烈日暴晒，宜疏松、肥沃和排水良好的土壤，不耐寒，越冬温度15℃以上。

蟹爪兰 *Schlumbergera truncata* (Haw.) Moran 仙人掌科蟹爪兰属

地理分布　原产巴西热带雨林。我国各地常见的盆栽花卉。

形态特征　多年生肉质植物，具气生根。肉质茎节扁平，边缘有4～8个锯齿状缺刻，先端截形，表皮绿色，光照强时呈暗紫红色。花两侧对称，开放时花瓣反曲，花色有红色、紫红色、粉红色和白色等，花期冬季11月份至初春3月份下旬。

习性　喜光照柔和、温暖和湿润的环境，耐半阴，宜疏松、富含腐殖质和排水良的土壤，越冬温度10℃以上。

　（两侧　多数）

宿根羽扇豆
鲁冰花

Lupinus perennis L.
豆科蝶形花亚科羽扇豆属

地理分布 原产美国、加拿大。我国上海、北京等地有栽培。

形态特征 多年生草本。掌状复叶，小叶7～11枚。总状花序顶生，小花不规则轮生于花轴上，花两侧对称，蝶形，常为蓝色或蓝紫色，偶有粉色。花期初夏。

习性 喜光照充足、凉爽的环境，略耐阴，不耐酷热，宜稍肥沃、湿润和排水良好的砂质壤土。

（两侧　蝶形）

'粉红' 羽扇豆

Lupinus 'Gallery Pink'
豆科蝶形花亚科羽扇豆属

来源 羽扇豆属画廊系列（Gallery Series）的园艺品种。我国各地园林有栽培。

形态特征 多年生草本，高约60厘米。掌状复叶，小叶7～11枚。顶生总状花序长穗状，小花不规则轮生于花轴上，花两侧对称，蝶形，花粉红色。花期夏季。

习性 喜光照充足、凉爽的环境，略耐阴，不耐酷热，宜肥沃、湿润和排水良好的砂质壤土。

（两侧　蝶形）

'白花'羽扇豆
'贵族少女羽扇豆'

Lupinus 'Noble Maiden' 豆科蝶形花亚科羽扇豆属

来源 羽扇豆属贵族乐队系列（Band of Nobles Series）的园艺品种。我国园林有栽培。

形态特征 多年生草本。掌状复叶，小叶7～11枚。顶生总状花序具多数花，小花不规则轮生于花轴上，花两侧对称，蝶形，纯白色。花期春、夏季。

习性 喜光照充足、凉爽的环境，耐半阴，不耐酷热，宜肥沃、湿润和排水良好的砂质壤土。

（两侧 蝶形）

'彩链'羽扇豆

Lupinus 'The Chatelaine'
豆科蝶形花亚科羽扇豆属

来源 羽扇豆属的园艺品种。我国园林有栽培。

形态特征 多年生草本，高约1米。掌状复叶，小叶7～11枚。顶生总状花序长穗状，小花不规则轮生于花轴上，花两侧对称，蝶形，花色红白相间，似彩链。花期初夏。

习性 喜光照充足、凉爽的环境，略耐阴，不耐酷热，宜稍肥沃、湿润和排水良好的砂质壤土。

（两侧 蝶形）

草木犀 *Melilotus officinalis* (L.) Lam.
豆科蝶形花亚科草木犀属

地理分布　全国各地均有分布，野生或栽培。亚洲其他地区、欧洲也有分布。

形态特征　二年生草本，高40～100（200）厘米。羽状三出复叶，小叶片倒卵形、阔卵形或倒披针形，边缘具不整齐疏浅齿。总状花序具多数花，花两侧对称，蝶形，黄色。荚果卵形。花期5～9月份，果期6～10月份。

习性　喜光照充足，适应性强，较耐旱，耐碱性土壤，不耐水涝，宜土层深厚、较湿润和排水良好的土壤，耐寒。

（两侧　蝶形）

野决明 *Thermopsis fabacea* (Pall.) DC.
豆科蝶形花亚科野决明属

地理分布　分布于我国黑龙江、吉林。日本、朝鲜、俄罗斯也有分布。

形态特征　多年生草本，高50～80厘米。掌状三出复叶，小叶片阔椭圆形，顶生小叶常为阔披针形。总状花序顶生，花多而疏散，花两侧对称，蝶形，黄色。荚果线形。花期4～5月份。

习性　喜光照充足、凉爽的环境，稍耐半阴，宜疏松、湿润和排水良好的砂质壤土，耐寒。

附注　异名 *Thermopsis lupinoides* (L.) Link

（两侧　蝶形）　457

荷包牡丹 *Lamprocapnos spectabilis* (L.) Fukuhara 罂粟科荷包牡丹属

（两侧　荷包形）

地理分布　分布于黑龙江、吉林、辽宁，我国各地有栽培。朝鲜北部、俄罗斯东南部也有分布。

形态特征　多年生直立草本。叶片轮廓三角形，二回三出全裂，小裂片通常全缘。总状花序有花5～11(15)朵，沿花序轴的一侧下垂，花荷包状，紫红色或淡紫红色。花期4～5月份。

习性　喜光照充足、凉爽和通风的环境，不耐积水，宜疏松、富含腐殖质和排水良好的壤土，盛夏和冬季休眠。

附注　异名 *Dicentra spectabilis* (L.) Lem.

蒲包花 *Calceolaria* × *herbeohybrida* 玄参科蒲包花属

来源　蒲包花属的种间杂种。我国北京、上海、湖北、江苏、浙江等多地有栽培。

形态特征　多年生草本，常作一年生栽培。叶对生，叶片卵圆形或三角状阔卵圆形。不规则的聚伞状花序，花冠具二唇，上唇瓣较小，下唇瓣膨大似蒲包状，花色丰富，有淡黄、乳白、淡红、红、橙红等色，并常具褐色或红色斑点。花期冬、春季。

习性　喜光照良好、湿润和凉爽的环境，不耐高温，宜疏松、肥沃和排水性好的砂质壤土，不耐寒。

　（两侧　荷包形）

乌头 *Aconitum carmichaelii* Debx.
毛茛科乌头属

地理分布 分布于我国云南、四川、湖北、广东、江西、浙江、江苏、安徽、陕西南部、河南南部、山东东部、辽宁南部等，供药用和观赏。

形态特征 多年生草本，具块根，有毒。叶片基部浅心形，深3裂，中裂片宽菱形，急尖，有时短渐尖近羽状分裂，二回裂片约2对，斜三角形，侧裂片不等2深裂。总状花序顶生，花两侧对称，紫蓝色，具小距。花期9～10月份。

习性 喜光照充足、温暖和湿润的环境，宜疏松、中等肥力、排水良好的砂质壤土。

（两侧　有距）

大花还亮草 *Delphinium anthriscifolium* var. *majus* Pamp. 毛茛科翠雀属

地理分布 分布于安徽、贵州、湖南、湖北、陕西南部、四川东部。是中国特有种。

形态特征 一年生草本。二至三回近羽状复叶，有时为三出复叶，叶片菱状卵形或三角状卵形，羽片2～4对，末回裂片狭卵形或披针形。总状花序有花（1）2～15朵，花两侧对称，萼片5枚，花瓣状，蓝紫色，上萼片具距，花瓣2枚，紫色，下方有退化雄蕊2枚，瓣状，紫色。花期3～5月份。

习性 喜光照柔和充足、温暖和湿润的环境，常生长于丘陵或低山的山坡草丛或溪边草地，不耐严寒。

（两侧　有距）　　**459**

紫堇 *Corydalis edulis* Maxim.
罂粟科紫堇属

地理分布 分布于我国辽宁千山、河北、陕西、甘肃、四川、湖北、安徽、江苏、浙江等。日本也有分布。是常见的野花。

形态特征 一年生草本。基生叶具长柄，叶片近三角形，一至二回羽状全裂，茎生叶与基生叶同形。总状花序具3～10朵花，花两侧对称，粉红色至淡紫色，上方花瓣较宽展，顶端微凹，后面具管状的距。花期4～5月份。

习性 喜光照柔和充足、温暖和湿润的环境，耐阴，宜疏松、肥沃、富含腐殖质和排水良好的砂质壤土，较耐寒。

（两侧　有距）

延胡索 *Corydalis yanhusuo* (Y. H. Chou et C. C. Hsu) W. T. Wang ex Z. Y. Su et C. Y. Wu 罂粟科紫堇属

地理分布 分布于安徽、江苏、浙江、湖北、湖南、河南，供药用和观赏。是中国特有种。

形态特征 多年生草本，块茎圆球形。二回三出叶，小叶三裂或三深裂，小裂片披针形，全缘。总状花序具5～15朵花，花两侧对称，淡蓝紫色或淡紫红色，花瓣4枚，上方花瓣后面具长管状距，距向上弯，下花瓣前端宽展，两侧内花瓣同形，先端黏合。花果期4～6月份。

习性 喜光照柔和充足、温暖和湿润的环境，耐阴，宜疏松、肥沃、富含腐殖质和排水良好的砂质壤土，不耐严寒。

　（两侧　有距）

旱金莲 *Tropaeolum majus* L. 旱金莲科旱金莲属

地理分布 原产秘鲁、巴西等地。我国各地常见栽培。

形态特征 多年生草本，常作一年生栽培，茎枝蔓生。叶互生，叶柄向上扭曲，叶片盾状圆形，边缘具波形的浅缺刻。花瓣5枚，具1长距，橘红色、橘黄色等。花期6～10月份。

习性 喜光照充足、温暖和湿润的环境，不耐高温酷暑，不耐水涝，宜疏松、肥沃、湿润和排水良好的土壤，越冬温度10℃以上。

（两侧 有距）

凤仙花 指甲花 *Impatiens balsamina* L. 凤仙花科凤仙花属

地理分布 原产亚洲东南部。我国各地常见栽培。

形态特征 一年生草本，全株无毛。叶互生，最下部叶有时对生，叶片狭椭圆形或披针形，边缘具锐锯齿。花单生或2～3朵簇生叶腋，花两侧对称，花瓣5枚，粉红色、红色、紫红色或白色，唇瓣深舟状，具距。花期7～10月份。

习性 喜光照充足、温暖的环境，耐半阴，耐热，较耐贫瘠，但在疏松、肥沃和排水良好的土壤中生长旺盛，不耐严寒。

（两侧 有距）

重瓣凤仙花 重瓣指甲花 *Impatiens balsamina* 'Pleniflora' 凤仙花科凤仙花属

来源 凤仙花的园艺品种。我国各地园林有栽培。

形态特征 一年生草本，全株无毛。叶互生，最下部叶有时对生，叶片狭椭圆形或披针形，边缘具疏锯齿。花通常单生于叶腋，花瓣多数，玫红色或粉红色，具距。花期7～8月份。

习性 喜光照充足、温暖的环境，稍耐半阴，宜疏松、肥沃和排水良好的砂质土壤，不耐严寒。

（两侧　有距）

山地凤仙花 *Impatiens monticola* Hook. f. 凤仙花科凤仙花属

地理分布 分布于重庆、缙云山、四川峨眉山及洪雅地区。是中国特有种。

形态特征 一年生多汁草本，全株无毛。叶片卵状椭圆形或披针形，边缘具圆锯齿。花梗细，花两侧对称，花瓣5枚，淡黄色至橙黄色，翼瓣和唇瓣具橙红色条纹，下部具向上弯曲的距。花期7～9月份。

习性 喜光照柔和、温暖和湿润的环境，耐阴，常生于林缘阴湿处或路边石缝中。

（两侧　有距）

新几内亚凤仙花 *Impatiens hawkeri* W. Bull 凤仙花科凤仙花属

地理分布 原产非洲热带。我国北京、南京、上海等地及南方地区有栽培。

形态特征 多年生草本。叶片长卵形披针形或长圆状披针形，深绿色具暗红色叶脉，边缘具锯齿。花红色、玫红色、粉红色等，花瓣5枚，下部1枚花瓣具长且微弯的距。花期5～10月份。

习性 喜光照充足柔和、温暖和湿润的环境，耐半阴，耐热，宜疏松、肥沃和排水良好的砂质土壤，不耐寒。

（两侧 有距）

苏丹凤仙花 *Impatiens walleriana* Hook. f. 凤仙花科凤仙花属

地理分布 原产非洲东部。我国北京、上海、南京等地及南方地区有栽培。

形态特征 多年生草本。叶片宽卵形、卵形或卵圆形，两面无毛，边缘具圆锯齿，齿端有小尖。花梗细，花两侧对称，红色、紫红色、粉红色、淡紫色等，花瓣5枚，下部1枚花瓣具细长且微弯的距。花期6～10月份。

习性 喜光照充足、温暖和湿润的环境，耐半阴，耐热，宜疏松、肥沃和排水良好的土壤，不耐寒。

（两侧 有距）

'花叶' 苏丹凤仙花 *Impatiens walleriana* 'Variegata' 凤仙花科凤仙花属

来源 苏丹凤仙花的园艺品种。我国南京等地有栽培。

形态特征 多年生草本。叶片卵形或卵状披针形，淡黄色，周边深绿色，边缘具锯齿，齿端有小尖。花两侧对称，深粉红色、红色、紫红色等，花瓣5枚，顶端微凹或缺刻状，下部1枚花瓣具细长且微弯的距。花期6～10月份。

习性 喜光照充足柔和、温暖和湿润的环境，耐半阴，宜疏松、肥沃和排水良好的土壤，不耐寒。

（两侧 有距）

紫花地丁

Viola philippica Cav. 堇菜科堇菜属

地理分布 分布于我国黑龙江、吉林、辽宁、内蒙古、河北、山西、陕西、甘肃、山东、江苏、安徽、浙江、江西、福建、台湾等地。印度、柬埔寨、越南、朝鲜、日本等也有分布。

形态特征 多年生草本。叶基生，叶片长圆形、长圆状卵形或狭卵状披针形，边缘具较平的圆齿。花两侧对称，紫堇色或淡紫色，花瓣5枚，1瓣通常稍大且基部延伸成细管状的距。花期4～6月份。

习性 喜光照良好和较为湿润的环境，也耐半阴，不择土壤，适应性强，能自播繁殖，耐寒。

（两侧 有距）

心叶堇菜 *Viola yunnanfuensis* W. Becker 堇菜科堇菜属

地理分布　分布于我国广西、江苏、安徽、浙江、贵州、四川、西藏南部、云南。不丹也有分布。

形态特征　多年生草本。叶基生，叶片卵形、宽卵形或三角状卵形，基部深心形或宽心形，边缘具圆钝齿。花两侧对称，淡紫色，花瓣5枚，一瓣具基部延伸成圆筒状的距。花期2～4月份。

习性　喜光照良好、温暖和湿润的环境，也耐半阴，不择土壤，适应性强，能自播繁殖，耐寒性不强，长江流域以南地区露地越冬。

附注　异名 *Viola concordifolia* C.J. Wang

（两侧　有距）

三色堇　猫脸花　*Viola tricolor* L. 堇菜科堇菜属

地理分布　原产欧洲。我国各地广泛栽培。

形态特征　一、二年生或多年生草本，高10～20厘米。茎有棱。基生叶卵形，茎生叶长圆状披针形，边缘具稀疏的圆齿。茎上有花3朵至数朵，花两侧对称，常具紫、白、黄三色，花瓣5枚，下方1枚后面具细小的距。花期4～7月份。园艺品种非常多。

习性　喜光照充足、凉爽的气候，不耐高温，不耐旱，也不耐积水，宜疏松、富含腐殖质、湿润和排水良好的土壤，耐霜冻，可耐0℃低温。

（两侧　有距）

'纯白' 杂种三色堇 *Viola × wittrockiana* 'True White' 堇菜科堇菜属

（两侧　有距）

来源　三色堇杂交园艺品种。我国各地常见栽培。

形态特征　一年生草本。叶片长卵形或卵状披针形，边缘具稀疏的圆齿或钝锯齿。茎上有花3朵至数朵，花两侧对称，花瓣5枚，除花心处有一小黄斑块外，花瓣均为纯白色，下方一花瓣后面具细小的距。花期4～7月份。

习性　喜光照充足、凉爽的气候，不耐高温，不耐旱，也不耐积水，宜疏松、富含腐殖质、湿润和排水良好的土壤，耐霜冻，可耐0℃低温。

'纯蓝' 杂种三色堇 *Viola × wittrockiana* 'True Blue' 堇菜科堇菜属

来源　三色堇杂交园艺品种。我国各地常见栽培。

形态特征　一年生草本。叶片长卵形或卵状披针形，边缘具稀疏的圆齿或钝锯齿。茎上有花3朵至数朵，花两侧对称，蓝色或蓝紫色，花瓣5枚，下方一花瓣后面具细小的距。花期4～7月份。

习性　喜光照充足、凉爽的气候，不耐高温，不耐旱，也不耐积水，宜疏松、富含腐殖质、湿润和排水良好的土壤，耐霜冻，可耐0℃低温。

　（两侧　有距）

'猴面'堇菜 *Viola* 'Jackanapes' 堇菜科堇菜属

来源　堇菜属的园艺品种。我国各地常见栽培。

形态特征　多年生草本，常作一年生栽培，高8～15厘米。叶基生，叶片椭圆形或卵形，边缘具稀疏的圆齿。花两侧对称，花瓣5枚，上方2枚深紫色，下方3枚亮黄色具深紫色小斑块或细短条纹，后面具细小的距。花期长，春季至夏季持续开花。

习性　喜光照充足、凉爽的气候，不耐高温，不耐旱，也不耐积水，宜疏松、富含腐殖质、湿润和排水良好的土壤，耐霜冻，可耐0℃低温。

（两侧　有距）

莸 *Caryopteris divaricata* Maxim. 马鞭草科莸属

地理分布　分布于我国山西、陕西、河南、湖北、江西、陕西、甘肃、四川，上海、南京等地有栽培。朝鲜、日本也有分布。

形态特征　多年生草本，茎方形。单叶对生，叶片卵形，卵状披针形或长圆形，边缘具粗齿。二歧聚伞花序腋生，花两侧对称，紫色或红色，花冠顶端5裂，二唇形，下唇中裂片较大。花期7～8月份。

习性　喜光照充足，稍耐阴，适应性强，耐干旱，耐瘠薄，不耐积水，宜排水良好的土壤，耐寒。

（两侧　唇形）

藿香 *Agastache rugosa* (Fisch. et C.A. Mey.) Kuntze 唇形科藿香属

地理分布　分布于全国各地，常见栽培，供药用和观赏。日本、朝鲜、俄罗斯及北美洲也有分布。

形态特征　多年生草本，茎四棱形。叶片卵形至长圆状披针形，边缘具粗齿。顶生轮伞花序具多数花，排列成穗状，花两侧对称，花冠淡蓝紫色，冠檐二唇形，花丝伸出花冠外。花期6～9月份。

习性　喜光照充足和湿润的环境，不耐干旱，对土壤要求不严，但在土层深厚、疏松、肥沃的砂质壤土中生长良好。

　（两侧　唇形）

筋骨草 *Ajuga ciliata* Bunge
唇形科筋骨草属

地理分布　分布于河北、山东、山西、陕西、甘肃、四川、浙江，供药用和观赏。是中国特有种。

形态特征　多年生草本，高25～40厘米。茎四棱形。叶片卵状椭圆形至狭椭圆形，边缘具粗齿和缘毛。穗状轮伞花序顶生，花两侧对称，花冠白色或蓝紫色，冠檐二唇形，上唇短，直立，下唇增大和伸长，3裂。花期4～8月份。

习性　喜散射光、温暖和阴湿的环境，常生于山谷溪流旁、阴湿的草地或路旁草丛中，较耐寒。

（两侧　唇形）

多花筋骨草

Ajuga multiflora Bunge　唇形科筋骨草属

地理分布　分布于我国辽宁、内蒙古、黑龙江、河北、安徽、江苏，供药用和观赏。朝鲜、俄罗斯也有分布。

形态特征　多年生草本，高6～20厘米。茎四棱形，被灰白色柔毛。叶片卵状椭圆形，边缘具波状圆齿。穗状轮伞花序顶生，花密集，两侧对称，花冠蓝紫色或蓝色，冠檐二唇形，上唇短，直立，2裂，下唇增大伸长，3裂。花期4～5月份。

习性　喜光照充足和湿润的环境，也较耐阴，性强健，耐干旱，耐暴晒，耐水涝，在中性和偏酸性土壤中生长良好。

（两侧　唇形）　**469**

肾茶 猫须花 *Clerodendranthus spicatus* (Thunb.) C.Y. Wu ex H.W. Li
唇形科肾茶属

（两侧 唇形）

地理分布 分布于我国广东、广西、海南、台湾、福建、云南，上海及江苏等地有栽培。印度、马来西亚、缅甸等及澳大利亚也有分布。

形态特征 多年生草本。茎四棱形。叶对生，叶片卵形或菱状卵形，边缘具粗齿。轮伞花序排成长8～12厘米的总状花序，花两侧对称，二唇形，花冠浅紫色或白色，花丝长丝状，似猫须状，故也称"猫须花"。花果期5～11月份。

习性 喜光照柔和、温暖和湿润的环境，较耐阴，不耐旱，忌积水，对土壤要求不严，不耐寒。

海州香薷 *Elsholtzia splendens* Nakai ex F. Maekawa 唇形科香薷属

地理分布 分布于我国辽宁、河北、山东、河南、江苏、江西、浙江、广东，供药用和观赏。朝鲜也有分布。

形态特征 直立草本。叶片卵状三角形，卵状长圆形或披针形，边缘疏生锯齿。穗状花序由多数轮伞花序组成，花序偏向一侧，花两侧对称，花冠玫瑰红紫色，冠檐二唇形，上唇先端微缺，下唇3裂。花果期9～11月份。

习性 喜光照良好，也耐半阴，对土壤要求不严，常生于山坡路旁或草丛中，较耐寒。

（两侧 唇形）

美国薄荷 *Monarda didyma* L. 唇形科美国薄荷属

地理分布 原产美洲。我国北京、上海、南京、西安等多地有栽培。

习性 喜光照充足、温凉和湿润的环境，也耐半阴，宜通风良好，在土层深厚、肥沃、富含腐殖质和排水良好的土壤中生长旺盛，耐寒。

（两侧 唇形）

形态特征 一年生草本。茎四棱形。叶片卵状披针形或长圆状披针形，边缘具不等大的锯齿。轮伞花序多花，在茎顶密集成头状花序，小花两侧对称，花冠淡紫红色，冠檐二唇形，上唇直立，先端稍外弯，下唇3裂。花期6～7月份。

'粉红花' 美国薄荷

Monarda didyma 'Croftway Pink'
唇形科美国薄荷属

来源 美国薄荷的园艺品种。我国各地有栽培。

形态特征 一年生草本。茎四棱形。叶片卵状披针形或长圆状披针形，边缘具不等大的锯齿。轮伞花序多花，在茎顶密集成头状花序，小花两侧对称，花冠淡粉红色，冠檐二唇形，上唇直立，先端稍外弯，下唇3裂。花期6～7月份。

习性 喜光照充足、温凉和湿润的环境，也耐半阴，宜通风良好，在土层深厚、肥沃、富含腐殖质和排水良好的土壤中生长旺盛，耐寒。

（两侧 唇形）

'紫花' 美国薄荷 *Monarda didyma* 'Violet Queen' 唇形科美国薄荷属

来源 美国薄荷的园艺品种。我国各地有栽培。

形态特征 一年生草本。茎四棱形。叶片卵状披针形或长圆状披针形，边缘具不等大的锯齿。轮伞花序多花，在茎顶密集成头状花序，小花两侧对称，花冠紫色，冠檐二唇形，上唇直立，先端稍外弯，下唇3裂。花期6～7月份。

习性 喜光照充足、温凉和湿润的环境，也耐半阴，宜通风良好，在土层深厚、肥沃、富含腐殖质和排水良好的土壤中生长旺盛，耐寒。

（两侧 唇形）

野芝麻 *Lamium barbatum* Sieb. et Zucc. 唇形科野芝麻属

地理分布 分布于我国东北、华北、华东及甘肃、陕西、湖北、湖南等，是常见野花，具药用。朝鲜、日本、俄罗斯也有分布。

形态特征 多年生草本。茎四棱形。茎下部的叶卵圆形或心形，茎上部的叶卵圆状披针形，边缘具锯齿。轮伞花序6～12朵花，花两侧对称，花冠白色，冠檐二唇形，上唇倒卵圆形，先端微凹，下唇3裂。花期4～6月份。

习性 喜半阴和较为湿润的环境，对土壤要求不严，常生于路边、荒坡、田埂或溪边，耐寒。

（两侧 唇形）

紫野芝麻 *Lamium purpureum* L. 唇形科野芝麻属

地理分布 原产欧洲、亚洲。我国园林中有栽培。

形态特征 草本，高5～20厘米。叶片卵圆形，被细柔毛，边缘具波状粗齿，茎顶端叶片染紫红色。轮伞花序具数朵花，花两侧对称，花冠紫色，冠檐二唇形，上唇伸直，长圆形，下唇3裂。花期5～7月份。

习性 喜光照柔和充足，耐半阴，可生长于开阔的草地上或林木下，宜疏松、湿润和排水良好的砂质壤土。

（两侧　唇形）

益母草 *Leonurus japonicus* Houtt. 唇形科益母草属

地理分布 全国各地广泛分布，野生或栽培，供药用和观花。日本、朝鲜、俄罗斯及美洲、非洲、热带亚洲均有分布。

形态特征 一或二年生草本，茎钝四棱形。茎下部叶掌状3裂，茎中部叶线形具3深裂，最上部的叶披针形。轮伞花序腋生，花两侧对称，花冠紫红色，冠檐二唇形，上唇直立，下唇3裂。花期6～9月份。

习性 喜光照充足、温暖和湿润的环境，对土壤要求不严，但不耐积水，在疏松、肥沃和排水良好的土壤中生长旺盛。

附注 异名 *Leonurus artemisia* (Laur.) S. Y. Hu

（两侧　唇形）

473

朱唇 *Salvia coccinea* Buc'hoz ex Etl. 唇形科鼠尾草属

地理分布 原产美洲。我国各地园林有栽培，云南南部及东南部已逸为野生。

形态特征 一年生或多年生草本。茎四棱形。叶片卵圆形或三角状卵圆形，边缘具锯齿。轮伞花序具4朵至多朵花，组成顶生总状花序，花两侧对称，花萼筒红色，花冠二唇形，红色，花丝伸长，淡红色。花期4～7月份。

习性 喜光照良好、温暖的环境，较耐干旱，耐热，宜疏松、肥沃、湿润和排水良好的砂质壤土。

（两侧　唇形）

'粉花' 朱唇 *Salvia coccinea* 'Lady in Pink' 唇形科鼠尾草属

来源 朱唇的园艺品种。我国各地园林有栽培。

形态特征 一年生或多年生草本。茎四棱形。叶片卵圆形或三角状卵圆形，边缘具锯齿。轮伞花序4朵至多朵花，组成顶生总状花序，花两侧对称，花萼筒白色，花冠二唇形，粉红色，花丝伸长，白色。花期4～7月份。

习性 喜光照良好、温暖的环境，较耐干旱，耐热，宜疏松、肥沃、湿润和排水良好的砂质壤土。

（两侧　唇形）

假龙头花 *Physostegia virginiana*

(L.) Benth. 唇形科假龙头花属

地理分布　原产北美洲，加拿大东部至墨西哥北部。我国各地有栽培。

形态特征　多年生草本，高50～70厘米。茎四棱形。单叶对生，叶片披针形，边缘具锯齿。轮伞花序密集成长穗状，每轮有2朵花，花两侧对称，花冠淡紫红色，冠檐二唇形。花期7～9月份。

习性　喜光照充足、温暖和空气流通的环境，耐半阴，耐热，宜疏松、肥沃和排水良好的砂质壤土，耐轻度霜冻。

（两侧　唇形）

'玫瑰花冠'假龙头花

Physostegia virginiana 'Rose Crown'
唇形科假龙头花属

来源　假龙头花的园艺品种。我国各地有栽培。

形态特征　多年生宿根草本。茎四棱形。单叶对生，叶片披针形，边缘具锯齿。轮伞花序密集成长穗状，每轮有2朵花，花两侧对称，花冠艳玫红色，冠檐二唇形。花期7～9月份。

习性　喜光照充足、温暖和空气流通的环境，耐半阴，耐热，宜疏松、肥沃和排水良好的砂质壤土，耐轻度霜冻。

（两侧　唇形）

天蓝鼠尾草 *Salvia uliginosa* Benth. 唇形科鼠尾草属

地理分布 原产巴西、阿根廷、乌拉圭。我国上海、江苏、浙江等多地有栽培。

形态特征 多年生草本。茎四棱形。叶片披针形，边缘具锯齿。长穗状轮伞花序顶生，花两侧对称，花冠二唇形，天蓝色，下唇瓣较上唇瓣大，伸展，具白色斑纹。花期夏、秋季。

习性 喜光照充足、温暖的环境，耐干旱，适应性强，宜疏松、肥沃和排水良好的砂质壤土，不耐水涝。

（两侧 唇形）

蓝花鼠尾草 一串蓝 *Salvia farinacea* Benth. 唇形科鼠尾草属

地理分布 原产墨西哥、美国。我国辽宁、江苏、北京、上海、昆明等多地有栽培。

形态特征 多年生草本，常作一年生栽培。茎四棱形，直立，基部常略木质化。叶片长卵圆状披针形。长穗状轮伞花序顶生，花两侧对称，花冠二唇形，蓝色，下唇瓣较上唇瓣大，伸展，具白色斑纹。花期5～7月份。

习性 喜光照充足、温暖的环境，适应性强，宜疏松、肥沃和排水良好的砂质壤土，不耐水涝，耐寒。

（两侧 唇形）

'深蓝' 鼠尾草 *Salvia guaranitica* 'Black and Blue' 唇形科鼠尾草属

来源 原产南美洲的蜂鸟鼠尾草的园艺品种。我国上海、南京、杭州等多地有栽培。

形态特征 多年生草本，常作一年生栽培。叶对生，叶片卵形，边缘具锯齿。长穗状轮伞花序顶生，花两侧对称，花冠二唇形，似鸟嘴状，深蓝色。花期5～7月份。

习性 喜光照充足、温暖的环境，对土壤要求不严，不耐水涝，宜富含腐殖质、排水良好的砂质壤土，耐寒性不强。

（两侧　唇形）

墨西哥鼠尾草　紫绒鼠尾草 *Salvia leucantha* Cav. 唇形科鼠尾草属

地理分布 原产墨西哥中东部的热带和亚热带针叶林区。我国上海、北京、昆明及江苏、浙江、福建、云南等多地有栽培。

形态特征 多年生草本，也作一年生栽培。叶片线状披针形，叶背面被白色绒毛，边缘具浅锯齿。长穗状轮伞花序略弯，小花两侧对称，花冠二唇形，紫色，天鹅绒状。花期秋季。

习性 喜光照充足、温暖的环境，宜疏松、肥沃和较湿润的土壤，不耐霜冻，长江流域以南地区能露地越冬。

（两侧　唇形）　　477

林荫鼠尾草
Salvia nemorosa L.
唇形科鼠尾草属

地理分布　原产欧洲中部和亚洲西部。我国辽宁、黑龙江、河北、河南、江苏等地有栽培。

形态特征　多年生草本，也有作一年生栽培。茎四棱形，直立，基部常略木质化。叶片长卵形至卵状披针形，边缘具粗齿。长穗状轮伞花序顶生，小花两侧对称，花冠二唇形，紫色、蓝紫色、粉色或白色。花期5～7月份。

习性　喜光照充足、凉爽的气候，适应性强，宜疏松透气、较为湿润和排水良好的土壤，不耐水涝，耐寒。

（两侧　唇形）

一串红
Salvia splendens Sellow ex Wied-Neuw. 唇形科鼠尾草属

地理分布　原产巴西。我国各地广泛栽培。

形态特征　多年生草本，常作一年生栽培。茎四棱形。叶片卵圆形至卵状三角形，边缘具锯齿。轮伞花序具2～6朵花，密集组成顶生总状花序，花两侧对称，花冠二唇形，鲜红色。花期春、秋季。

习性　喜光照充足、温暖的环境，耐半阴，不耐积水，宜疏松、肥沃和排水良好的土壤，碱性土壤不适应，不耐寒。

　（两侧　唇形）

一串紫 *Salvia splendens* 'Vista Purple' 唇形科鼠尾草属

来源 一串红的园艺品种。我国各地园林有栽培。

形态特征 多年生草本，常作一年生栽培。茎四棱形，叶片卵圆形至卵状三角形，两面无毛，边缘具锯齿。轮伞花序具2～6朵花，组成顶生总状花序，花两侧对称，花冠二唇形，紫色。花期春、秋季。

习性 喜光照充足、温暖的环境，耐半阴，不耐积水，宜疏松、肥沃和排水良好的土壤，碱性土壤不适应，不耐寒。

（两侧　唇形）

毛地黄 *Digitalis purpurea* L. 车前科毛地黄属

地理分布 原产欧洲温带地区。我国各地有栽培，供药用和观赏，有毒。

形态特征 二年生或多年生草本，植株常被灰白色短柔毛和腺毛。叶片卵形或长椭圆形，边缘具带短尖的圆齿。花两侧对称，花冠紫红色，花冠裂片近二唇形，上唇短，微凹缺，下唇三裂，侧裂片短，中裂片略长宽而外伸，花冠筒喉部至下唇具深色斑点。花期春季。

习性 喜光照充足，也稍耐阴，较耐干旱，不耐炎热，耐瘠薄，宜湿润和排水良好的土壤，耐寒。

（两侧　唇形）

'卡米洛奶油色' 毛地黄 *Digitalis purpurea*

'Camelot Creme' 车前科毛地黄属

来源 毛地黄卡米洛系列（Camelot Series）园艺品种，栽培仅供观赏，有毒。

形态特征 多年生草本，常作二年生栽培。叶片卵形、长卵形或长椭圆形，边缘具粗齿。花两侧对称，花冠奶油色，花冠裂片近似二唇形，上唇短，微凹缺，下唇三裂，侧裂片短，中裂片略长宽而外伸，花冠筒喉部至下唇具暗紫红色斑点。花期春季。

习性 喜光照充足，较耐干旱，不耐炎热，耐瘠薄，宜肥沃、湿润和排水良好的土壤，耐寒。

（两侧 唇形）

'卡米洛玫红' 毛地黄 *Digitalis purpurea* 'Camelot Rose' 车前科毛地黄属

来源 毛地黄卡米洛系列（Camelot Series）园艺品种，栽培仅供观赏，有毒。

形态特征 多年生草本，常作二年生栽培。茎叶常被灰白色短柔毛和腺毛。叶片卵形或长椭圆形，边缘具粗齿。花序开花密集，花两侧对称，花冠玫红色，花冠裂片近二唇形，上唇短，微凹缺，下唇三裂，侧裂片短，中裂片略长宽而外伸，花冠筒喉部至下唇具白色圈的深色斑点。花期春季。

习性 喜光照充足，较耐干旱，不耐炎热，宜肥沃、湿润和排水良好的土壤，耐寒。

（两侧 唇形）

摩洛哥柳穿鱼 *Linaria maroccana* Hook. f. 车前科柳穿鱼属

地理分布 原产摩洛哥。我国各地园林中常有栽培。

形态特征 一年生草本。叶片条形。总状花序顶生，花两侧对称，紫红色、粉紫红色至粉色等，花冠5裂，二唇形，上唇直立，2裂，下唇中央向上唇隆起并扩大，顶端3裂。花期5月份。

习性 喜光照充足、温暖和凉爽的环境，不耐酷热，宜疏松、较为肥沃、湿润和排水良好的土壤，能自播繁殖。

（两侧　唇形）

'粉花' 须钓钟柳

Penstemon barbatus 'Elfin Pink' 车前科钓钟柳属

来源 须钓钟柳（也称红花钓钟柳）的园艺品种。我国城市园林中有栽培。

形态特征 多年生草本。叶对生，叶片披针形或狭卵状披针形。顶生总状花序较长，花两侧对称，粉红色或淡玫红色，花冠筒裂片5枚，二唇形，上唇2裂，下唇3裂。花期夏、秋季。

习性 喜光照充足、温暖的环境，宜通风良好，在疏松、肥沃和排水良好的土壤中生长旺盛，耐寒。

（两侧　唇形）　481

'紫梗' 毛地黄钓钟柳 *Penstemon digitalis* 'Husker Red'

车前科钓钟柳属

来源 毛地黄钓钟柳的园艺品种。我国上海、北京、江苏等地有栽培。

形态特征 多年生常绿草本。茎、花梗、花萼常深紫红色。叶对生，叶片卵形、狭卵状披针形至披针形，叶脉深紫红色，叶色暗紫或常渐变为深绿色，边缘具疏齿。总状花序顶生，花两侧对称，白色，花冠筒裂片5枚，二唇形，上唇2裂，下唇3裂。花期5～6月份。

习性 喜光照充足、温暖的环境，宜通风良好，在疏松、肥沃和排水良好的土壤中生长旺盛，耐寒。

482 （两侧 唇形）

'亮黄'金鱼草 *Antirrhinum majus* 'Montego Yellow' 车前科金鱼草属

来源 金鱼草蒙特哥系列（Montego series）园艺品种。我国各地广泛栽培。

形态特征 多年生草本，常作一年生栽培。茎直立。叶片披针形或长圆状披针形。总状花序顶生，花亮黄色，两侧对称，花冠5裂，二唇形，上唇先端2裂，颜色较淡，下唇开展，3裂。花期5～6月份。

习性 喜光照充足、温暖而凉爽的气候，耐半阴，不耐酷暑，宜疏松、肥沃和排水良好的土壤，较耐寒。

附注 金鱼草属已由玄参科归到车前科。

（两侧　唇形）

'蓝猪耳'夏堇 *Torenia fournieri* 'Clown Blue' 母草科蝴蝶草属

来源 夏堇小丑系列（Clown series）园艺品种。我国各地有栽培。

形态特征 一年生草本。叶片长卵形或卵形，边缘具带短尖的粗锯齿。总状花序顶生，花两侧对称，花冠筒部淡紫色，上部扩大并5裂，裂片深蓝紫色，成二唇形，上唇先端浅2裂，下唇开展，3裂，中部有一小黄斑。花期夏、秋季。

习性 喜光照柔和、温暖的环境，较耐阴，耐高温，对土壤要求不严，但在适度肥沃和湿润的土壤中生长良好，能自播繁殖。

（两侧　唇形）

'达吉斯粉' 夏堇

Torenia fournieri 'Duchess Pink' 母草科蝴蝶草属

来源 夏堇达吉斯系列（Duchess series）园艺品种。我国各地有栽培。

形态特征 一年生草本。叶片长卵形或卵形，边缘具带短尖的粗锯齿。总状花序顶生，花两侧对称，花冠筒部白色，上部扩大并5裂，裂片深粉红色，成二唇形，上唇先端浅2裂，下唇开展，3裂，中部有一小黄斑。花期夏、秋季。

习性 喜光照柔和、温暖的环境，较耐阴，耐高温，对土壤要求不严，但在适度肥沃和湿润的土壤上生长良好，能自播繁殖。

（两侧　唇形）

银脉爵床 *Kudoacanthus albonervosa* Hosok. 爵床科银脉爵床属

地理分布 分布于我国台湾，福建、广东、云南等地常见栽培。是中国特有种。

形态特征 多年生草本。茎被硬毛。叶对生，叶片卵形或圆卵形，深绿色具银白色脉纹。

穗状花序常单生，花两侧对称，花的苞片金黄色，沿花序轴紧密排列成对称的4列，小花的花冠筒管状，花冠裂片二唇形，淡黄色，开花时小花伸出花苞片外。花期夏、秋季。

习性 喜光照充足、温暖和湿润的环境，耐半阴，宜疏松、肥沃的砂质壤土，不耐寒，越冬温度10℃以上。

（两侧　唇形）

蜂鸟狗肝菜 *Dicliptera squarrosa* Nees
爵床科狗肝菜属

地理分布　原产乌拉圭、阿根廷等。国内少见栽培。

习性　喜光照充足、温暖的环境，耐半阴，耐热，较耐旱，不耐积水，不耐黏重土，宜富含腐殖质和排水性好的砂质壤土，稍耐寒。

（两侧　唇形）

形态特征　多年生草本。单叶对生，叶片椭圆形或卵形，密被银灰色绒毛。花两侧对称，花冠管状，花冠裂片二唇形，橙红色。盛花期夏季。

疣柄磨芋 *Amorphophallus paeoniifolius* (Dennst.) Nicolson 天南星科磨芋属

地理分布　分布于我国广东、广西、海南、台湾、云南。印度、斯里兰卡、越南、泰国、菲律宾、澳大利亚北部等和太平洋岛屿也有分布。

形态特征　多年生草本，块茎扁球形。叶片3全裂，裂片羽状深裂，小裂片长圆形。叶枯萎后翌年生出花序。肉穗花序直立于大型佛焰苞中，味臭，大型佛焰苞漏斗状，深紫色，具淡色条纹。花期4～5月份。

习性　喜光照柔和、温暖和湿润的环境，宜疏松、肥沃、排水良好的土壤，不耐寒，南方地区能露地越冬。

附注　异名 *Amorphophallus virosus* N. E. Brown

（两侧　佛焰苞）

红掌 安祖花；花烛 *Anthurium andraeanum* Linden 天南星科安祖花属

（两侧 佛焰苞）

地理分布 原产哥伦比亚、厄瓜多尔等。我国各地有栽培。

形态特征 多年生常绿草本。叶基生，叶片宽卵形或卵圆形，基部心形，全缘。佛焰苞卵圆状心形，平展，鲜红色，具蜡质光泽，肉锥花序直立，上半部淡黄色，近基部白色。花期春、夏季，若条件适合，全年开花不断。

习性 喜温暖、潮湿、半阴的环境，忌阳光直射，宜空气湿度大，宜富含腐殖质、疏松且排水通畅的土壤，冬季生长温度18～20℃。

白掌 白安祖花 *Anthurium* 'Ellison White' 天南星科安祖花属

来源 安祖花属园艺品种。我国各地有栽培。

形态特征 多年生常绿草本。叶基生，叶片宽卵形或卵圆形，基部心形，全缘。佛焰苞卵圆状心形，平展，纯白色，具蜡质光泽，肉锥花序直立，上半部淡黄色，近基部白色。花期春、夏季，若条件适合，全年开花不断。

习性 喜温暖、潮湿、半阴的环境，忌阳光直射，宜空气湿度大，土壤宜富含腐殖质、疏松且排水通畅，冬季生长温度18～20℃。

（两侧 佛焰苞）

粉掌 '艳粉' 安祖花

Anthurium 'Pink Passion' 天南星科安祖花属

来源 安祖花属园艺品种。我国各地有栽培。

形态特征 多年生常绿草本。叶基生，叶片宽卵形或卵圆形，基部心形，全缘。佛焰苞卵圆状心形，近平展，艳粉红色，具蜡质光泽，肉锥花序直立，粉红色。花期春、夏季，若条件适合，全年开花不断。

习性 喜温暖、潮湿、半阴的环境，忌阳光直射，宜空气湿度大，土壤宜富含腐殖质、疏松且排水通畅，冬季生长温度18～20℃。

（两侧　佛焰苞）

'潘朵拉' 安祖花

Anthurium 'Pandola'
天南星科安祖花属

来源 安祖花属的园艺品种。我国各地有栽培。

形态特征 多年生常绿草本。叶基生，叶片宽卵形或卵圆形，基部心形，全缘。佛焰苞卵圆状心形，近平展，粉红色，下半部两侧淡绿色，肉锥花序直立，绿色。花期春、夏季，若条件适合，全年开花不断。

习性 喜温暖、潮湿、半阴的环境，忌阳光直射，宜空气湿度大，土壤宜富含腐殖质、疏松且排水通畅，冬季生长温度18～20℃。

（两侧　佛焰苞）

'优雅公主' 安祖花 *Anthurium* 'Princess Amalia Elegance'
天南星科安祖花属

来源 安祖花属园艺品种。我国各地有栽培。

形态特征 多年生常绿草本。叶基生，叶片宽卵形或卵圆形，基部心形，全缘。佛焰苞卵圆状心形，近平展，粉白色，顶端玫红色，肉锥花序直立，玫红色。花期春、夏季，若条件适合，全年开花不断。

习性 喜温暖、潮湿、半阴的环境，忌阳光直射，宜空气湿度大，土壤宜富含腐殖质、疏松且排水通畅，冬季生长温度18～20℃。

（两侧 佛焰苞）

彩叶万年青 *Dieffenbachia seguine* (Jacq.) Schott
天南星科黛粉芋属

地理分布 原产热带美洲。我国各地有栽培。

形态特征 多年生常绿草本或亚灌木，高约50厘米或更高，在原产地可高达3米。叶片宽长圆形至宽卵状长圆形，绿色具不规则和深浅不一的红色、淡绿色、淡黄色斑块。佛焰苞淡绿色，肉锥花序稍短于佛焰苞，乳白色。花期夏季。

习性 喜温暖、湿润的环境，不耐强光暴晒，耐阴性较强，宜富含腐殖质、疏松且排水通畅的土壤，越季温度不低于10℃。

附注 异名 *Dieffenbachia picta* Schott

（两侧 佛焰苞）

白鹤芋 *Spathiphyllum kochii* Engl. et K. Krause 天南星科白鹤芋属

地理分布 原产美洲热带。我国各地有栽培。

形态特征 多年生常绿草本，高45～65厘米。叶片长圆形至长圆状披针形，叶脉明显。佛焰苞卵形，白色，肉锥花序乳白色或乳黄色。花期5～8月份。

习性 喜高温、高湿的环境，不耐强光暴晒，耐阴性较强，宜空气湿度大，土壤宜富含腐殖质、疏松且排水通畅，越季温度不低于14℃。

（两侧　佛焰苞）

'金色' 马蹄莲

Zantedeschia elliottiana 'Millennium Gold' 天南星科马蹄莲属

来源 黄花马蹄莲的园艺品种。我国各地有栽培。

形态特征 多年生草本，具块根。叶基生，叶片长椭圆形或椭圆状披针形，叶表面具银白色斑点，全缘。佛焰苞马蹄状，亮黄色，肉穗花序黄色，直立于佛焰苞中央。花期春季。

习性 喜光照充足、温暖和湿润的环境，不耐夏季高温和烈日直射，宜富含腐殖质、肥沃和湿润的土壤，越冬温度10℃以上。

（两侧　佛焰苞）　489

'莓红' 马蹄莲 *Zantedeschia* 'Strawberry Delight' 天南星科马蹄莲属

来源 马蹄莲属的园艺品种。我国各地有栽培。

形态特征 多年生草本，具块根。叶基生，叶片长椭圆形，叶表面具银白色斑点，全缘。佛焰苞马蹄状，艳粉红色，肉穗花序淡黄色，直立于佛焰苞中央。花期春、夏季。

习性 喜光照充足、温暖和湿润的环境，不耐夏季高温和烈日直射，宜富含腐殖质、肥沃和排水良好的土壤，越冬温度10℃以上。

（两侧 佛焰苞）

'黑紫' 马蹄莲
Zantedeschia 'Odessa' 天南星科马蹄莲属

来源 马蹄莲属的园艺品种。我国各地有栽培。

形态特征 多年生草本，具块根。叶基生，叶片长椭圆形或椭圆状披针形，叶表面常具银白色斑点，全缘。佛焰苞马蹄状，黑紫色，肉穗花序直立于佛焰苞中央。花期夏季。

习性 喜光照充足、温暖和湿润的环境，不耐夏季高温和烈日直射，宜富含腐殖质、肥沃和排水良好的土壤，越冬温度10℃以上。

（两侧 佛焰苞）

鹤望兰　极乐鸟；天堂鸟

Strelitzia reginae Aiton 鹤望兰科鹤望兰属

地理分布　原产南非。我国南方园林有栽培，北方地区温室栽培。

习性　喜光照充足、温暖和湿润的环境，不耐干旱，不耐酷热，不耐积水，宜疏松、肥沃和排水良好的砂质壤土。不耐寒。

（两侧　舟形）

形态特征　多年生草本，高1.5～2米。叶片长圆状披针形，叶柄细长。花具舟状佛焰苞，灰紫色具红色边缘，花的萼片长圆状披针形，亮黄色或橙黄色，花瓣3枚，中央1枚小，两侧2枚花瓣箭头状，暗蓝色，整朵花似鹤状。花期冬季。

蝎尾蕉 *Heliconia metallica*

Planch. et Linden ex Hook. 蝎尾蕉科蝎尾蕉属

地理分布　原产中南美洲。我国南方园林有栽培，北方地区温室栽培。

形态特征　多年生草本，高1～2.5米，丛生。叶片长圆形，叶柄长。花序直立，花序轴呈"之"形弯曲，花苞片舟状，红色，内具1～3朵或更多小花，小花的花被片部分合生呈管状，淡绿色。花期5～8月份。

习性　喜温暖、湿润和光照充足的环境，也耐半阴，宜富含有机质、湿润和排水良好的土壤，需较高的空气湿度，越冬温度15℃以上。

（两侧　舟形）

鹦鹉蝎尾蕉 *Heliconia*
psittacorum L. f. 蝎尾蕉科蝎尾蕉属

地理分布　原产加勒比海和南美洲。我国南方园林有栽培，北方地区温室栽培。

形态特征　多年生草本，高1～2米，丛生。叶片长圆形披针形，叶柄长。花序直立，花序轴呈"之"形弯曲，花苞片近长舟状，红橙色，小花的花被片部分合生呈管状，亮橙黄色，顶端具墨绿色斑。花期5～8月份。

习性　喜温暖、湿润和光照充足的气候环境，也耐半阴，宜富含有机质、湿润和排水良好的土壤，需较高的空气湿度，越冬温度15℃以上。

（两侧　舟形）

垂序蝎尾蕉
金嘴蝎尾蕉

Heliconia rostrata Ruiz et Pav.
蝎尾蕉科蝎尾蕉属

地理分布　原产美洲热带地区。我国南方园林有栽培，北方地区温室栽培。

形态特征　多年生草本，高1.5～2.5米。叶片长圆形披针形，叶柄长。花序长30～50厘米，下垂状，花序轴稍呈"之"形弯曲，花苞片舟状，二列于花序轴上，红色，顶端和部分边缘黄绿色或金黄色，小花数朵生于舟状花苞片内，近白色。花期5～10月份。

习性　喜温暖、湿润和光照充足的环境，也耐半阴，宜富含有机质、湿润和排水良好的土壤，需较高的空气湿度，越冬温度15℃以上。

　（两侧　舟形）

火鸟蕉 牙买加蝎尾蕉

Heliconia stricta Huber 蝎尾蕉科蝎尾蕉属

地理分布 原产南美洲北部和西印度群岛。我国南方园林有栽培，北方地区温室栽培。

形态特征 多年生草本，高1.5～2.5米，丛生。叶片长圆形，叶柄长。花序直立，花序轴略呈"之"形弯曲，花苞片舟状，鲜红色，边缘绿色，内面黄色，具1～3朵或更多小花，小花的花被片部分合生呈管状，绿色。花期5～8月份。

习性 喜温暖、湿润和光照充足的气候环境，也耐半阴，宜富含有机质、湿润和排水良好的土壤，需较高的空气湿度，越冬温度15℃以上。

附注 异名 *Heliconia bihai* L.；*Heliconia wagneriana* Petersen

（两侧 舟形）

密穗山姜 *Alpinia shimadai* Hayata
姜科山姜属

地理分布 分布于我国台湾的低海拔山区，野生或栽培。是中国特有种。

形态特征 多年生草本，高1～2米。叶片长椭圆形或宽披针形，叶背面中肋和叶缘被毛。圆锥花序顶生，直立，花苞片乳白色，顶端桃红色，花蕾期裹住小花，小花的唇瓣白色具红色斑纹。花期5月份。

习性 喜柔和而充足的光照、温暖和湿润的环境，宜土层深厚、较为肥沃、湿润和排水良好的土壤，不耐寒。

（两侧 姜花形）

艳山姜 *Alpinia zerumbet* (Pers.) B.L. Burtt et R.M. Sm. 姜科山姜属

地理分布　分布于广东、广西、海南、台湾、云南，北京、南京等地有栽培。

形态特征　多年生高大草本，高2～3米。叶片披针形。圆锥花序呈总状花序式，下垂，花苞片乳白色，顶端桃红色，

花蕾期裹住小花，小花的唇瓣黄色，具深红色斑纹。花期4～6月份。

习性　喜柔和而充足的光照、温暖和湿润的环境，较耐阴，宜土层深厚、肥沃、湿润和排水良好的土壤，耐寒性不强。

（两侧　姜花形）

姜荷花　泰国郁金香 *Curcuma alismatifolia* Gagnep. 姜科姜黄属

地理分布　原产泰国。我国浙江、江苏、广东、云南西双版纳等地有栽培。

形态特征　多年生草本，高50～80厘米，具块状根茎。叶片长圆状披针形。穗状花序顶生，上部的花苞片花瓣状，粉桃红色，花小，生于下部的绿褐色花苞片内，小花白色，唇瓣紫蓝色。花期6～10月份。

习性　喜柔和而充足的光照、温暖和湿润的环境，不耐积水，宜土层深厚、肥沃、湿润和排水良好的砂质壤土，不耐寒。

　（两侧　姜花形）

姜黄 *Curcuma longa* L. 姜科姜黄属

地理分布　原产地不详。我国福建、广东、广西、台湾、云南等地栽培，块根作药用和食用，也可观花。亚洲热带地区广泛栽培。

形态特征　多年生草本，高1～1.5米，块状根茎橙黄色，极香。叶片长圆形或椭圆形。穗状花序圆柱状，上部的花苞片花瓣状，白色或具红色晕，花小，生于下部的淡绿色花苞片内，小花的唇瓣黄色。花期7～8月份。

习性　喜光照柔和而充足、温暖和湿润的环境，不耐干旱，忌积水，宜土层深厚、疏松、肥沃、湿润和排水良好的砂质壤土，不耐严寒霜冻。

（两侧　姜花形）

莪术 *Curcuma phaeocaulis* Valeton
姜科姜黄属

地理分布　分布于我国云南，福建、广东、广西、四川等地栽培，块根作药用，也可观花。印度尼西亚、越南也有分布。

形态特征　多年生草本，高约1米，根茎圆柱形，具樟脑般香味。叶片椭圆状披针形或长圆状披针形。穗状花序圆柱状，上部的花苞片花瓣状，艳玫红色，花小，生于下部花苞片内，小花的唇瓣黄色。花期5～6月份。

习性　喜光照柔和而充足、温暖和湿润的环境，宜土层深厚、疏松、肥沃和排水良好的砂质壤土，耐寒性不强。

附注　曾被错定为*Curcuma zedoaria* (Christm.) Roscoe

（两侧　姜花形）

红姜花 *Hedychium coccineum* Buch.-Ham. 姜科姜花属

地理分布　分布于我国云南、广西、西藏，昆明、广州、南京等地有栽培。印度、斯里兰卡等也有分布。

形态特征　多年生草本，高1～2米，具块状根茎。叶片长狭带形。顶生的穗状花序圆锥状，花红色或橙红色，花冠裂片线形，侧生退化雄蕊花瓣状，披针形，中间的唇瓣大，近宽心形，深2裂，花丝长，约5厘米。花期6～8月份。

习性　喜半阴、温暖和湿润的环境，耐热，不耐暴晒，宜肥沃、富含腐殖质、湿润和排水良好的砂质壤土，耐寒性不强。

　（两侧　姜花形）

姜花 蝴蝶花 *Hedychium coronarium* Koen. 姜科姜花属

地理分布 分布于我国四川、云南、广西、广东、湖南、台湾，野生或栽培。印度、越南、马来西亚等也有分布。

形态特征 多年生草本，高1～2米，具块茎。叶片长圆状披针形或披针形。穗状花序顶生，花白色，芳香，花冠裂片细披针形，侧生退化雄蕊花瓣状，长圆状披针形，中间的唇瓣大，宽倒心形，顶端2裂。花期8～12月份。

习性 喜半阴、温暖和湿润的环境，耐热，不耐暴晒，宜肥沃、富含腐殖质、湿润和排水良好的砂质壤土，冬季温度10℃以下，地上部分枯萎，地下部分休眠。

（两侧 姜花形）

红塔闭鞘姜 玫瑰闭鞘姜

Costus comosus var. bakeri (K. Schum.) Maas 闭鞘姜科闭鞘姜属

地理分布 分布于中美洲，从墨西哥南部至厄瓜多尔。我国广州等地有栽培。

形态特征 多年生草本，高达2米，具块根。叶片长椭圆形或披针形。圆锥状花序顶生，花苞片15～30枚，先端向外伸展，艳红色，花金黄色。花期长，主花期3～8月份。

习性 喜光照柔和充足、温暖和湿润的环境，耐半阴，生长期需充足水分，宜土层肥沃、湿润和排水良好的土壤，耐寒性不强。

（两侧 姜花形）　**497**

闭鞘姜 *Costus speciosus* (J. Koenig) Sm. 闭鞘姜科闭鞘姜属

（两侧 姜花形）

地理分布 分布于我国台湾、广东、广西、云南。印度、不丹、印度尼西亚、菲律宾、越南、泰国、澳大利亚也有分布。

形态特征 多年生草本，高1～3米。叶片长圆形或披针形。穗状花序顶生，花苞片暗红色或红色，花白色，唇瓣呈宽大的喇叭形，边缘浅波状齿裂。花期7～9月份。

习性 喜光照柔和、温暖和湿润的环境，宜疏松、肥沃、湿润和排水良的砂质壤土，能耐0℃以上的低温，霜冻时地上部枯死，翌年地下根茎株芽能萌发出新株。

多花脆兰 *Acampe rigida*

(Buch.-Ham. ex Sm.) P.F. Hunt 兰科脆兰属

地理分布 分布于我国广东、广西、海南、贵州、台湾、云南。缅甸、泰国、老挝、越南、马来西亚等及非洲也有分布。

形态特征 大型附生草本，茎粗壮，高约1米。叶片宽带状。花序腋生或与叶对生，花质地厚而脆，两侧对称，有香气，黄色，具紫红色横纹和斑点，唇瓣白色、具紫红色条纹。花期8～9月份。

习性 喜散射光、温暖和湿润的环境，需空气流通，不耐强光暴晒，不耐干燥，宜富含腐殖质、排水良好的栽培基质，不耐寒。

（两侧 兰花形）

竹叶兰 *Arundina graminifolia* (D. Don) Hochr. 兰科竹叶兰属

地理分布　分布于我国福建、广东、广西、海南、台湾、浙江、江西、云南等地，野生或栽培。尼泊尔、印度、斯里兰卡、柬埔寨、泰国、马来西亚等也有分布。

形态特征　多年生草本，高40～80厘米。茎直立，细竹秆状。叶片线状披针形。总状花序，具2～10朵花，但每次只开1朵，花两侧对称，粉红色、粉紫色或白色，唇瓣先端艳紫红色，唇盘上具3（5）条纵褶片，顶端微凹。花果期9～11月份。

习性　喜光照柔和、温暖和湿润的环境，较耐阴，不耐暴晒，宜疏松、富含腐殖质、湿润和排水良好的土壤。

（两侧　兰花形）

鸟舌兰 *Ascocentrum ampullaceum* (Roxb.) Schltr. 兰科鸟舌兰属

地理分布　分布于我国云南南部至东南部，植物园有栽培。尼泊尔、不丹、印度、缅甸、泰国等也有分布。

形态特征　附生草本，高约10厘米。叶片狭长圆形。总状花序，密生多数花，花两侧对称，萼片和花瓣相似，朱红色或橙红色，唇瓣贴生于蕊柱基部，3裂，侧裂片小，近直立，中裂片较大，伸展而稍下弯，基部常具胼胝体。花期4～5月份。

习性　喜光照柔和而充足、温暖和湿润的环境，需空气流通，不耐强光暴晒，宜富含腐殖质、排水良好的栽培基质，不耐寒。

（两侧　兰花形）　**499**

白及　白芨 *Bletilla striata* (Thunb.) Rchb. f. 兰科白及属

地理分布　分布于我国陕西南部、甘肃东南部、江苏、安徽、浙江、福建、湖北、湖南、广东、广西、四川等，各地多有栽培。日本、朝鲜、缅甸也有分布。

形态特征　多年生草本，假鳞茎扁球形。叶片狭长圆形或宽披针形。顶生总状花序具3～10朵花，花大，两侧对称，紫红色或深粉红色，唇瓣的唇盘上面具5条纵褶片。花期4～5月份。

习性　喜光照柔和而充足、温暖和湿润的环境，耐半阴，宜疏松、富含腐殖质和排水良好的砂质壤土，稍耐寒，长江中下游地区能露地栽培。

　（两侧　兰花形）

美花卷瓣兰 *Bulbophyllum rothschildianum* (O'Brien) J.J. Sm. 兰科石豆兰属

地理分布 分布于我国云南南部，植物园有栽培。印度东北部也有分布。

形态特征 附生草本，假鳞茎卵球形。叶片近椭圆形。伞形花序具4～6朵花，花两侧对称，淡紫红色，花瓣小，卵状三角形，长约1厘米，唇瓣更小，肉质，侧萼片披针形，长15～19厘米，先端细尾状。花期春季。

习性 喜光照柔和而充足、温暖和湿润、空气流通的环境，不耐烈日暴晒，宜有肥力、透气和排水性好的栽培基质，不耐寒。

（两侧　兰花形）

虾脊兰 *Calanthe discolor* Lindl. 兰科虾脊兰属

地理分布 分布于我国浙江、江苏、福建北部、湖北东南部和西南部、广东北部、贵州南部。日本也有分布。

形态特征 多年生草本，假鳞茎近圆锥形。叶在花期全部未展开，叶片倒卵状长圆形至椭圆状长圆形。顶生总状花序疏生约10朵花，花两侧对称，花萼片紫褐色，花白色或粉色，唇瓣边缘有时波状。花期4～5月份。

习性 喜光照柔和而充足、温暖和湿润的环境，耐半阴，不耐干旱，不耐高温暴晒，宜疏松、肥沃和排水良好的土壤，稍耐寒。

（两侧　兰花形）　　501

围苞虾脊兰 根节兰 *Calanthe vestita* Lindl. 兰科虾脊兰属

地理分布　原产泰国、印度尼西亚、马来西亚、菲律宾等东南亚地区。我国台湾植物园有栽培。

形态特征　地生草本，假鳞茎粗短。叶片长披针形。总状花序具十余朵花，花梗被半透明白色细毛，花两侧对称，白色，唇瓣大而伸展，3裂，中裂片宽阔，顶端凹缺。花期冬季。

习性　喜光照柔和而充足、温暖和湿润的环境，耐半阴，不耐干旱和高温，夏季宜凉爽，宜疏松、肥沃和排水良好的腐叶土，不耐寒。

（两侧　兰花形）

卡特兰 *Cattleya hybrida* 兰科卡特兰属

来源　卡特兰属园艺杂交品种的统称，世界著名花卉。我国各地广泛栽培。

形态特征　多年生附生草本，假鳞茎近椭圆形。叶片近长圆形。顶生总状花序具1朵至数朵花，花大，两侧对称，粉红色、红色、黄色、杂色等，唇瓣宽大，边缘波状皱折。四季开花，以夏、秋季为主。园艺品种繁多。

习性　喜光照充足而柔和、温暖和湿润的环境，需较高的空气湿度和昼夜温差，适当施肥和通风，常用蕨根、苔藓、树皮碎片等作栽培基质，越冬温度15℃左右。

'绿花' 卡特兰 *Cattleya* 'Rlc. Port of Pradise' 兰科卡特兰属

来源 卡特兰属的园艺品种。我国广东、福建等地有栽培。

形态特征 多年生附生草本，假鳞茎近椭圆形。叶片厚而革质，近长圆形。顶生总状花序具1～3朵花，花大，两侧对称，芳香，绿色，唇瓣宽大，边缘细裂，呈波状皱折。花期5～6月份或不定期。

习性 喜光照充足而柔和、温暖和湿润的环境，需较高空气湿度和大的昼夜温差，适当施肥和通风，常用蕨根、苔藓、树皮碎片等作栽培基质，越冬温度15℃左右。

（两侧　兰花形）

禾叶贝母兰

Coelogyne viscosa Rchb. f. 兰科贝母兰属

地理分布 分布于我国云南南部和西南部，植物园有栽培。印度东北部、缅甸、泰国、越南等也有分布。

形态特征 附生草本，假鳞茎卵形或圆柱状卵形。顶端生2枚叶，叶片禾叶状。总状花序具2～4朵花，花两侧对称，白色，唇瓣卵形，黄色、具褐红色斑，唇盘上有3条纵的波状褶片。花期9～11月份。

习性 喜散射光、温暖和湿润的环境，需空气流通，不耐强光暴晒，不耐干燥，宜富含腐殖质、透气和排水良好的栽培基质，不耐寒。

（两侧　兰花形）　　**503**

天鹅兰　绿鹅颈兰

Cycnoches chlorochilon Klotzsch 兰科天鹅兰属

地理分布　原产巴拿马、哥伦比亚、委内瑞拉等。我国广东、福建、台湾等地有栽培。

形态特征　多年生附生草本，假鳞茎圆柱形。叶片长椭圆形。总状花序，具数朵至十余朵花，花较大，两侧对称，具有香蕉似的香味，绿色或绿黄色，唇瓣绿白色。花期夏季。

习性　喜中等光照强度、温暖和空气湿润的环境。春季至夏季空气湿度50%以上，冬季可低至40%。宜疏松、透气、具有一定肥力的栽培基质。越冬温度需15℃以上。

（两侧　兰花形）

建兰　四季兰

Cymbidium ensifolium (L.) Swartz 兰科兰属

地理分布　产于我国安徽、福建北部、广东、广西、海南、湖北西部、湖南、浙江、台湾、西藏、云南等，各地有栽培。印度、柬埔寨、越南、泰国、日本等也有分布。

形态特征　地生草本，假鳞茎球形。叶片带形。花葶长20～35厘米或更长，通常短于叶，花两侧对称，芳香，花色变化较大，常为浅黄绿色、具紫色细条纹，唇瓣近卵形，具紫色斑点。花期通常为6～10月份，一年可开2次花或整年有花开，故称"四季兰"。园艺品种多。

习性　喜散射光，忌阳光直射，喜湿润，但需空气流通的环境，不耐干燥，宜富含腐殖质、透气性和排水性好的培养土，35℃以上生长不良，低于5℃亦影响生长。

　（两侧　兰花形）

'素心' 建兰

Cymbidium ensifolium 'Tiegu Su' 兰科兰属

来源 建兰的园艺品种。我国各地有栽培。

形态特征 地生草本，假鳞茎卵球形。叶片带状，质硬。花葶从假鳞茎基部抽出，通常短于叶，花两侧对称，有香气，淡绿色，唇瓣白色，无斑点。花期通常6～10月份，但整年有花开。

习性 喜散射光，忌阳光直射，喜湿润，但需空气流通的环境，不耐干燥，宜富含腐殖质、透气性和排水性好的培养土，35℃以上生长不良，低于5℃亦影响生长。

（两侧 兰花形）

墨兰 报岁兰 *Cymbidium sinense*

(Jacks. ex Andrews) Willd. 兰科兰属

地理分布 分布于我国安徽南部、江西南部、福建、台湾、广东、海南、广西、云南等，各地有栽培。印度、缅甸、越南、泰国等也有分布。

形态特征 地生草本，假鳞茎卵球形。叶片带形。花葶长40～90厘米，通常比叶长，花两侧对称，芳香，花色变化较大，常为暗紫色、具浅色唇瓣，也有黄绿色、桃红色或白色，唇瓣具斑点。花期10月份至翌年3月份，故称"报岁兰"。

习性 喜充足的散射光、温暖湿润、凉爽的环境，不耐强光暴晒，宜疏松、富含腐殖质、排水良好的微酸性砂质壤土，越冬温度12℃以上。

（两侧 兰花形）

大花蕙兰 *Cymbidium hybrida* 兰科兰属

来源 兰属的著名园艺杂交种。我国各地常见栽培。

（两侧 兰花形）

形态特征 多年生常绿附生草本，具粗壮的假鳞茎。叶片带形。花茎直立或稍弯，长60～90厘米，着生6～12朵花或更多，花大，两侧对称，芳香，粉红色、红色、黄色、绿黄色、白色等，唇瓣颜色常较深或具斑纹。花期冬、春季或全年有花。

习性 喜充足的散射光、凉爽和通风良好的环境，生长期需较高的空气湿度，宜有肥力、透气性和透水性好的栽培基质，越冬温度10℃左右。

长苏石斛 *Dendrobium brymerianum* Rchb. f. 兰科石斛属

地理分布 分布于我国云南东南部至西南部。缅甸、泰国、老挝也有分布。

形态特征 附生草本。茎中部通常有2个节间膨大呈纺锤形。叶常3～5枚互生于茎上部，叶片狭长圆形。总状花序侧生，具1～2朵花，花两侧对称，金黄色，唇瓣近阔卵形，边缘流苏状，顶端具长而有分枝的流苏。花期6～7月份。

习性 喜充足的散射光、温暖和潮湿的环境，适宜生长的空气湿度为60%以上，宜通气性和排水性好的栽培基质，不耐寒。

（两侧 兰花形）

玫瑰石斛 *Dendrobium crepidatum* Lindl. et Paxton 兰科石斛属

地理分布 分布于我国云南南部至西南部、贵州西南部。印度、尼泊尔、缅甸、泰国、老挝等也有分布。

形态特征 附生草本。茎悬垂，圆柱形。叶片披针形。总状花序，具1～4朵花，花两侧对称，白色，边缘淡紫红色，唇瓣宽倒卵形或近圆形，中部金黄色，顶端淡紫红色。花期3～4月份。

习性 喜充足的散射光、温暖和潮湿的环境，适宜生长的空气湿度为60%以上，宜通气性和排水性好的栽培基质，不耐寒。

（两侧　兰花形）

鼓槌石斛 *Dendrobium chrysotoxum* Lindl. 兰科石斛属

地理分布 分布于我国云南，南部至西部。印度、缅甸、泰国等也有分布。

习性 喜充足的散射光、温暖和潮湿的环境，适宜生长的空气湿度为60%以上，宜通气性和排水性好的栽培基质，不耐寒。

形态特征 附生草本。茎纺锤状，长6～30厘米，具多条圆钝的棱。叶3～5枚，近顶生，叶片长圆形。总状花序斜出或下垂，长达20厘米，疏生多数花，花两侧对称，稍有香气，金黄色，唇瓣近肾状圆形，颜色稍深，中部常具栗红色斑。花期3～5月份。

（两侧　兰花形）　　507

石斛 *Dendrobium nobile* Lindl.
兰科石斛属

地理分布　分布于我国台湾、香港、海南、湖北南部、广西、四川南部、云南东南部至西北部、西藏东南部等，供药用和观赏。印度、尼泊尔、泰国、越南等也有分布。

形态特征　附生草本。茎直立，稍扁圆柱形。叶片长圆形。总状花序，具1～4朵花，花两侧对称，白色，具淡紫红色的先端，唇瓣宽卵形，唇盘中央具一暗紫红色大斑块，顶端淡紫红色。花期4～5月份。

习性　喜光照柔和充足、温暖和潮湿的环境，需空气湿度80%以上，宜有肥力、透气性和排水性好的栽培基质，不耐寒。

（两侧　兰花形）

澳洲石斛 *Dendrobium kingianum* Bidwill ex Lindl. 兰科石斛属

地理分布　原产澳大利亚。我国云南、江苏、上海等地有栽培。

形态特征　附生草本，假鳞茎近圆柱形。叶片长椭圆形。总状花序，具数十朵花，花两侧对称，有香气，粉玫红色或粉红色，唇瓣粉白色，具淡紫红色细斑纹和斑点。花期春季。

习性　喜充足柔和的光照、温暖和湿润的环境，需较高的空气湿度，宜疏松、有肥力、透气性和排水性好的栽培基质，不耐寒，越冬温度10℃以上。

　（两侧　兰花形）

'白花' 蝴蝶石斛 *Dendrobium* 'Snowy' 兰科石斛属

来源 蝴蝶石斛的园艺品种。我国南方地区有栽培。

形态特征 多年生附生草本，假鳞茎近圆柱形。叶片长圆状披针形或披针形。花两侧对称，白色或略带淡绿白色，唇瓣喉部淡绿色。花期秋季，人工调控下可全年开花。

习性 喜光照柔和、温暖和湿润的气候，需空气流通的环境，宜疏松、透水性优良、肥力较好的栽培基质，越冬温度需13℃以上。

（两侧　兰花形）

'东南皇后' 蝴蝶石斛 *Dendrobium* 'Queen South East' 兰科石斛属

来源 石斛属的园艺品种。我国福建、广东、台湾、云南等地有栽培。

形态特征 多年生附生草本，假鳞茎近圆柱形。叶片长圆状披针形或披针形。花两侧对称，玫红色，基部白色，唇瓣深紫红色，近喉部黄色。花期秋季，人工调控下可全年开花。

习性 喜光照柔和、温暖和空气湿润的环境，宜疏松、透水性优良、肥力好的栽培基质，越冬温度需13℃以上。

（两侧　兰花形）　　**509**

'芒泰' 蝴蝶石斛 *Dendrobium* 'Muang Thai' 兰科石斛属

来源 蝴蝶石斛的园艺品种。我国福建、广东等地有栽培。

形态特征 多年生附生草本，假鳞茎近圆柱形。叶片长圆形或长圆状披针形。花两侧对称，白色，唇瓣喉部深紫红色。花期秋季，人工调控下可全年开花。

习性 喜光照柔和、温暖和空气湿润的环境，宜疏松、透水性优良、肥力好的栽培基质，越冬温度需13℃以上。

（两侧 兰花形）

'红唇黄瓣' 石斛 *Dendrobium* 'Thongchai Gold' 兰科石斛属

来源 石斛属的园艺品种。泰国栽培较多。我国台湾等地有栽培。

形态特征 附生草本，具假鳞茎。叶片长圆形。花两侧对称，金黄色或淡黄色，唇瓣深紫红色，中部具玫红色和粉色相间的条纹和斑点。花期3～11月份。

习性 喜充足的散射光、温暖和潮湿的环境，适宜生长的空气湿度为60%以上，不耐暴晒，宜有肥力、通气性和排水性良好的栽培基质，不耐寒。

（两侧 兰花形）

'褐色' 羚羊角石斛

Dendrobium antennatum 'Mini Brown' 兰科石斛属

来源 羚羊角石斛的园艺品种。我国台湾等地有栽培。

形态特征 附生草本，具假鳞茎。叶片近长圆形。花两侧对称，花瓣暗红色或红褐色，狭带状并强烈扭曲，似羚羊角，侧萼片绿褐色，披针形，扭曲或波状，唇瓣暗褐红色，先端。花期夏、秋季。

习性 喜光照柔和、温暖和空气湿润的环境，宜疏松、透气性和排水性良好、肥力好的栽培基质，越冬温度需13℃以上。

（两侧　兰花形）

五唇兰

Doritis pulcherrima Lindl. 兰科五唇兰属

地理分布 分布于我国海南，植物园有栽培。印度、缅甸、越南、泰国、马来西亚等也有分布。

形态特征 附生草本。茎直立。叶3～6枚，近基生，二列，叶片长圆形。总状花序侧生，花两侧对称，有香气，花萼片与花瓣均为粉紫色，唇瓣5裂，侧裂片暗红色，顶端裂片向前伸展，舌状，紫红色，上有3～4条肉质褶片。花期7～8月份。

习性 喜半阴、温暖和湿润的气候，不耐强光暴晒，宜疏松、透气性和排水性好的栽培基质，不耐寒。

（两侧　兰花形）

曲茎文心兰　文心兰 *Oncidium flexuosum* (Kunth) Lindl. 兰科文心兰属

地理分布　原产巴西、阿根廷等。我国各地有栽培。

形态特征　多年生常绿附生草本，高约20厘米，假鳞茎椭圆形，略扁。叶片长披针形。花茎下弯，总状花序具多数花，花两侧对称，亮黄色，唇瓣大，基部具瘤状突起。花期秋季。

习性　喜光照柔和充足、温暖湿润、凉爽和空气流通的环境，需保持空气湿润，宜富含腐殖质、排水性良好的栽培基质，越冬温度需12℃以上。

　（两侧　兰花形）

'香水'文心兰

Oncidium 'Sharry Baby' 兰科文心兰属

来源 文心兰属的园艺品种。我国各地有栽培。

形态特征 多年生常绿附生草本，假鳞茎椭圆形，略扁。叶片长披针形。开花时花茎可达1米，总状花序，具多数花，花芳香，两侧对称，暗红色或巧克力色，唇瓣大，淡粉色，基部具瘤状突起。花期夏末秋初或全年开花。

习性 喜光照充足、温暖和空气湿润的环境，耐半阴，宜排水良好的培养基质，越冬温度需15℃以上。

（两侧　兰花形）

杏黄兜兰 *Paphiopedilum armeniacum* S. C. Chen et F. Y. Liu 兰科兜兰属

地理分布 分布于我国云南西部，各地植物园有栽培。是中国特有种。

形态特征 地生或半附生草本，具横走的根茎。叶二列，5～7枚，叶片长圆形。花大，两侧对称，纯黄色，唇瓣深囊状，囊内有稀疏的暗紫色斑点。花期2～4月份。

习性 喜半阴、温暖湿润、凉爽和通风的环境，不耐烈日暴晒，宜泥炭土、腐叶土和沙混合配制的培养土，越冬温度10～13℃。

（两侧　兰花形）　513

同色兜兰 *Paphiopedilum concolor* (Lindl. ex Bateman) Pfitzer 兰科兜兰属

地理分布 分布于我国广西、贵州、云南。福建、广东等地有栽培。柬埔寨、老挝、缅甸、泰国、越南也有分布。

形态特征 地生或附生草本。叶二列，4～6枚，叶片狭椭圆形，具深浅绿色相间或灰色的网格纹，叶背面近紫色。花两侧对称，淡黄色具大小不一的紫色斑点，唇瓣深囊状，囊内也有细斑点。花期6～8月份。

习性 喜半阴、温暖湿润、凉爽和通风的环境，不耐烈日暴晒，宜肥沃、富含腐殖质、透气性和排水性良好的培养土，越冬温度12℃。

（两侧 兰花形）

长瓣兜兰 *Paphiopedilum dianthum* T. Tang et F. T. Wang 兰科兜兰属

地理分布 分布于我国广西西南部、贵州西南部、云南东南部。越南北部也有分布。

形态特征 附生草本。叶2～5枚，基生，二列，叶片宽带形或舌状。总状花序，具2～4朵花，花两侧对称，中瓣淡绿色或近白色具绿色细脉纹，2枚侧瓣长带状，下垂并扭曲，边缘常波状，唇瓣倒盔状，绿黄色、具紫栗色晕。蒴果近椭圆形。花期7～9月份，果期11月份。

习性 喜半阴、温暖湿润、凉爽和通风的环境，不耐烈日暴晒，宜腐叶土、泥炭土和苔藓等混合配制的栽培基质，越冬温度10℃以上。

亨利兜兰 *Paphiopedilum*

henryanum Braem 兰科兜兰属

地理分布　分布于我国云南东南部、广西西南部。越南北部也有分布。

形态特征　地生或半附生草本。叶2～5枚，基生，二列，叶片狭长圆形。顶生1朵花，花两侧对称，中瓣奶黄色或淡绿黄色具许多不规则的紫褐色粗斑点，2枚侧瓣狭长圆形，淡红褐色、具暗紫色斑点，下半侧有时淡绿黄色，边缘波状，唇瓣倒盔状，淡玫红色。花期7～8月份。

习性　喜半阴、温暖湿润、凉爽和通风的环境，不耐烈日暴晒，宜泥炭土、腐叶土和沙混合配制的培养土，越冬温度10℃以上。

（两侧　兰花形）

黑色兜兰

Paphiopedilum × *nigritum* 兰科兜兰属

来源　兜兰属的园艺杂交种。我国厦门、台湾等地有栽培。

形态特征　地生或半附生草本。叶片长圆形，具深浅绿色相间的网格斑。花两侧对称，暗紫黑色，具暗色条纹，2枚侧瓣边缘具紫黑色缘毛，唇瓣深囊状，椭圆状圆锥形。花期夏季。

习性　喜半阴、温暖湿润、通风良好的环境，宜泥炭土、腐叶土和沙混合配制的培养土，冬季保持适度干燥，越冬温度10℃以上。

（两侧　兰花形）

秀丽兜兰 *Paphiopedilum venustum* (Wall. ex Sims) Pfitzer 兰科兜兰属

地理分布 分布于我国西藏南部和东南部，广州、深圳、上海、昆明等地有栽培。不丹、印度、尼泊尔也有分布。

形态特征 地生或半附生草本。叶4～5枚，基生，二列，叶片长圆形至椭圆形。通常顶生1朵花，花两侧对称，中瓣白色具绿色粗脉纹，2枚侧瓣倒披针状长圆形，白色有绿色脉纹，或具暗紫色斑点，边缘具缘毛，唇瓣倒盔状，淡黄绿色具绿色脉纹。花期1～3月份。

习性 喜半阴、温暖湿润、通风良好的环境，不耐烈日暴晒，宜泥炭土、腐叶土和沙混合配制的培养土，越冬温度10℃以上。

（两侧 兰花形）

紫毛兜兰 *Paphiopedilum villosum* (Lindl.) Stein 兰科兜兰属

地理分布 分布于我国云南南部至东南部，广州、厦门、云南西双版纳等地有栽培。

形态特征 地生或附生草本。叶基生，二列，通常4～5枚，叶片带形或狭长圆形。顶生1朵花，花两侧对称，中瓣粉白色、具深紫色中脉和紫色细脉纹，2枚侧瓣中脉上侧淡紫褐色，边缘波状，中脉下侧粉白色或淡黄绿色，唇瓣倒盔状。花期11月份至翌年3月份。

习性 喜半阴、温暖湿润、通风良好的环境，不耐烈日暴晒，宜泥炭土、腐叶土和沙混合配制的培养土，越冬温度10℃以上。

（两侧 兰花形）

凤蝶兰 *Papilionanthe teres* (Roxb.) Schltr. 兰科凤蝶兰属

地理分布 分布于我国云南南部，植物园有栽培。尼泊尔、不丹、印度、缅甸、越南、泰国等也有分布。

形态特征 附生草本。茎伸长而向上攀援，具分枝，节上常生有1～2条长根。叶片肉质，细圆柱形。总状花序，疏生2～5朵花，花大，两侧对称，粉紫色，唇瓣3裂，侧裂片外面深紫红色，内面淡黄褐色，围抱蕊柱，中裂片向前伸展，倒卵状三角形，紫红色具脉纹，先端凹陷。花期5～6月份。

习性 喜散射光、温暖和湿润的环境，需空气流通，不耐强光暴晒，不耐干燥，宜富含腐殖质、排水性良好的栽培基质，不耐寒。

（两侧 兰花形）

鹤顶兰 *Phaius tancarvilleae* (L'Hér.) Blume 兰科鹤顶兰属

地理分布 分布于我国福建、广东、广西、海南、台湾、西藏东南部、云南。亚洲热带和亚热带地区、大洋洲均有分布。

形态特征 高大地生草本，高1～2米，假鳞茎圆锥形。叶片长圆状披针形。花葶长可达1米，总状花序，具多数花，花大，两侧对称，内面赭红色，背面乳白色，唇瓣内面和先端艳紫红色。花期3～6月份。

习性 喜光照充足柔和、温暖和空气湿润的环境，不耐烈日暴晒，宜疏松、富含腐殖质和排水良好的土壤，不耐寒。

（两侧 兰花形）

517

白花蝴蝶兰 蝴蝶兰 *Phalaenopsis aphrodite* Rchb. f. 兰科蝴蝶兰属

地理分布 分布于我国台湾南部，广东、福建等地有栽培。菲律宾也有分布。

形态特征 附生草本。叶片椭圆形、长圆形或镰刀状长圆形。花大，两侧对称，白色，花形似蝴蝶状，唇瓣3裂，喉部具黄色肉突，2枚侧裂片直立合拢状，基部具红色细条纹和细斑点，中裂片向前伸展。花期4～6月份。园艺品种繁多。

习性 喜半阴、温暖和湿润的气候，需较高的空气湿度和良好的通风环境，通常采用水苔、浮石、桫椤屑等透气性和排水性好的栽培基质，不宜用泥土，越冬温度15℃以上。

（两侧 兰花形）

蝴蝶兰 *Phalaenopsis hybrida* 兰科蝴蝶兰属

来源 蝴蝶兰属园艺杂交品种的统称。世界著名花卉。我国各地广泛栽培。

形态特征 附生草本。叶片长圆形或镰刀状长圆形。花大，两侧对称，白色、黄色、玫红色等，花形似蝴蝶状，唇瓣3裂，侧裂片直立，常具红色细条纹和细斑点，中裂片近菱形，深玫红色。花期4～6月份，人工调控可促其提早开花。

习性 喜柔和充足的光照、温暖的环境，需较高的空气湿度和良好的通风，宜用水苔、浮石、桫椤屑等透气性和排水性好的栽培基质，越冬温度15℃以上。

（两侧　兰花形）

'金孔雀' 蝴蝶兰 *Phalaenopsis* 'Golden Peoker' 兰科蝴蝶兰属

（两侧　兰花形）

来源　蝴蝶兰属的园艺杂交品种。我国台湾植物园等有栽培。

形态特征　附生草本。叶片椭圆形、长圆形或镰刀状长圆形。侧生花序，具数朵花，花大，两侧对称，白色具不规则的深玫红色斑块，花形似蝴蝶状，唇瓣3裂，侧裂片直立，中裂片近菱形。花期4～6月份。

习性　喜柔和充足的光照、温暖和湿润的环境，需较高的空气湿度和良好的通风，宜用水苔、浮石、桫椤屑等透气性和排水性好的栽培基质，越冬温度15℃以上。

'台北黄金' 蝴蝶兰 *Phalaenopsis* 'Taibei Gold' 兰科蝴蝶兰属

来源　蝴蝶兰属的园艺杂交品种。我国台湾植物园有栽培。

形态特征　附生草本。叶片椭圆形、长圆形或镰刀状长圆形。侧生花序，具数朵花，花大，两侧对称，金黄色具暗红色细斑点，花形似蝴蝶状，唇瓣3裂，白色，侧裂片直立，中裂片近菱形。花期4～6月份。

习性　喜柔和充足的光照、温暖和湿润的环境，需较高的空气湿度和良好的通风，宜用水苔、浮石、桫椤屑等透气性和排水性好的栽培基质，越冬温度15℃以上。

　（两侧　兰花形）

'小皇帝' 蝴蝶兰 *Phalaenopsis* 'Little Emperor' 兰科蝴蝶兰属

来源　蝴蝶兰属的园艺杂交品种。我国台湾植物园有栽培。

形态特征　附生草本。叶片椭圆形、长圆形或镰刀状长圆形。侧生花序，具数朵花，花比蝴蝶兰稍小，两侧对称，淡黄色，花形似蝴蝶状，唇瓣3裂，侧裂片直立，金黄色并具橙红色斑点，中裂片黄色，近菱形。花期4～6月份。

习性　喜柔和充足的光照、温暖和湿润的环境，需较高的空气湿度和良好的通风，宜用水苔、浮石、桫椤屑等透气性和排水性好的栽培基质，越冬温度15℃以上。

（两侧　兰花形）

台湾独蒜兰 *Pleione formosana* Hayata 兰科独蒜兰属

地理分布　分布于台湾、福建、浙江南部、江西东南部。是中国特有种。

形态特征　多年生半附生或附生草本，假鳞茎扁卵球形。茎顶端具1枚叶，叶片椭圆形或倒披针形。顶生1朵花，偶见2朵花，花两侧对称，淡紫红色或白色，唇瓣淡粉色、具深红色和淡黄色斑，具2～5条纵褶片，顶端微缺刻状，边缘短流苏状。花期3～4月份。

习性　喜半阴和冬季温暖、夏季凉爽的气候，需通风的环境，宜疏松、透气性和排水性良好的栽培基质，冬季休眠期温度1～5℃。

（两侧　兰花形）　　**521**

（两侧 兰花形）

拟蝶唇兰

蝴蝶文心兰

Psychopsis papilio (Lindl.) H.G. Jones
兰科拟蝶唇兰属

地理分布 原产委内瑞拉、哥伦比亚、秘鲁等。我国上海、福建、台湾等地有栽培。

形态特征 多年生常绿附生草本，具假鳞茎。叶片长圆状披针形。花通常单生，两侧对称，花瓣狭长，暗红色，唇瓣卵圆形，中部黄色，周围具不规则的暗红色斑纹，边缘波状皱折，顶端凹缺。花期为全年不定期开花。

习性 全光照或半光照，喜温暖和空气湿润的环境，宜透气性和排水性良好的栽培基质，越冬温度需15℃以上。

附注 异名 *Oncidium papilio* Lindl.

'白仙女'德加莫兰

× *Degarmoara* 'Winter Wonderland' 兰科德加莫兰属

来源 长萼兰属、堇色兰属和齿舌兰属的属间杂交种。我国福建、广东、台湾等地有栽培。

形态特征 多年生常绿草本。叶片长圆状披针形。花序具4～6朵花，花两侧对称，有香气，白色，唇瓣喉部黄色，基部具少数紫红色斑点，边缘波状皱褶。花期春、秋季。

习性 喜柔和的光照、温暖和空气湿润的环境，宜有肥力、透气性和排水性良好的栽培基质，越冬温度需12℃以上。

附注 德加莫兰属（×*Degarmoara*）由长萼兰属（*Brassia*）、堇色兰属（*Miltonia*）、齿舌兰属（*Odontoglossum*）三个属杂交而成。

（两侧 兰花形）

红狐狸兰 ×*Beallara*

Marfitch 'Howard's Dream'
兰科 ×*Beallara* 属

来源 长萼兰属、蜗牛兰属、堇色兰属和齿舌兰属的属间杂交种。我国浙江、福建、广东、台湾等地有栽培。

形态特征 多年生常绿草本。叶片长圆状披针形。花序具6～12朵花,花两侧对称,紫红色,布满葡萄紫色斑点和白色斑纹,唇瓣喉部黄色,先端紫红色,边缘波状皱褶。主花期初春或秋末。

习性 喜光照柔和充足、温暖和空气湿润的环境,不耐夏日强光直射,宜有肥力、透气性和排水性良好的栽培基质,越冬温度需12℃以上。

附注 ×*Beallara* 属 由 长 萼 兰 属 (*Brassia*)、 蜗 牛 兰 属 (*Cochlioda*)、堇 色 兰 属 (*Miltonia*)、 齿 舌 兰 属 (*Odontoglossum*) 四个属杂交而成,尚未查到此属名相应的中文译名。

(两侧 兰花形)

大花万代兰 *Vanda*

coerulea Griff. ex Lindl. 兰科万代兰属

地理分布 分布于我国云南南部,福建、广东、香港、台湾等地有栽培。印度东北部、缅甸、泰国也有分布。

形态特征 附生草本。茎具多数排成二列的叶。叶片带状。总状花序,疏生数朵花,花大,两侧对称,质地薄,天蓝色或淡蓝紫色,具网格状纹,唇瓣较小,3裂,深蓝色或深蓝紫色。花期10～11月份。

习性 喜柔和充足的光照、温暖和湿润的气候,需通风的环境,不耐强光暴晒,宜疏松、透气性和排水性好的栽培基质,不耐寒。

(两侧 兰花形)

万代兰

Vanda hybrida 兰科万代兰属

来源 万代兰属园艺杂交品种的统称。世界著名花卉。我国各地有栽培。

形态特征 多年生附生草本。茎具多数排成二列的叶。叶片带状。总状花序，具6～15朵花或更多，花大，两侧对称，花色丰富，有红色、粉红色、蓝紫色、黄色、白色等，多具有深色网状脉纹或斑点。花期秋、冬季。

习性 喜充足的光照，耐半阴，喜温暖、湿润和通风的环境，生长期需较高的空气湿度，宜疏松、肥沃、透气性和排水性好的栽培基质，不耐寒。

524　（两侧 兰花形）

二、花不对称型

美人蕉
Canna indica L.
美人蕉科美人蕉属

地理分布 原产美洲热带地区。我国各地园林池边、湿地等处常见栽培。

形态特征 多年生草本，株高1～1.5米。叶片卵状长圆形，长10～30厘米。总状花序，疏生数朵花，花不对称，较小，花瓣3枚，萼片状，绿色染红晕，披针形，退化雄蕊花瓣状，鲜红色，其中2枚狭倒卵状披针形，另1枚很小。花果期3～10月份。

习性 喜光照充足、气候炎热和湿润的环境，稍耐水湿，不择土壤，不耐霜冻，长江以南地区冬季地上部分枯萎，地下根茎可露地越冬。

大花美人蕉

Canna × generalis 美人蕉科美人蕉属

来源 美人蕉属园艺杂交种。我国各地常见栽培。

形态特征 多年生草本，株高 1 ~ 1.5 米。叶片长卵状椭圆形或长椭圆形，长 20 ~ 40 厘米。总状花序顶生，花大而密集，花不对称，花瓣 3 枚，萼片状，披针形，外轮退化雄蕊 3 枚，花瓣状，鲜红色或粉红色、黄色等。花期夏、秋季。

习性 喜光照充足、气候炎热和湿润的环境，稍耐水湿，适应性强，较耐瘠薄，但在肥沃的土壤上生长旺盛，不耐寒，长江以南地区冬季地上部分枯萎，地下根茎可露地越冬。

（不对称　3~6）

黄花美人蕉

柔瓣美人蕉

Canna flaccida Salisb. 美人蕉科美人蕉属

地理分布 原产南美洲。我国各地园林有栽培。

形态特征 多年生草本，株高 1.2 ~ 1.8 米。叶片长椭圆形，长 30 ~ 55 厘米。总状花序，具数朵花，花不对称，黄色，基部具红色斑纹，质地柔薄，花瓣小，3 枚，线状披针形，花后反卷，外轮退化雄蕊 3 枚，大，花瓣状。花期夏、秋季。

习性 喜光照充足、气候炎热和湿润的环境，稍耐水湿，适应性强，较耐瘠薄，但在肥沃的土壤上生长旺盛，不耐寒，长江以南地区冬季地上部分枯萎，地下根茎可露地越冬。

（不对称　3~6）

粉美人蕉 *Canna glauca* L.
美人蕉科美人蕉属

地理分布　原产南美洲及西印度群岛。我国各地园林池边、湿地等处有栽培。

形态特征　多年生草本，株高1～2米。叶片披针形，长达50厘米。总状花序，具数朵花，花不对称，花瓣3枚，萼片状，绿色，披针形，退化雄蕊花瓣状，为花中最美丽、最显著的部分，粉红色，外轮3枚大，圆卵形，内轮1枚唇瓣较小，狭长圆状，反曲。花期夏、秋季。

习性　喜光照充足、气候炎热和湿润的环境，耐水湿，不耐寒，长江以南地区冬季地上部分枯萎，地下根茎可露地越冬。

（不对称　3～6）

'紫叶'美人蕉 *Canna × generalis* 'America' 美人蕉科美人蕉属

来源　大花美人蕉的园艺品种。我国上海、广州、南京等地常见栽培。

形态特征　多年生草本，株高60～130厘米。叶片卵状长圆形，长10～30厘米，暗紫色。总状花序，疏生数朵花，花不对称，花瓣3枚，萼片状，披针形，退化雄蕊花瓣状，大，鲜红色或鲜橙红色，具黄色斑纹和斑点。花果期6～10月份。

习性　喜光照充足、气候炎热和湿润的环境，稍耐水湿，耐瘠薄，但在肥沃的土壤上生长旺盛，不耐寒，长江以南地区冬季地上部分枯萎，地下根茎可露地越冬。

（不对称　3～6）

紫背绒叶肖竹芋

Calathea warscewiczii (L. Mathieu ex Planch.) Planch. et Linden 竹芋科肖竹芋属

地理分布　原产哥斯达黎加和尼加拉瓜。我国南方地区有露地栽培，北方地区常盆栽。

形态特征　多年生常绿草本，高约1米。叶片长圆状披针形，叶面深绿色间以绿黄色条纹，天鹅绒般，叶背面紫红色。

头状花序近卵形，花不对称，小花生于白色苞片内，花冠白色，裂片3枚，外轮退化雄蕊1枚，硬革质的1枚与其相似，且在花时与其成假二唇形，兜状的1枚较小。花期5～6月份。

习性　喜柔和充足的光照、高温和潮湿的环境，不耐干旱，需保持一定的空气湿度，亦需空气流通，不耐寒。

（不对称　3~6）

再力花 *Thalia dealbata* Fraser ex Roscoe 竹芋科水竹芋属

地理分布　原产美国、墨西哥。我国长江流域及华南地区有栽培，是园林湿地中常见的湿生花卉。

形态特征　多年生水生草本，高1～2.5米。叶片卵状披针形至长椭圆形，叶背面被白粉。复穗状花序顶生，花不对称，紫色或深紫色，花冠管裂片3枚，退化雄蕊花瓣状，较大，内轮1枚为兜状，发育雄蕊1枚，花瓣状。花期5～9月份。

习性　喜阳光充足、温暖和湿润的环境，耐半阴，不耐干旱，适生于缓流和静水水域，不耐寒冷。

　（不对称　3~6）

金苞大戟 *Euphorbia polychroma* A. Kern. 大戟科大戟属

地理分布　原产黎巴嫩、土耳其及欧洲东部、中部和东南部。国内较少栽培。

形态特征　多年生草本，高50～60厘米。叶互生，长椭圆形或椭圆状披针形，全缘或略波状。花的苞叶数枚，卵状椭圆形，似花瓣状，不对称，金黄色，杯状聚伞花序小，数个排列于枝顶，小苞片均为金黄色，无花瓣。花期春季。

习性　喜光照充足、凉爽的环境，不耐高温酷暑，宜疏松、较为肥沃、湿润和排水良好的土壤。

附注　异名 *Euphorbia epithymoides* L.

（不对称　多数）

芭蕉 *Musa basjoo* Siebold et Zucc. ex Iinuma 芭蕉科芭蕉属

地理分布　原产日本、朝鲜。我国上海、福建、广东、广西、贵州、云南、四川、湖北、湖南、江苏、浙江有栽培。

形态特征　多年生丛生草本，高2～4米，茎干高大，不分枝。大型叶片长圆形，长2～3米，叶柄粗壮，长达30厘米。花序下垂，苞片大，红色、暗红色或紫色，雄花生于花序上部苞片内，雌花生于花序下部苞片内。浆果三棱状，长圆形，肉质。花期春季。

习性　喜光照柔和、温暖和湿润的环境，宜土层深厚、疏松、肥沃和排水良好的土壤，不耐寒，冬季最低温度4℃以上。

（不对称　多数）

粉芭蕉 紫苞芭蕉

Musa ornata Roxb. 芭蕉科芭蕉属

地理分布 原产印度及亚洲东南部。我国广州、深圳、福建、昆明等地有栽培。

形态特征 多年生高大草本，高1.5～2米。大型叶片卵状长圆形，长1～2米。花序直立，苞片大，狭长卵状披针或长卵状披针形，粉红色，内有小花5～6朵，小花金黄色或淡黄色。浆果圆柱形，黄橙色，肉质。花期春季。

习性 喜光照柔和充足、温暖和湿润的环境，宜土层深厚、肥沃和排水良好的土壤，不耐霜冻，越冬温度7℃以上。

（不对称 多数）

红蕉 *Musa coccinea* Andrews
芭蕉科芭蕉属

地理分布 分布于我国广东、广西、云南，南方地区多露地栽培，北方温室栽培。越南也有分布。

形态特征 多年生丛生草本，高1～2米。叶片长圆形，长1.5～2米，叶柄长30～50厘米。花序直立，花苞片多枚，鲜红色，向内折，每苞片内约6朵组成一列的小花，小花乳黄色。花期春末至秋初。

习性 喜光照充足、温暖和湿润的环境，耐半阴，不耐干旱，宜疏松、肥沃和排水良好的土壤，耐寒性不强。

（不对称 多数）

象腿蕉 *Ensete glaucum* (Roxb.) Cheesm. 芭蕉科象腿蕉属

地理分布 分布于我国云南南部和西部。尼泊尔、缅甸泰国、菲律宾等也有分布。

形态特征 单茎草本，高可达5米，假茎干高大，基部由叶鞘层层重叠膨大似象腿。大型叶片长圆形。花序顶生，下垂，初时呈莲座状，后伸长成柱状，长可达2.5米，苞片绿色，雄花生于花序上部苞片内，雌花生于花序下部苞片内。浆果倒卵形。花期春季。

习性 喜光照充足、温暖和湿润的气候，宜疏松、肥沃、湿润和排水良好的土壤，不耐寒。

（不对称　多数）

地涌金莲 *Musella lasiocarpa* (Franch.) C.Y. Wu 芭蕉科地涌金莲属

地理分布 分布于我国贵州南部、云南中部和西部，广州、厦门、南京、北京等地植物园或园林中有栽培。是中国特有种。

形态特征 多年生丛生草本，高40～60厘米，具根茎。叶片长椭圆形。花序直立，密集如球穗状，大型苞片排列成莲花状，亮黄色，下部苞片内的小花为两性花或雌花，上部苞片内的小花为雄花，合生花被片黄白色。花期春季。

习性 喜光照充足、温暖和湿润的气候，宜疏松、肥沃、湿润和排水良好的土壤，不耐寒。

（不对称　多数）

瓷玫瑰 火炬姜

Etlingera elatior (Jack) R. M. Sm.
姜科茴香砂仁属

地理分布 原产印度尼西亚、马来西亚、泰国。我国广东、福建、云南等地有栽培。

形态特征 多年生草本，高2～3米。叶片长圆状披针形。花序从根茎处抽出，花的苞片花瓣状，鲜红色，每枚苞片中有1朵小花，几十枚至近百枚鲜红色花苞片密集成半球状或近头状花序。整个花序像一朵硕大晶莹的玫瑰，又像炽热的火炬。花期夏、秋季。

习性 喜光照充足、高温高湿的环境，耐半阴，宜疏松、肥沃、富含腐殖质和排水良好的砂质壤土，不耐寒。

附注 异名 *Alpinia elatior* Jack

（不对称 多数）

丝穗金粟兰 玻璃花

Chloranthus fortunei (A. Gray) Solms-Laub.
金粟兰科金粟兰属

地理分布 分布于山东、江苏、安徽、浙江、江西、湖北、湖南、广东、广西、台湾、海南、四川、云南。是中国特有种。

形态特征 多年生草本，高15～40厘米。叶对生，宽椭圆形、长椭圆形或倒卵形，边缘具锯齿。穗状花序由茎顶端抽出，花白色，芳香，无花被，雄蕊3枚，雄蕊的药隔伸长成白色丝状。花期4～5月份。

习性 喜半阴、湿润和温暖的环境，耐阴，不耐烈日直射，宜疏松、富含腐殖质、湿润和排水良好的偏酸性土壤，耐寒性不强。

532 （不对称 穗形）

索引